ZOOLOGIE

GOETHEANISTISCHE NATURWISSENSCHAFT

Herausgegeben von Wolfgang Schad

Band 3

GOETHEANISTISCHE NATURWISSENSCHAFT

Zoologie

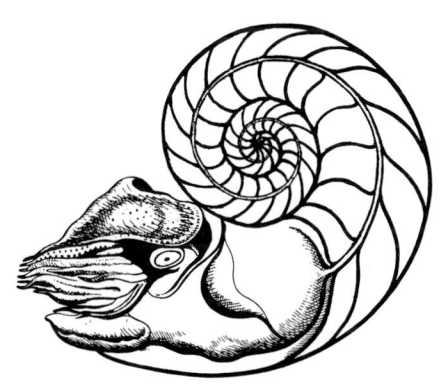

VERLAG FREIES GEISTESLEBEN

CIP-Kurztitelaufnahme der Deutschen Bibliothek

Goetheanistische Naturwissenschaft / hrsg. von
Wolfgang Schad. – Stuttgart: Verlag Freies Geistesleben
NE: Schad, Wolfgang [Hrsg.]
Bd. 3. Zoologie, 1983
   ISBN 3-7725-0786-7

Titelvignette: Schnitt durch die Schale des Nautilus pompilius.

© 1983 Verlag Freies Geistesleben GmbH, Stuttgart
Einband: Walter Krafft
Gesamtherstellung: Greiserdruck, Rastatt

Inhalt

Vorwort

Mit diesem dritten Band zur goetheanistischen Biologie wird die mit den ersten beiden Bänden «Allgemeine Biologie» und «Botanik» begonnene Reihe auf dem Gebiet der Tierkunde fortgesetzt. Wiederum handelt es sich um schon in den letzten Jahrzehnten veröffentlichte Beiträge, die hiermit wieder leichter zugänglich gemacht werden. Die in ihnen eingenommene Wissenschaftshaltung und ihr Zusammenhang mit der naturwissenschaftlichen Weltzuwendung Goethes entnehme man dem Vorwort und eröffnenden Beitrag im ersten Band. An ihrer Stelle sei hier ein Hinweis Goethes vorangestellt, der, 1796 niedergeschrieben, 1820 erschienen war in seinem Aufsatz «Vorträge über die drei ersten Kapitel des Entwurfs einer allgemeinen Einleitung in die vergleichende Anatomie, ausgehend von der Osteologie».

«Wir haben dort gesehen, daß aller Betrachtung über Pflanzen und Insekten der Begriff einer sukzessiven Verwandlung identischer Teile, neben- oder nacheinander, zugrunde liegen müsse, und nun wird es uns beim Untersuchen des Tierkörpers zum größten Vorteil gereichen, wenn wir uns den Begriff einer gleichzeitigen, von der Zeugung an schon bestimmten Metamorphose aneignen können.

So ist zum Beispiel in die Augen fallend, daß sämtliche Wirbelknochen eines Tieres einerlei Organe sind, und doch würde, wer den ersten Halsknochen mit einem Schwanzknochen umittelbar vergliche, nicht eine Spur von Gestaltsähnlichkeit finden.

Da wir nun hier identische und doch sehr verschiedene Teile vor Augen sehen und uns ihre Verwandtschaft nicht leugnen können, so haben wir, indem wir ihren organischen Zusammenhang betrachten, ihre Berührung untersuchen und nach wechselseitiger Einwirkung forschen, sehr schöne Aufschlüsse zu erwarten.

Denn eben dadurch wird die Harmonie des organischen Ganzen möglich, daß es aus identischen Teilen besteht, die sich in sehr zarten Abweichungen modifizieren. In ihrem Innersten verwandt, scheinen sie sich in Gestalt, Bestimmung und Wirkung aufs weiteste zu entfernen, ja sich einander entgegenzusetzen, und so wird es der Natur möglich, die verschiedensten und doch nahe verwandten Systeme durch Modifikation ähnlicher Organe zu erschaffen und ineinander zu verschlingen.»

FRIEDRICH A. KIPP

Arterhaltung und Individualisierung in der Tierreihe

Der Fortgang naturwissenschaftlicher Forschung hängt nicht allein von neuen Beobachtungsresultaten, sondern oft ebensosehr von den Begriffsbildungen ab. Solange die Besonderheiten eines Erscheinungsgebietes begrifflich nicht klar herausgearbeitet sind, wird man sie in ihrer Bedeutung auch nicht richtig einschätzen können.

Eine solche Klärung scheint mir im Gebrauch des Begriffes «Arterhaltung» notwendig zu sein. Im eigentlichen Sinne ist unter Arterhaltung die Erhaltung der Generationsfolge durch Fortpflanzung zu verstehen. Das Studium der diesbezüglichen Erscheinungen zeigt, daß die Fortpflanzungsquote in Beziehung zur Verlustquote steht. Kurzlebige, bzw. hohen Verlusten ausgesetzte Arten weisen eine starke Vermehrung auf. Hingegen finden wir bei Arten, deren Individuen durchschnittlich eine lange Lebensdauer haben, eine niedrige Fortpflanzungsquote. Die Arterhaltung ist gesichert, wenn die Fortpflanzungsrate größer oder mindestens ebenso groß ist wie die Verlustrate.

Seit geraumer Zeit wird der Begriff der Arterhaltung aber auch in einem Sinne verwendet, der weit über seinen konkreten Inhalt hinausgeht. Wenn sich finden läßt, daß eine anatomische Konstruktion oder eine bestimmte Verhaltensweise in sinnvoller Beziehung zum Lebensganzen eines Tieres steht, so pflegt man zu sagen, daß sie «arterhaltend» ist. Ungefähr alles, was man früher mit einem nicht sehr glücklichen Wort als «zweckmäßig» bezeichnete, wird seit Darwins Zeiten arterhaltend genannt. Daß diese Umbenennung sich an die Selektionstheorie angeschlossen hat, bedarf keiner weiteren Ausführung. Unter Einbeziehung der Selektionstheorie wird der Begriff «arterhaltend» seitdem im Sinne eines Erklärungsprinzips gebraucht und auf die Eigenschaften bei Tieren sämtlicher Organisationsstufen angewandt.

Es soll nun im folgenden untersucht werden, ob die Organisationsfortschritte, welche man als Höherentwicklung – sei es innerhalb einzelner Stämme des Tierreiches oder in der Tierreihe im ganzen – bezeichnet, auf die Arterhaltung bezogen werden dürfen oder nicht. Hierbei werden namentlich zwei Fragen zu prüfen sein. Erstens: Verbessern sich die Voraussetzungen für die Arterhaltung in der Reihe der Organisationsstufen? Zweitens: Worin bestehen die biologischen Unterschiede zwischen den Organisationsstufen? Sind diese so geartet, daß sie sich auf die Arterhaltung (Erhaltung der Generationsfolge) auswirken.

Bezüglich der ersten Frage kann ich mich kurz fassen. Es wurde schon oft darauf hingewiesen, daß die einfachsten Vertreter des Tierreiches, z. B. die Protozoen, sich ebenso erfolgreich im Kampf ums Dasein bewähren, wie irgendwelche anderen. Ja, sie konnten sich durch die langen Zeiträume der Erdgeschichte bis zur Gegenwart erhalten, obgleich im Laufe der Stammesentwicklung immer neue Tierformen hinzutraten, welche sich unmittelbar oder mittelbar von den Vertretern der niedrigsten Gruppen ernähren. Wir finden im marinen Lebensbezirk die Vertreter sämtlicher Tierstämme nebeneinander, ohne daß die primitiveren unter ihnen in ihrer Erhaltung bedroht sind. Als Landtiere kommen Mollusken, verschiedene Klassen der Gliederfüßler und der Wirbeltiere ebenfalls nebeneinander vor. Freilich gibt es zahlreiche ausgestorbene Formen. Solche finden sich jedoch bei allen Gruppen, bei den höheren nicht weniger als bei den niedrigen. Es sei nur vermerkt, daß es eine größere Anzahl ausgestorbener Primaten gibt, und daß die wenigen gegenwärtig lebenden Menschenaffen sich keineswegs als besonders tüchtig in bezug auf ihre Erhaltung und Ausbreitung erweisen. Über die Ursachen des Aussterbens von Arten wissen wir noch kaum etwas. Doch ist zu vermuten, daß der Grund des Aussterbens von Arten mehr in Störungen der Vitalität oder in begrenzter Fortpflanzungsfähigkeit zu suchen ist und nicht in einer prinzipiellen Ungeeignetheit des Bauplanes.

Wir stellen also fest, daß die Voraussetzungen für die Arterhaltung auf den primitivsten Organisationsstufen mindestens ebenso gute, wahrscheinlich bessere sind, als bei den höheren Stufen der Tierreihe.

Die Behandlung der zweiten Frage – der biologischen Auswirkungen der Höherentwicklung – würde eigentlich umfangreiche Erörterungen erfordern. Ohne auf die verschiedenen Anschauungen und Meinungen einzugehen, welche die Literatur über dieses Gebiet enthält, soll hier ein Gesichtspunkt aus dem Problemkreis «Höherentwicklung» kurz gekennzeichnet werden, der wesentlich ist, aber bisher wenig beachtet wurde (Kipp 1948).

Rein *morphologisch* versteht man unter Höherentwicklung die zunehmende Differenzierung und Ausgestaltung der einzelnen Organe und Organsysteme des Tierkörpers. In *biologischer* Hinsicht ist mit diesen Organisationsfortschritten eine Änderung des Verhältnisses zwischen dem Organismus und der Umwelt verbunden. Bei den sogenannten niederen Tierformen ist das Verhältnis des Tieres zur Umgebung vorwiegend passiv. Der Selbständigkeitsgrad dieser Tiere ist denkbar gering. Ein Einzeller z. B. besitzt zwar ein Wahlvermögen gegenüber den Reizen, die aus der Umwelt an ihn herantreten; im übrigen aber ist er gänzlich der Gunst und Ungunst der äußeren Bedingungen unterworfen. Dieses Verhältnis zur Umwelt* ändert sich mit den Organisationsfortschritten. Die Vertreter der aufsteigenden Stufenreihe behaupten sich mehr und

---

* Es sei bemerkt, daß ich den Terminus «Umwelt» hier nicht im Sinne v. Uexkülls gebrauche. Was v. Uexküll unter der Umwelt des Tieres versteht, würde zutreffender als «Eigenwelt» zu bezeichnen sein.

mehr als selbständige Wesen gegenüber ihrer Umwelt. Dies findet sowohl in der allgemeinen Erhöhung der aktiven Funktionen seinen Ausdruck, wie auch in der physiologischen Stabilisierung (Wasserhaushalt, Temperaturregulation).

Als Beispiel für die Erhöhung der Selbständigkeit sei auf die Unterschiede zwischen dem radiären und dem bilateralen Bauplan hingewiesen. Der *radiärsymmetrische* Bau der Coelenteraten macht noch keine *«eigenwillige»* Betätigung des Tieres gegenüber der Umgebung möglich. Es bleibt dem Zufall überlassen, ob und was in den Bereich der Tentakeln eines Polypen oder einer Qualle gerät. Da außer der Differenzierung in der Richtung der ± vertikal gestellten Hauptachse alle Raumrichtungen gleichwertig sind, verfügen die Coelenteraten noch *nicht* über die *Möglichkeit einer selbständigen Einstellung gegenüber dem Raum.* Erst mit dem bilateralen Bauplan ist ein wesentlich höherer Freiheitsgrad gegenüber dem Raum gegeben. Die Sinnesorgane versammeln sich an der Kopfseite des Tieres, das Nervensystem zentriert sich, im weiteren werden gesonderte Fortbewegungsorgane ausgebildet usw. Das Tier ist weniger dem äußeren Zufall unterworfen, es versteht seine Umgebung aktiv zu nützen. Es sucht und verfolgt seine Beute, weicht vor Feinden aus, hat Ruheplätze und Verstecke usw.

Als Beispiel für die physiologische Stabilisierung mögen die landbewohnenden Tierformen dienen. Die Landschnecken, als Vertreter einer relativ niedrigen Organisationsstufe, sind noch auf reiche Umgebungsfeuchtigkeit angewiesen und überdauern die Trockenzeiten inaktiv. Die Insekten und – unter den Wirbeltieren – die Reptilien sind durch stabilisierten Wasserhaushalt von der äußeren Feuchtigkeit relativ unabhängig, jedoch noch an die Wärmeverhältnisse gebunden. Ihre Aktivitätsphase wird ihnen vom Temperaturverlauf zudiktiert. Erst der Warmblüter kann sich jederzeit tätig darleben; ob und wie er es tut, hängt im wesentlichen von endogenen Bedingungen ab.

Alle die Organisationsfortschritte in der Tierreihe (die Bauplanstufen, die Ausgestaltung des Kreislaufes und des Herzens, der Atmungs- und Stoffwechselorgane, sowie namentlich die zunehmende Zentrierung des Nervensystemes, der Ausbau der Bewegungsorgane usf.) erhöhen die Selbständigkeit des Lebewesens gegenüber der Umgebung. *Das biologische Charakteristikum der «Höherentwicklung» ist eine fortschreitende Emanzipation des Organismus von äußeren Bindungen.* – (Allerdings gibt es häufig auch Fälle, wo der auf einer bestimmten Organisationsstufe gegebene Freiheitsgrad gegenüber der Umwelt auf Grund sekundärer Anpassungen wieder eingeengt wird, wie das im Extrem die parasitischen Crustaceen vor Augen führen.)

Fragen wir uns nunmehr, auf welcher Seite der Gewinn zu buchen ist, der aus der erhöhten Selbständigkeit des Lebewesens resultiert. Ist der Wirkungsgrad der Arterhaltung erhöht? Wir mußten dies verneinen, da erfahrungsgemäß auf jeder Organisationsstufe die Generationsfolge der Arten gewährleistet ist. Nicht der Erhaltung der Generationsfolge, sondern *den Einzelgliedern der Art, den Individuen kommt die erhöhte Selbständigkeit zugute.* Bei den niederen Tiergrup pen hat das Einzelwesen eine äußerst geringe Geltung. Seine Lebensregungen sind nicht viel mehr als automatenhafte Reaktionen auf die augenblicklichen Umwelteinflüsse. Demgegenüber nimmt z. B. das Individuum eines Säugers einen hohen Rang ein, es stellt sich als ein stabilisiertes, eigenwilliges Wesen den äußeren Bedingungen gegenüber.

Was uns die Tierreihe vor Augen führt, sind also verschiedenartigste Rangstufen der Autonomie der Individuen.

Die zunehmende Individualisierung tritt auch auf dem Gebiet der Fortpflanzung selbst sehr deutlich in Erscheinung. Bei den Protozoen, wo die Fortpflanzung durch Zweiteilung (oder sogar durch Vierteilung) vor sich geht, bleiben die Individuen beim Fortpflanzungsprozeß nicht erhalten, sondern setzen sich vervielfältigt in den Nachkommen fort. Hier ist das Einzelwesen tatsächlich fast nur ein Glied der Generationsfolge.

Die Vermehrung durch vegetative Sprossung, die sich bei den Coelenteraten und einigen Vermes findet, bildet einen Grenzfall, bei welchem eine Sonderung zwischen Individualsein und Generationsfolge ebenfalls schwer durchzuführen ist.

Im weiteren sei auf die Wandlungen des Fortpflanzungsmodus in der Wirbeltierreihe hingewiesen, weil in dieser die schönste Stufenfolge zu finden ist. Die Befruchtung der Eizellen im äußeren Medium (Fische) wird abgelöst durch die Begattung der Geschlechter und die Ablage befruchteter Eier (Reptilien). Dann wird die Entwicklung der Keime mehr und mehr an den mütterlichen Organismus gebunden (Monotremen, Marsupialier, Plazentalier). In diesem Zusammenhang entstehen komplizierte Einrichtungen für die Embryonalernährung. Ernährung und Schutz der Jungen dehnen sich auch auf die Zeit nach der Geburt aus. Diese Folge von Zuständen demonstrieren die vorher besprochene Emanzipation von der Umgebung auch für das Gebiet der Fortpflanzung. Des weiteren ist eine fortschreitende Fürsorge für die *Nachkommen als Einzelwesen* zu erkennen. Die Nachkommenzahl wird erheblich verringert. An Stelle der Massenerzeugung von Keimen tritt die fürsorgliche Pflege weniger Nachkommenindividuen.

Für die bloße Erhaltung der Generationsfolge ist es ganz gleichgültig, *wie* dieselbe geschieht, ob durch das einfache Mittel der Massenproduktion oder durch die, viele Sondereinrichtungen erfordernde vivipare Fortpflanzung und Pflege weniger Nachkommen.

Es sei nur nebenbei bemerkt, daß eine Evolution, welche einerseits zur Komplizierung des Fortpflanzungsvorganges, andererseits zur Verringerung der Nachkommenzahl führt, der Selektionstheorie erhebliche Schwierigkeiten bereitet. Die Selektionstheorie fußt auf den Wahrscheinlichkeitsgesetzen. Aber eben auf Grund der Wahrscheinlichkeitsgesetze läßt sich nicht einsehen, wieso durch das Selektionsgeschehen ein einfaches Mittel der Arterhaltung durch überaus umständliche Wege verdrängt worden sein soll. Wie dem auch sei, jedenfalls hat der Modus der Fortpflanzung eine Änderung im Sinne einer

Fürsorge für die Individuen durchgemacht. Dieser Wandel steht im Einklang mit der vorher gekennzeichneten allgemeinen Tendenz der stammesgeschichtlichen Fortschritte.

Zusammenfassend kann gesagt werden: was sich in der Tierreihe in augenfälliger Weise ändert, ist das Individualsein. Die Organisationsfortschritte erhöhen dessen Wirkungsgrad, nicht aber den der Arterhaltung. Die Vervollkommnung des Individualseins ist eines der bezeichnendsten Phänomene, welche die Stammesgeschichte aufweist. Die vorliegenden Ausführungen sollen einen Beitrag zu der sachlich-begrifflichen Klärung dieses Gebietes liefern. Sie wären unvollständig, würde nicht zum Schluß noch auf den Menschen hingewiesen werden. Die Emanzipation von der Umwelt ist bei ihm zweifellos am weitesten gediehen, und wir finden bei ihm die Individuation auch auf geistigem Gebiet, in der Möglichkeit der Selbstbestimmung auf Grund individueller Einsichten.

Literatur

KIPP, F. A. (1948): Höherentwicklung und Menschwerdung. Stuttgart.
KIPP, F. A. (1948): Über die Eierzahl der Vögel. Biolog. Zentralblatt 67, S. 250–267.

ANDREAS SUCHANTKE

Konvergente Evolution des Skelettes in verschiedenen Tiergruppen

Überall in der organischen Natur begegnen uns Verwandschaftsformen auf zwei verschiedenen Ebenen. Die eine, die sich in der Gleichartigkeit der Embryonalentwicklung und in der Übereinstimmung der Grundelemente der Organe ausdrückt, ist genealogischer-genetischer Natur und ließe sich am besten als eine Art weitläufiger Blutsverwandtschaft bezeichnen. Eine riesige Sippe, ein Stamm, wie der Biologe sagen würde, dessen Angehörige in den Grundstrukturen so gut wie aller Organe übereinstimmen, wenn sich diese auch in spezifischer Ausformung weit voneinander entfernt haben können. Lunge und Schwimmblase sind trotz aller Verschiedenheit und Gestalt und Funktion *homolog*, ebenso wie die Knochen des Vogelflügels und der Walflosse.

Die andere Verwandtschaftsform, die sich in der Angleichung grundverschiedener Organe und Organismen zeigt, manifestiert sich in starker Gestaltähnlichkeit und in übereinstimmender Funktion. Ihrem Aufbau und ihrer Herkunft nach sind Vogel- und Insektenflügel, Schnecken- und Wirbeltierlunge, Delphin, Ichthyosaurier und Thunfisch aber so verschieden wie nur möglich. Sie sind einander *analog* oder *konvergent* gebildet, nicht aber homolog.

Da nun in der Evolutionsforschung, die seit Darwin auch in der Morphologie immer mehr in den Vordergrund rückte, nur die Blutsverwandtschaft eine Rolle spielt, wurde die Analogie in die Rolle einer negativen Größe gedrängt und entwickelte sich zum «wahrhaft störenden Element» (Remane 1952), da sie unter einem «trügerischen Schleier» (Troll 1928) die wirkliche Verwandtschaft eines Organes oder Organismus verbirgt.

Daß es aber an der Zeit ist, die Morphologie zu erweitern und die Konvergenzen nicht nur als störende Elemente beiseite zu schieben, sondern sie zum Gegenstand intensiver Erforschung zu machen, haben immer wieder einzelne Biologen gefordert. Unter ihnen ist vor allem Nowikoff (1930) zu erwähnen, dessen Untersuchungen sich mit der Parallelität der Augenentwicklung, der Differenzierung des Nervensystems oder der Übereinstimmung der Gehäuseformen in verschiedenen Tierstämmen befassen. Aber diese und ähnliche Arbeiten jüngeren Datums (Stammer 1957, 1959, Herre 1961) sind bis heute Ausnahmen, da sich ihre Ergebnisse schlecht mit den herrschenden neodarwinistischen Vorstellungen des richtungslosen Mutierens vereinen lassen.

Durch diese einseitige Ausrichtung übersieht die Evolutionsforschung das zweite große und grundlegend wichtige Entwicklungsprinzip, das neben die rein genealogische Verknüpfung der Organismen tritt. Ganz augenscheinlich herrschen zwei komplementäre, sich gegenseitig ergänzende Tendenzen im Evolutionsgeschehen: die genealogische Aufeinanderfolge auseinander hervorgehender Organismengruppen, die sich radiativ verzweigen und auffächern und einander immer unähnlicher werden; diesem «zentrifugalen» wirkt ein «zentripetales» Geschehen entgegen, das nicht näher verwandte Organismengruppen überformt und einander angleicht, in der Gestalt wie in der Lebensweise.

Im folgenden sei nun ein weiteres, bisher nicht beachtetes Beispiel konvergenter Evolutionstendenzen in nicht näher verwandten Tiergruppen beschrieben. Es handelt sich dabei um die Skelettbildungen in den Stämmen der Hohltiere, der Mollusken und der Wirbeltiere. Es bleibt die Aufgabe, zu zeigen, wie die hier dargestellten Phänomene folgerichtig zu Vorstellungen führen, die in der heute verbreiteten Evolutionstheorie nicht enthalten sind.

Hohltiere

Lassen wir die isoliert stehenden rätselhaften Rippenquallen (Ctenophora) beiseite, so haben wir es im Stamm der Hohltiere mit drei Klassen zu tun: mit den Hydrozoen und Scyphozoen, die beide Medusen (Quallen) hervorbringen, und den Anthozoen, die nur Polypen bilden; zu ihnen werden die Korallen und Seerosen (Actinien) gezählt. In jeder der drei Gruppen kann es zu Skelettbildungen kommen, die allerdings stets auf die Polypen beschränkt sind.

Die Polypen der *Hydrozoen* scheiden nach außen eine Hülle aus Chitin ab, die besonders in der Ordnung der Thecaphoren recht derb wird; sie liegt den Polypen nicht direkt an, sondern bildet ein abstehendes Röhrensystem, die Hydrothek, die den Bewohnern ziemliche Bewegungsfreiheit läßt. Die Polypenköpfe können sich mit ihren Tentakeln völlig in den glockenförmigen Kelch der Hydrothek zurückziehen, und die Gonophoren, an denen die Medusen knospen, sind sogar allseitig von einer Kapsel umschlossen, die nur eine verhältnismäßig schmale Öffnung aufweist (Abb. 1).

Ein Kalkskelett scheiden die Familien der Milleporiden und Stylasteriden ab. In der Wuchsform ihrer verzweigten Kolonien ähneln sie gewissen Steinkorallen zum Verwechseln; interessant ist, daß sie gleichzeitig zur Reduktion der Medusengeneration neigen.

Obwohl von den Chitinskeletten keine Fossilfunde zu erwarten sind, kennt man doch aus dem Ordovicium und Silur Kolonien zarter Röhren, die wahrscheinlich von Hydroidpolypen stammen. Dagegen gehören die beiden heute ausgestorbenen Gruppen der Stromatoporiden und Labechiiden (Abb. 1) mit ihren massiven, mehrschichtig nach außen abgeschiedenen Kalkskeletten zu den häufigsten Versteinerungen des Silur und Devon; danach werden sie seltener und erlöschen in der Kreide bzw. im Perm.

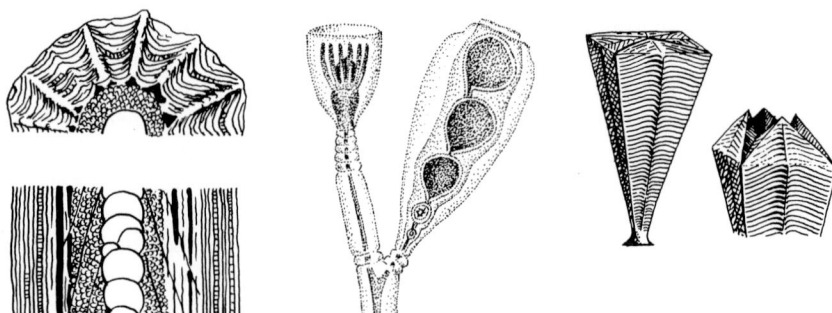

Abb. 1: Links vielschichtiges Kalkskelett von *Aulacera undulata (Hydrozoa Labechiida)* aus dem Ordovicium; (nach Shrock u. Twenhofel). In der Mittel Teil eines Polypenstokkes von *Laomedusa gelatinosa (Hydrozoa Hydroida)*, mit einem in die Hydrothek zurückgezogenen Polypen und einem Gonangium mit Medusenknospen. Rechts Rekonstruktion eines paläozoischen *Conularia*-Gehäuses mit Klappenverschluß (nach Moore e. a.).

Die *Scyphopolypen* unserer Ohren- und Kompaßquallen bilden keine Skelette aus. Und doch existierte vom unteren Kambrium bis in die Trias eine Gruppe ihnen außerordentlich nahestehender Polypen, die sich mit soliden vierkantigen, durch Kalkeinlagerungen verfestigten Chitingehäusen umgaben: die Conulariden. Ihre Gehäuse waren sogar durch Deckel und Klappen verschließbar (Abb. 1). Erst kürzlich wurde entdeckt, daß es noch heute Nachfahren von ihnen mit unverkalkter Chitinhülle gibt, die periodisch nach Scyphozoenart eine Meduse nach der anderen aus sich hervorgehen lassen (Werner 1967).

Am stärksten haben die *Anthozoen* die Polypengeneration ausgebaut – so stark, daß es überhaupt nicht mehr zur Bildung von Medusen kommt. Ihre Stöcke sind so recht das verfestigte Gegenstück zu den schwimmenden Medusenkolonien der Hydrozoen, den Siphonophoren, denen ihrerseits die Polypengeneration fehlt.

Korallenskelette finden sich vom Ordovicium an und gehören den drei Gruppen der *Tetracorallia (Rugosa), Tabulata* und *Schizocorallia* an. Mit Ausnahme der letztgenannten Gruppe, die bis in den Jura reicht, sterben sie am Ende des Perm aus. Von den beiden heute herrschenden Ordnungen zeigen die *Hexacorallia* oder Madreporien (Steinkorallen), die sich von der Trias an nachweisen lassen, starke Übereinstimmung mit den Tetracorallen, während die ebenfalls zweifelsfrei erst ab der Trias nachweisbaren *Octocorallia* – zu denen die Edelkorallen und Seefedern gehören – ganz andere Züge aufweisen.

Unter den *Tetracorallen* sind uns viele einzeln lebende Arten überliefert, die becherartige oder kelchförmige Gehäuse abscheiden (*Lambeophyllum* Abb. 2). Manche Arten konnten ihr Gehäuse sogar mit einem Deckel verschließen (Abb. 2). Die Mehrzahl bewohnte jedoch nicht das ganze Gehäuse, sondern zog sich, ähnlich wie wir es schon bei den Labechiiden (Abb. 1) sahen, in periodi-

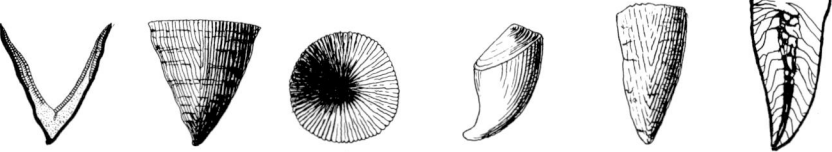

Abb. 2: Fossile Tetracorallen. Links *Lambeophyllum* aus dem Ordovicium, in der Mitte *Calceola* (Silur bis Karbon), rechts *Metriophyllum* (Devon). Das Gehäuse – der Corallit – ist von einer Folge von Böden *(tabulae)* und einer Mittelsäule *(columella)* ausgefüllt (nach Moore e. a.).

scher Folge aus den tieferen Abschnitten zurück, um dann ein Stockwerk höher einen neuen Boden zu bewohnen. Da sie sich außerdem auf verschiedenste Weise durch Knospung und Querteilung vermehrten, ohne sich dabei aber völlig voneinander zu lösen, so entstand allmählich ein Polypenstock, der die Gestalt einer Scheibe, einer Kugel oder eines verzweigten Strauches annehmen konnte (Abb. 3), genauso wie wir es heutzutage noch bei den Steinkorallen sehen. Da die Polypen in jedem Fall nur die äußersten Teile ihrer Röhren bewohnten, so entstand allmählich ein «Steinkern», der äußerlich von einer dünnen Schicht lebender Organsubstanz umhüllt war. Scheinbar also ist hier das Außenskelett zum Innenskelett geworden; in Wirklichkeit wurde es nach wie vor vom Ektoderm der Polypen und des die Polypen verbindenden Coenosarks nach außen abgeschieden.

Ganz anders verhalten sich nun die *Octocorallia,* die sich in doppeltem Sinne ein echtes Innenskelett zulegen. Sie bilden ihre Skelettelemente im Körperinnern, in der Mesogloea, die zwischen Entoderm und Ektoderm eine gelatinöse «Stützlamelle» bildet. In die Mesogloea wandern aus dem Ektoderm Zellen ein und bilden durch Kalkabscheidung richtige kleine «Knochen», die Sklerite. Ihr Aussehen ist nicht nur von Art zu Art, sondern auch je nach der Lage innerhalb des Polypen oder des Coenosarks verschieden (Abb. 4). In der Ordnung der Gorgonarien «erfolgt ihre Anordnung in acht konvergierenden Doppelreihen. Es wird dabei die Möglichkeit einer gegenseitigen Verschiebung gewährleistet ... Meist ruhen die konvergierenden Doppelreihen einem transversalen Skleritenringe auf ...» (Kükenthal).

Gelegentlich können die Sklerite fugenlos miteinander zu einer Röhre verschmelzen wie bei den Orgelkorallen – «Rückfälle» auf das alte Schalenprinzip.

Tiefer in der Mesogloea des Polypenstockes entsteht in den meisten Fällen ein weiteres Skelett, das ebenfalls das Ergebnis eingewanderter Ektodermzellen ist. Anders aber als das Stückelskelett der Sklerite wird es als massiver Achsenstab ausgebildet (Abb. 3), entweder aus Reihen nebeneinanderliegender Sklerite, die durch Gorgonin miteinander verkittet werden, oder von vornherein aus dieser Substanz, ein dem Kollagen unserer Knorpel verwandtes Protein (Kaestner). Bleibt die Achse unverkalkt, so vermag sich das Korallenbäumchen im Rhythmus der Wellen hin und her zu bewegen.

15

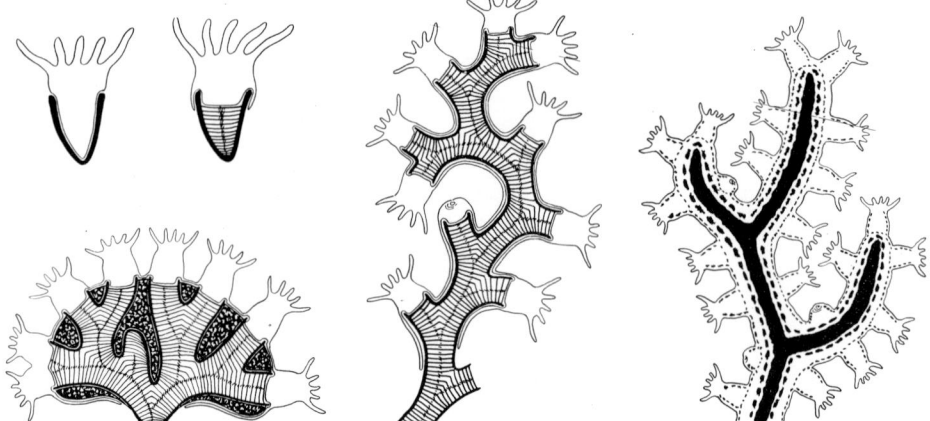

Abb. 3: Schematische Darstellung der Skelettverhältnisse bei den Korallen. Oben zwei solitäre Polypen der Tetracorallen, der eine nach Art von *Lambeophyllum* den Coralliten ausfüllend, der andere wie *Metriophyllum* nur noch den obersten Teil bewohnend. Darunter eine Kolonie mit verzweigten Coralliten und (dunkel angelegter) verbindender Skelettmasse, die vom Coenosark abgeschieden wird. Die Dominanz einer bestimmten Raumesrichtung bei der Verzweigung führt zu Bäumchenformen (Mitte). Rechts die äußerlich ähnliche Wuchsform einer Octocoralle mit massiver innerer Skelettachse und Skleriten.

Auch die Seefedern, die ebenfalls zu den *Octocorallia* gehören, besitzen größtenteils solch inneren Achsenstab; an beiden Seiten greifen Muskeln an und vermögen ihn an der Spitze und am Grunde umzubiegen. *Pteroeides* bildet überdies im Innern der Fiedern zusätzliche, weit nach außen ragende Skelett-stäbe (Abb. 4).

Da der Unterschied zwischen dem Pseudo-Innenskelett der Steinkorallen und dem echten Innenskelett der *Octocorallia* nicht leicht zu durchschauen ist, sei noch etwas näher auf ihn eingegangen. Früher nahm man an, daß die *Octocoral-lia* ihre Gorgoninachse ebenso wie die *Hexacorallia* vom Ektoderm nach außen abscheiden, da die Achse von einem dem Ektoderm entsprechenden Epithel umhüllt sein kann. Dieses Achsenepithel ist aber wie die skleritenbildenden Zellgruppen erst nachträglich aus dem Ektoderm eingewandert (wobei man durchaus von einer Primitivform der Mesodermbildung sprechen kann). Am klarsten sind die Verhältnisse bei den Seefedern zu überschauen, deren massiver zentraler «Stamm» dem Gründungspolypen entspricht. Bevor sich die Larve zu ihm entwickelt, wölbt sich die Mesogloea ihres Fußteiles samt dem umhüllen-den Entoderm mundwärts (Abb. 4); in dieser Vorwölbung bilden sich die Anfänge des Achsenepithels, das in seinem Innern die Achse abzuscheiden beginnt. Im Maße, wie sich der Polyp in die Länge streckt, wächst die Achse mit. Bei der Seefeder bleibt sie zeitlebens das Innenskelett des zum Stamm umgebildeten Primärpolypen. Bei der Edelkoralle baut die Gesamtheit der

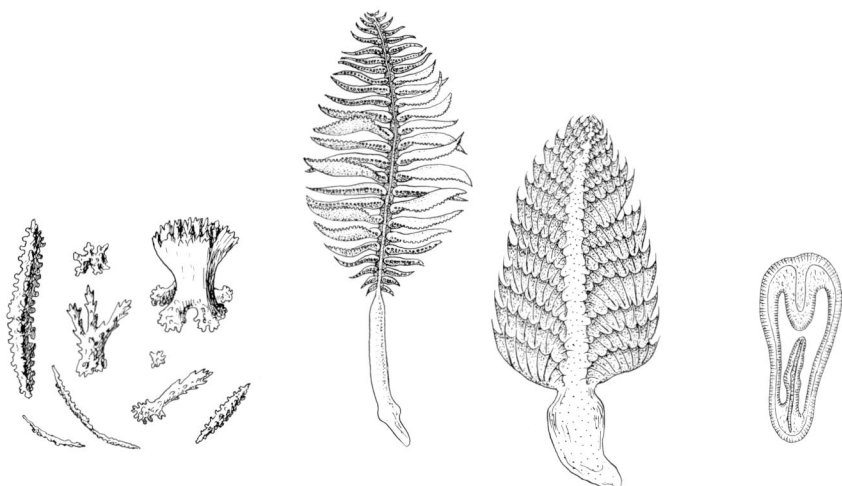

Abb. 4: Links einige Sklerite aus der Mesogloea von *Bebryce* (nach v. Koch). Die Seefedern *Pennatula phosphorea* und *Pteroeides spinosum* (nach Riedl). Rechts Längsschnitt durch die Larve der Seefeder *Renilla:* oben senkt sich das Schlundrohr ein, von hinten das Stielseptum, das in der Mitte die Achsenzellenschicht auszubilden beginnt (nach Wilson).

auseinander durch Knospung entstandenen Polypen an dem Skelette weiter, dessen erster Anfang ebenfalls in der Mesogloea des Gründungspolypen liegt (in Anlehnung an Kükenthal).

Weichtiere

In allen Klassen der Mollusken kommt es zur Bildung ausgedehnter Schalen und Gehäuse; eine Ausnahme macht lediglich die kleine Gruppe der Wurmschnecken, Solenogastres, die von einem dichten «Pelz» aus Kalknadeln, die in einer derben Kutikula sitzen, umhüllt sind.

Ihnen stehen die *Polyplacophora* oder Käferschnecken nahe, bei denen die Stachelkutikula auf die Randzone des Körpers beschränkt ist, während der Hauptteil der Oberseite von einer Folge von acht hintereinanderliegenden Platten bedeckt ist (Abb. 5), so daß man bei ihrem Anblick an Articulaten erinnert wird. Ihre Gliederung ist aber nur eine äußerlich-oberflächliche, der Körper selber zeigt nicht die geringsten Spuren von Metamerie. – Nicht alle Käferschnecken besitzen äußerlich sichtbare Rückenplatten; in der Ordnung *Acanthochitonina* wächst die derbe, stachelige Kutikula über die Platten hinweg und verbirgt sie zum größten Teil *(Cryptoplax)* oder völlig *(Cryptochiton;* in der Abbildung ist ein jüngeres Tier dargestellt, bei dem die Platten noch durch

17

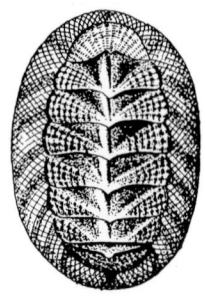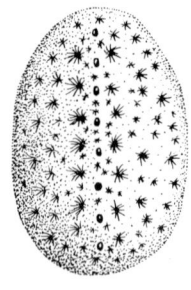

Abb. 5: «Käferschnecken».
Links *Chiton olivaceus* (nach Riedl).
Rechts *Cryptochiton stelleri* (nach Heath).

kleine Löcher auf dem Rücken sichtbar sind). Da sich dieser Vorgang im Laufe des Heranwachsens abspielt, die Platten auf früher Stufe der Ontogenese also noch frei zutage liegen, darf angenommen werden, daß sich darin der stammesgeschichtliche Weg spiegelt.

Die drei wichtigsten, weil zu größter Arten- und Formenfülle gediehenen Klassen sind die Muscheln, Schnecken und Tintenfische. Ausgesprochene Gegensätze stellen sich in ihnen dar. Die bewegungsträgen Muscheln bilden die Kopfregion zurück und verlegen sich ganz auf die Ausbildung des Darmtraktes und der Kiemen. Trägheit kennzeichnet auch ihre Stammesgeschichte, in der es zu keiner grundlegenden Neuerung kommt. Ganz anders die Cephalopoden (Tintenfische), die im Laufe der Erdgeschichte tiefgreifende Wandlungen ihrer Organisation durchmachen, neben der Umbildung des Skelettes den Nerven-Sinnes-Pol in hohem Maße vervollkommnen und sich überdies «Gliedmaßen» zulegen, die sie zu außerordentlich bewegungsaktiven Tieren werden lassen. Eine Mittelstellung nehmen die Gastropoden (Schnecken) ein; sie zeigen die größte Formenfülle; träge, nach Muschelart lebende Vertreter gibt es unter ihnen ebenso wie gewandte räuberische Schwimmer, die sich in ihrer Gestalt der Fischform nähern. Von allen Mollusken bewohnen sie die meisten Lebensräume.

Alle drei – Tintenfische, Schnecken, Muscheln – lassen sich über eine primitive, archaische Molluskengruppe auf einen gemeinsamen Grundtyp zurückführen. Diese urtümlichen Weichtiere, die *Monoplacophora* (Abb. 6), lebten während des Paläozoikums und sahen äußerlich den Napfschnecken *(Patella)* ähnlich. Man hielt sie für ausgestorben, bis vor wenigen Jahren in der berühmt gewordenen *Neopilina* ein in der Tiefsee überlebender Vertreter entdeckt wurde, der in manchen Eigenschaften – vor allem in seiner Metamerie – von allen übrigen Mollusken abweicht.

Wesentliche Kennzeichen der Gastropoden ist ihre spiralig gewundene Schale, der eine Drehung des gesamten Eingeweidesackes entspricht. Die erdgeschichtlich älteste Schnecken-Großgruppe, die *Vorderkiemer* (Prosobranchier) führen diese Torsion so weit durch, daß die – auch noch in frühen ontogenetischen Stadien jedes Tieres – ursprünglich nach hinten gerichteten

18

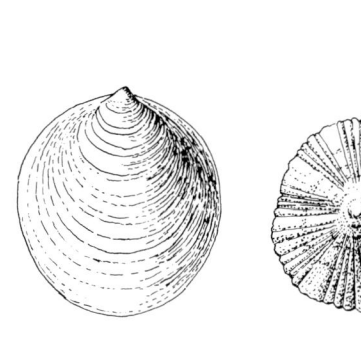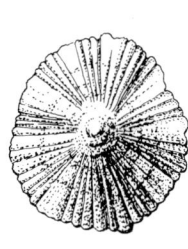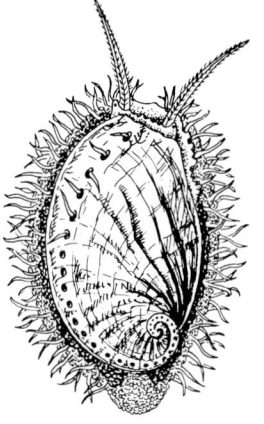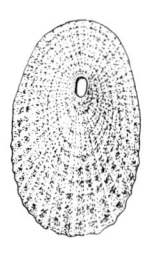

Abb. 6: Das «lebende Fossil» *Neopilina* (nach Lemche). Daneben eine Napfschnecke *(Patella)* und das Meerrohr *Haliotis* (nach Fischer). Schale der Fissurellide *Diodora* (nach Riedl).

Kiemen um 180° gedreht und mitsamt dem After in die Nackengegend verlagert werden. Dabei überkreuzten sich die beiden vom Kopf zum Hinterleib führenden, anfangs parallel verlaufenden Stränge der Eingeweidenerven, eine Erscheinung, die als Chiastoneurie bezeichnet wird.

Durch fast das ganze Paläozoikum, bis ins Karbon hinein, werden die Prosobranchier durch die Ordnung der *Archaeogastropoda* repräsentiert. Zu ihnen gehören die noch heute an jeder Felsküste häufigen Napfschnecken (seit dem Silur), bei denen die Torsion noch nicht auf das Gehäuse übergreift, so daß sie äußerlich den Monoplacophoren ähneln (Abb. 6). Eigenartigerweise bringt eine andere Archaeogastropoden-Gruppe, die Pleurotomarien, die seit dem Kambrium mit spiralig gewundenem Gehäuse bekannt sind, von der Kreide an Formen hervor, deren Schalen Napfschnecken gleichen, aber einen seitlichen Schlitz oder an der Spitze der Kappe ein Loch besitzen *(Scissurellidae, Fissurellidae)*. Einige Arten, wie *Magathura* von der kalifornischen Küste, überwachsen ihre Schalen so weit durch den Mantel, daß nur das Zentrum mit der Öffnung freibleibt. Eine andere junge Form ist *Haliotis*, das Meerohr, bei dem die Tendenz zur Spiralwindung im Laufe des Heranwachsens schnell abnimmt, und das eine ganze Kette von Löchern am Gehäuserand anbringt, durch welche Körperfortsätze nach außen gestreckt werden (Abb. 6).

Im Karbon gehen aus den Prosobranchiern zwei neue Ordnungen mit geringerer Drehung des Eingeweidesackes und ohne Chiastoneurie hervor, in denen die Tendenz zur Verlagerung des Gehäuses ins Körperinnere und in Verbindung damit zu seiner Reduktion stark zum Durchbruch kommt: die Hinterkiemer und die Lungenschnecken. Bevor wir uns ihnen zuwenden, sei noch kurz das weitere Schicksal der Prosobranchier gestreift. Sie bilden in der Trias und dann noch einmal in der Kreide einen neuen Zweig, die *Mesogastropoda* und die *Neogastropoda*. Beide verhalten sich überwiegend konservativ, und

19

gerade die jüngste Linie bringt es in den Well- und Tritonshörnern *(Buccinacea)*, den Murex-Arten zu den größten und massivsten Gehäusen – «alle starkwandigen marinen Schneckenschalen, die man in Sammlungen findet, stammen von Vorderkiemern» (Kaestner 1965). Nur gelegentlich zeigt sich die Tendenz, den alten Bauplan abzuwandeln. Unter den Mesogastropoden sind es die Lamellarien und die Arten der *Cypraeacea*, die Kauri- oder Porzellanschnekken, die bis in die Kreide zurückreichen. Ihr Gehäuse ist völlig vom Mantel umhüllt (Abb. 7). Eine andere Gruppe der Mesogastropoden entwickelt sich zu aktiven Schwimmern und reduziert das Gehäuse oder verliert es völlig *(Atlantacea = Heteropoda)*. Auch unter den Neogastropoden gibt es Formen, die das Gehäuse mit dem Mantelrand umhüllen, wie die abgebildete *Ancillaria*, ein Vertreter der räuberischen *Conacea* (Abb. 7).

Die *Hinterkiemer, Opisthobranchia*, weisen in ihren frühesten Formen, den auch heute noch lebenden *Actaeon*-Arten mit ihrer massiven Schale, in die sie sich völlig zurückziehen können, und in der Überkreuzung der Nerven noch starke Prosobranchier-Merkmale auf. Bei ihnen legen sich einzig die lappenartig verbreiterten Fühler vorne etwas über das Gehäuse (Abb. 8). Von den folgenden Gruppen können wir keine fossilen Überlieferungen mehr erwarten, da die Schalen, sofern sie überhaupt vorhanden sind, zart und hinfällig und oftmals ohne Kalkeinlagerungen sind. Die Aplysien, die «Seehasen», besitzen in der Jugend noch eine recht ansehnliche äußere Schale (Abb. 8), die jedoch im Laufe des Heranwachsens von einer Mantelfalte bis auf ein kleines zentrales Loch umschlossen wird. Gleichzeitig bilden sich jederseits lappenartige Auswüchse des Fußes, Parapodien, die beim Schwimmen als Flossen benützt werden. Auch in der Verwandtschaft von *Actaeon*, in der Gruppe der *Bullacea*, gehen einige Familien den Weg zum «Innenskelett» und zur Ausbildung von allerdings viel umfangreicheren Parapodien, die «wie Schmetterlingsflügel synchron auf und ab schlagen» und das Tier «flatternd durchs Wasser treiben» (Kaestner). Manche dieser Flügelschnecken haben noch äußerliche Schalen von relativ

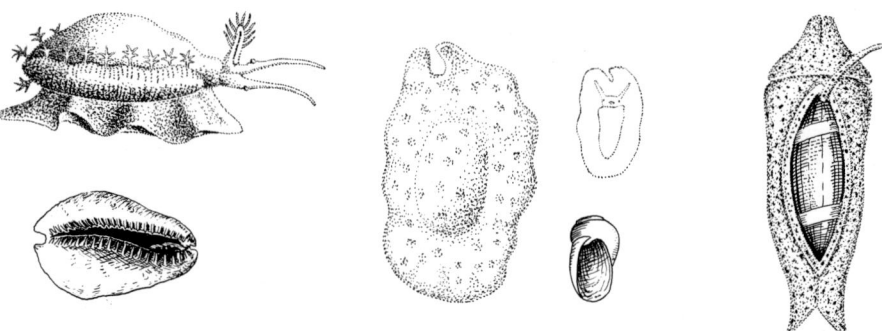

Abb. 7: Mesogastropoden: Kaurischnecke *Cypraea moneta* (nach Quoy). *Lamellaria* (nach Riedl). Rechts die Neogastropode *Ancillaria* (nach Portmann).

20

beträchtlicher Größe; sind sie innerlich, so sind sie genau wie bei den Aplysien rudimentär, dünn, durchscheinend. In einigen Fällen verschwinden sie im Laufe der Ontogenese völlig, ein Vorgang, der die Regel darstellt in der großen Ordnung der Nudibranchier. Diese bizarren, farbenprächtigen Tiere (Abb. 8) werfen regelmäßig auf früher Entwicklungsstufe ihre Schalenanlagen ab. Sie stellen die am weitesten entwickelten Opisthobranchier dar, wie wir auf Grund ihres hochentwickelten Nervensystems sicher annehmen dürfen. Sie zeigen uns, daß sich der «Trend» zur Ausbildung eines Innenskelettes unter den Hinterkiemern nicht durchzusetzen vermag.

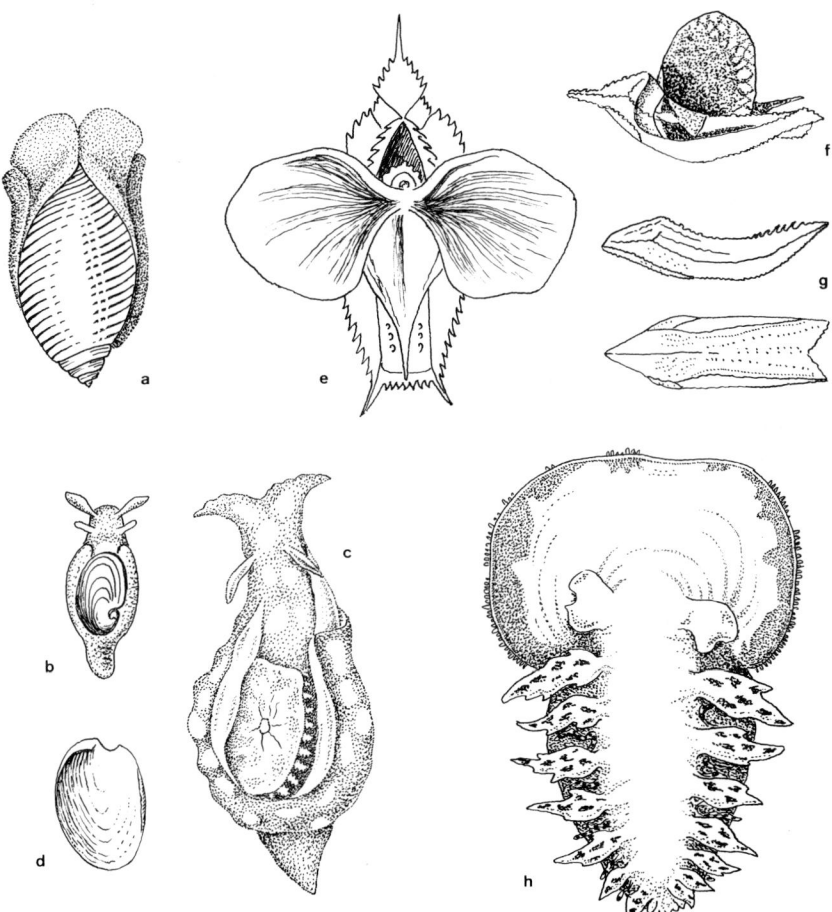

Abb. 8: Opisthobranchier. (a) *Actaeon* (nach Portmann). Aplysien (Seehasen): (b) Jungtier mit äußerer Schale (nach Hescheler). (c) Alttier, (d) Schale (nach Riedl). *Cymbuliidae:* (e) *Cymbulia proboscidea* (nach Woodward). (f) *Cymbulia sibogae,* Seitenansicht (nach Tesch). (g) Pseudoconcha von *C. peronii* von der Seite und von oben (nach Tesch). (h) der Nudibranchier *Fimbria* (nach Riedl).

Um so erstaunlicher muten deshalb jene Opisthobranchier an, die als einzige ein echtes Innenskelett ausbilden, also nicht bloß ihre Schale unter den Mantel verlegen. Die Pteropoden-Familie *Cymbuliidae* wirft zwar ebenfalls das Gehäuse ab, bildet aber darauf eine «innere, vollkommen durchsichtige, kahnförmige, symmetrische *Pseudoconcha* von knorpelartiger Konsistenz» (Tesch). Das «zarte Häutchen des äußeren Integumentes», welches das Innenskelett umhüllt, verbirgt nichts von dessen Struktur, die sich durch ihre Zacken und Spitzen auffallend von den glatten Rundformen der «verinnerlichten» Schalen aller anderen Gastropoden unterscheidet.

Die *Lungenschnecken, Pulmonata* (Abb. 9) – in den verschiedenen Landschnecken für uns die vertrauteste Ordnung – neigen stärker als die Opisthobranchier zur Versenkung der Schale unter die Körperhülle. Die bekannten Wegschnecken *(Arion),* aber auch die übrigen Nacktschnecken (zu deren Bildung es in der Geschichte der Pulmonaten wiederholt gekommen ist), haben unter ihrem Mantel Schalenrudimente – ganz ähnlich wie bei den Opisthobranchiern ist die «Verinnerlichung» des Gehäuses stets mit Reduktion verbunden. Urtümliche wasserbewohnende Formen wie *Physa* zeigen erste Anfänge, die fingerförmig gelappten Mantelanhänge vermögen nur einen Teil des kräftigen Gehäuses zu umgreifen. *Parmacella,* eine höhere Landlungenschnecke, beginnt in ihrer Jugend mit einer äußeren, spiralig gewundenen Schale; die später abgeschiedenen Teile kommen bereits unter den Mantel zu liegen und zeigen eine ganz andere, ungewundene, abgeplattete Form. Schließlich wächst der

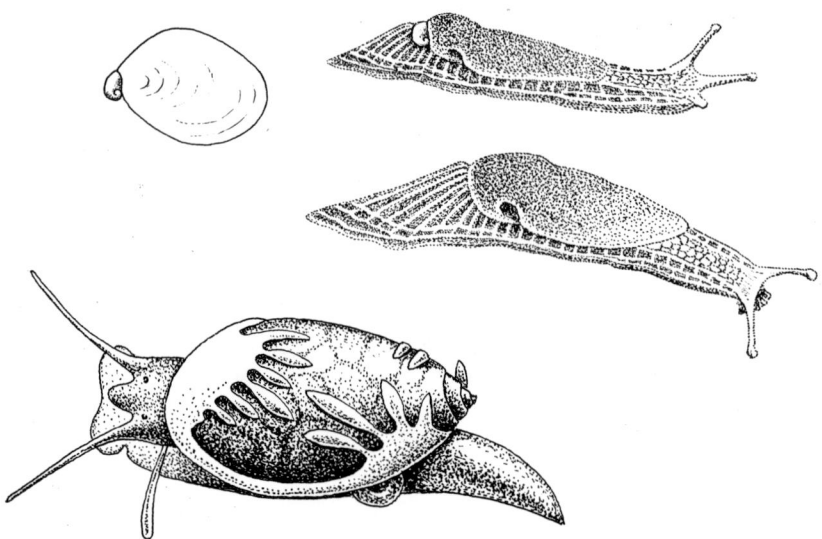

Abb. 9: Lungenschnecken. Links *Physa fontinalis;* nach Reeve. Rechts Schale, Jungtier (oben) und Alttier von *Parmacella deshayesi* (nach Thiele).

Mantel auch über den Anfangsteil der Schale hinweg. Andere Arten, wie *Testacella*, beginnen in der Jugend mit der Bildung eines normalen Schneckenhauses, hören aber bald mit seiner Fortführung auf, so daß die ausgewachsene Schnecke ein winziges Gehäuse nahe dem Hinterende trägt. Diese wenigen Beispiele mögen genügen, um die Tendenz zur Schalenreduktion und -verinnerlichung als eine sekundäre, junge Erwerbung zu charakterisieren.

Klarer überschaubar als bei den Gastropoden verläuft der phylogenetische Duktus bei den *Cephalopoden*. Im frühen Paläozoikum beherrschten die *Nautiloidea* alleine das Feld. In dieser Subklasse gab es neben den *Nautilida*, die ihr Gehäuse spiralig aufrollten wie die bis heute überlebenden sechs *Nautilus*-Arten, zahlreiche Ordnungen mit geraden oder leicht gekrümmten Röhren, die langgestreckt oder kurz und kapuzenförmig sein konnten (Abb. 10, 11). Gerade in den gedrungenen Gehäuseformen spricht sich die grundsätzliche Übereinstimmung mit den Schalenbildungen der anderen Molluskenklassen besonders deutlich aus. Niemals aber sind die Tintenfische in ihren Schalen so «zuhause» wie die Schnecken in ihren Gehäusen. Nicht unähnlich den Verhältnissen bei den Korallen werden von Zeit zu Zeit Scheidewände abgeschieden, so daß nur die äußerste Partie der Schale von dem Tier bewohnt wird; lediglich ein dünner

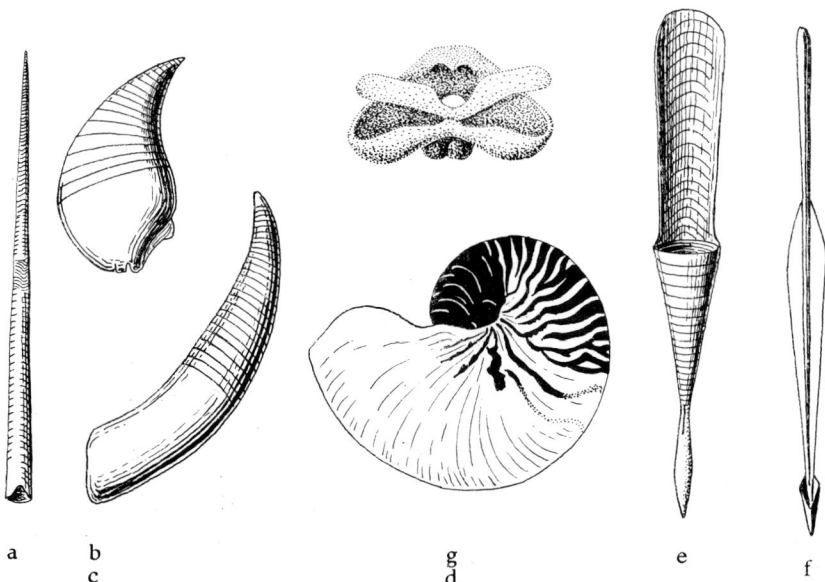

a   b   g   e
      c   d   f

Abb. 10: Cephalopodenskelette. Nautiloiden: (a) *Tripleuroceras* (Devon); (h) *Hexameroceras* (Silur); (c) *Augustoceras* (Silur) (nach Moore e.a.). (d) *Nautilus* (rezent) (nach Portmann). (e) Schale des Belemniten *Hibolites* (Jura, Kreide) (nach Moore e.a.). (f) Gladius von *Gonatus fabricii* (rezent) (nach Pfeffer). (g) Kopfknorpel von *Sepia* (nach Hescheler).

Fortsatz des Körpers, der Sipho, durchzieht, von einer Kalkröhre umschlossen, das ganze Gewinde. Grundsätzlich gleichen Types sind die *Ammonoidea* (Ammonshörner), die im Devon beginnen, in den mesozoischen Meeren dominieren und am Ende der Kreide erlöschen.

Im Perm erscheinen die *Belemnoida* (Abb. 10, 11), die sich zwanglos an langgestreckte Nautiloiden anschließen und deren Organisation in einigen Punkten abwandeln: einmal wird die Schale vom Mantel völlig umwachsen und damit unter die Körperumhüllung verlegt; gleichzeitig verändert sich der rostrale und apikale Teil der Schale – vorne wird bei der Anlage eines neuen Septums nur der dorsale Teil stark verlängert, die seitlichen und ventralen Partien hingegen nur geringfügig, so daß anstelle einer neuen Kammer lediglich eine Verlängerung des «Rückendaches» erfolgt. Dieser verminderten Skelettabscheidung im vorderen Teil stand eine vermehrte an der Spitze gegenüber; hier wurde ein massives, nur von einem dünnen Kanal durchzogenes Rostrum aus konzentrischen Lagen radiär orientierter Kalknadeln abgesondert – offensichtlich erster Anfang eines inneren Achsenstabes.

Vom Jura an begegnen wir fossilen Schulpen jener Ordnungen, die heute vorherrschen, der *Sepioiden* und *Teuthoiden* (Kalmare). Bei ihnen ist die Reduktion des Gehäuses noch weiter vorgeschritten, so daß nur der dorsale Teil als ein mehr oder weniger breiter Schild übriggeblieben ist, unter dem eng gedrängt die modifizierten Reste der Kammersepten sitzen. Daß diese Formen in Frühsta-

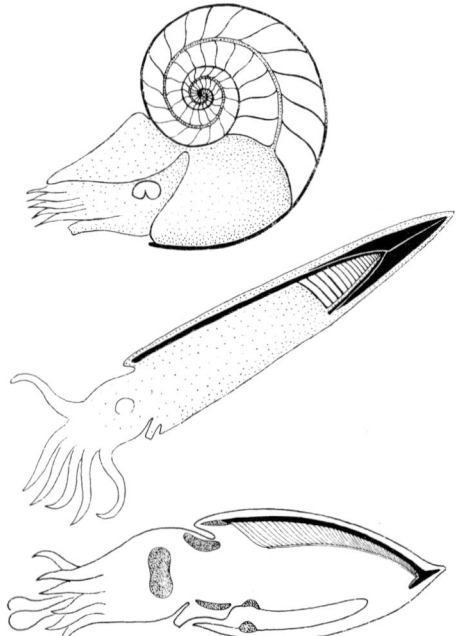

Abb. 11: Schema der Skelettbildung bei Nautilus (oben), Belemnit (Mitte) und *Sepia* (unten). Die Knorpel des Endoskelettes von *Sepia* durch Punktierung hervorgehoben (nach verschiedenen Autoren kombiniert).

dien ihrer Ontogenese aber noch das Belemnitenstadium durchlaufen, zeigen die hintersten, zuerst angelegten und noch tütenförmigen Abschnitte des Schulpes (Abb. 11). Auf ganz früher Embryonalstufe liegt das schalenabscheidende Gewebe sogar noch auf der Körperoberfläche, wird jedoch rasch von allen Seiten durch eine Faltenbildung des Ektoblasten überwachsen.

Noch weiter als die typischen Sepioiden gehen die Kalmare, langgestreckte, fischgestaltige Hochseeschwimmer, deren Schulp zu einer schmalen hornigen Rückensaite (Gladius) geworden ist. Bei den Octopoden, den Kraken, endlich schwindet auch der Rückenschulp bis auf eine beckenähnliche Struktur in Form zweier Querspangen am Hinterende des Körpersackes. Einige Arten bilden im Laufe der Ontogenese auch diese letzten Rudimente zurück.

Statt dessen kommt es nun unter den Sepien, Kalmaren und Octopoden zur Ausbildung eines echten Innenskelettes aus Knorpel. Am überraschendsten ist wohl die Entwicklung einer richtigen Schädelkapsel (Abb. 10). Sie «umschließt alle rings um den Schlund zusammengedrängten zentralen Teile des Nervensystems und bildet somit eine hohle, ringförmige Kapsel, die vom Schlund durchbohrt wird. Fortsätze dieser Kapsel helfen die Augen stützen und bilden zusammen mit selbständigen Augendeckelknorpeln eine Art knorpeliger Augenhöhle» (Hescheler). An der Basis liegen in zwei Kammern die Statocysten (Gleichgewichtsorgane). Hinzu kommen weitere Innenskeletteile, die den Mantelverschluß gewährleisten: der Nackenknorpel und der Rückenknorpel vor der Spitze des Schulpes. Sie können ebenso wie die beiden Knorpel, die an der Wand des Eingeweidesackes und an der Innenwand des Mantels liegen (in der Abbildung unmittelbar hinter dem Trichter) nach dem Druckknopfprinzip ineinandergreifen. Hinzu kommen die (in der Zeichnung nicht wiedergegebenen) Flossenknorpel an den Körperseiten und mitunter Knorpel an der Basis der Arme. Sämtliche Knorpel sind, ebenso wie die Schulp, Anheftungsstellen für die gut entwickelte Muskulatur dieser kräftigen Tiere. Einen Kopfknorpel besitzt übrigens auch *Nautilus*, allerdings nur in Gestalt einer x-förmigen Spange.

Blicken wir abschließend auf die Gestaltenfülle der Mollusken zurück, so zeigt sich uns, daß die «Verinnerlichung» der äußeren Schale wohl zur Ausbildung eines Innenskelettes hintendiert – das dann in den höchsten Formen, den Cephalopoden, auch verwirklicht wird –, daß ein Innenskelett aber nicht durch die Umbildung der ins Körperinnere verlegten Schale gebildet werden kann. Wie die höheren Schnecken demonstrieren, resultiert daraus Reduktion und Rudimentation; das Innenskelett muß als Neubildung erscheinen.

Kurz erwähnt werden sollen schließlich noch zwei Phänomene der Mollusken-Evolution, da sie aufs engste mit dem Schicksal des Skelettes korreliert sind. Auf das eine macht Portmann (1965) aufmerksam – er weist nach, wie sich im Maße der Schalenreduktion eine Konzentration und Differenzierung des Kopfnervensystems sowohl bei den Schnecken wie bei den Cephalopoden vollzieht, ein Prozeß, der bei den völlig schalenlosen Octopoden und den ebenfalls unbeschalten Nacktkiemer-Schnecken seinen Höhepunkt erreicht. Das andere Phänomen ist besonders deutlich an den Gastropoden abzulesen, an jenen Teilen ihres Körpers, die ursprünglich das Gehäuse tragen. Hier treten Bildungen auf, die im Gegensatz zu den sphärischen Hüllformen der Schale von radiärer, strahliger Gestalt sind, Gliedmaßenfunktion (als Flossen) besitzen oder dem Stoffwechselbereich zugehören wie die vielerlei säckchen-, bäumchen- oder fiederartigen Anhängsel der Nudibranchier, die von Verästelungen der Mitteldarmdrüse durchzogen werden. An besonders hochentwickelten Formen wie *Fimbria* (Abb. 8) – ihr Gehirn weist ein Höchstmaß an Konzentration auf (Portmann) – kommt es zu einer deutlichen morphologischen Polarisierung des runden Kopfteiles gegenüber dem Stoffwechselteil des Organismus, der durch seine radiären Bildungen ausgezeichnet ist – eine Parallelerscheinung zu den Wirbeltieren.

Wirbeltiere

Die ältesten fossilen Wirbeltierreste stammen aus dem Ordovicium und sind Teile des Hautknochenpanzers von «*Kieferlosen» (Agnatha)*. Diese merkwürdigen Gestalten, die erst vom Devon an als vollständige Fossilien erhalten sind, wurden lange für Krebse gehalten, bis *Stensiö* ihre Wirbeltiernatur nachwies. Im wörtlichen Sinne waren sie auch tatsächlich noch keine Wirbeltiere, sondern lediglich Chordaten – Wirbel und andere Teile eines Innenskelettes des Rumpfes fehlten ihnen völlig. Als einziges Achsenelement dürften sie mit Sicherheit eine Chorda enthalten haben. Dagegen besaßen viele von ihnen einen lückenlosen Hautknochenpanzer, der den Kopf und mehr oder weniger große Gebiete des mit ihm einheitlich verbundenen Rumpfes bedeckte (Abb. 12). Bei der Gruppe der Cephalaspiden war auch das Innere des Kopfes so weit verknöchert, daß dieser einen massiven Block darstellte, der lediglich von den Kanälen des (sehr kleinen) Gehirnes, der Hirnnerven und den serial angeordneten Kiemen durchbrochen wurde. Der kompakte Panzer löste sich gegen den Schwanz hin entweder abrupt oder allmählich in einzelne Knochenplatten von regelmäßiger Anordnung auf, wodurch der hintere Körperabschnitt recht fischähnlich wirkte (Abb. 12). Anders aber als bei den höheren Fischen, deren Schuppen hauchdünne, von der Epidermis überzogene Knochenplättchen sind, handelte es sich bei den Agnathen noch um sehr massive Bildungen.

In einseitiger Weise also war bei diesen Vorläufern der Fische jene Skelettbildung entwickelt, die bei den späteren Formen der Wirbeltiere und beim Menschen auf die Region des Gehirnes und der Kopfsinnesorgane beschränkt ist: auf Schalen-, Kapsel- und Hüllformen. Die axialen und radialen Bildungen, das typische Innenskelett also, wie es etwa von den Gliedmaßenknochen repräsentiert wird, die außen von Weichteilen umgeben sind, fehlte diesen Formen so restlos, daß nicht einmal die entsprechenden Bildungen des Kopfge-

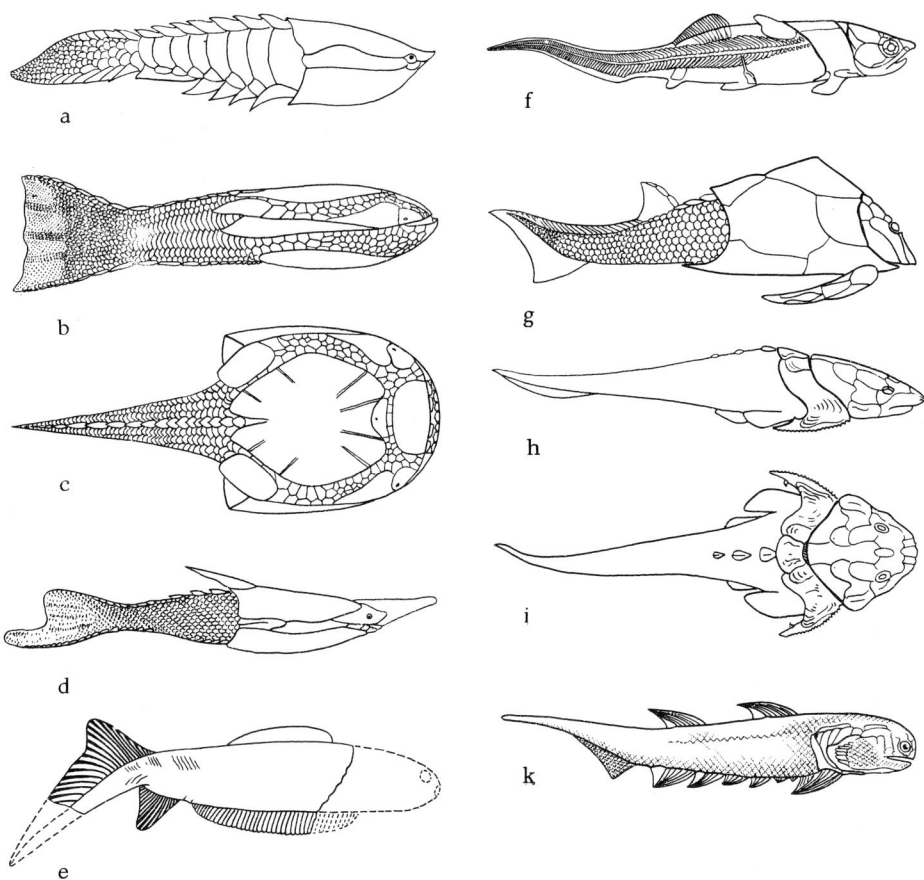

Abb. 12: «Kieferlose» (linke Reihe) und Panzerfische (rechts). (a) *Anglaspis* (nach Kiaer). (b), (c) *Drepanaspis* von der Seite und von oben (nach Gross). (d) *Pteraspis* (vgl. auch Abb. 13) (nach White). (e) *Endeiolepis*, eine Form mit nacktem, unbeschupptem Rumpf (nach Stensiö). (f) *Coccosteus* (nach Stensiö). (g) *Pterichthyodes* (nach Traquair). (h), (i) *Lunaspis* von der Seite und von oben (nach Stensiö). (k) der Acanthodier *Climatius* (nach Romer).

bietes vorhanden waren – die Kiefer. Sie sind auf dieser frühen Stufe der Wirbeltierevolution noch Teil des Kiemensystems.

Die Fossilfunde der Agnathen erlöschen am Ende des Devon, gleichzeitig mit einer anderen, etwas später erscheinenden und deutlich höher organisierten Gruppe, den *Panzerfischen (Placodermi)*. Sie sind ganz auf das Devon beschränkt. Viele von ihnen unterscheiden sich im Ausmaß ihrer Panzerung zunächst kaum von Agnathen. Aber es sind doch charakteristische Unterschiede da, besonders die Trennung des Panzers in einen Kopf- und einen

Brustteil. Dieses Merkmal nimmt im Laufe der Placodermen-Evolution an Deutlichkeit und Ausprägung zu, besonders bei der größten Gruppe der Panzerfische, den Arthrodiren. Die frühen Vertreter haben die beiden Teile noch wenig voneinander abgesetzt, ähnlich wie es die (nicht zu den Arthrodiren gehörenden) Formen *Pterichthyodes* und *Lunaspis* von Abb. 12 zeigen. Spätere Arthrodiren wie *Dinichthys* (Abb. 13) lösen beide Partien des Panzers so weit voneinander, daß der Kopfteil, der nur mittels eines Scharniergelenkes auf jeder Seite mit dem Bruststück verbunden ist, große Bewegungsfreiheit erlangt.

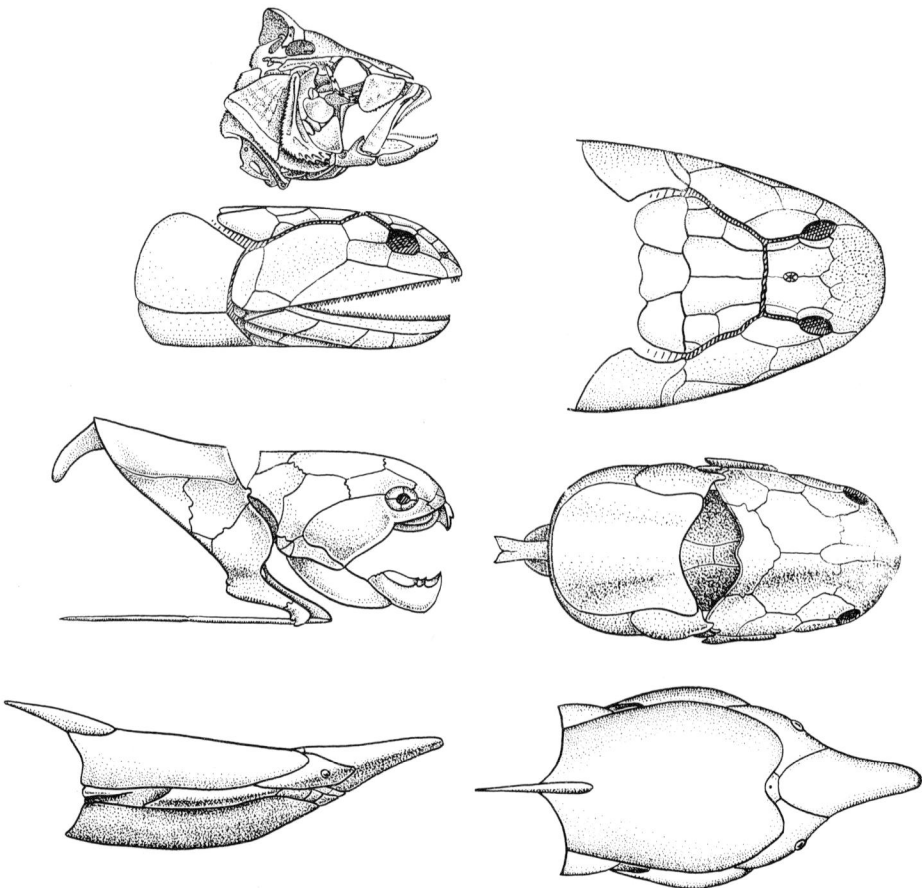

Abb. 13: Die Auflösung des Kopf-Rumpf-Panzers in der Evolution der Fische. Links Ansicht von der Seite, rechts von oben. Unten der «Kieferlose» *Pteraspis* mit massivem Panzer (nach White). Darüber der Panzerfisch *Dinichtys*, dessen Panzer in zwei gegeneinander bewegliche Teile gegliedert ist (nach Romer). Der Quastenflosser *Osteolepis*, bei dem auch der Kopfpanzer keine starre Einheit mehr ist (nach Romer, Westoll). Beim Barsch hat die Auflösung der Kopfkapsel in einzelne Schilder die höchste Stufe erreicht (nach Brehm).

28

Die massiven Schuppen, die bei den Agnathen und Placodermen am Hinter-
abschnitt des Körpers auftraten, waren viel schwerere Gebilde als die zarten
Plättchen der heutigen Fische. Sie bestanden aus einer basalen, von Blutgefäßen
durchzogenen dicken Schicht porösen Knochengewebes, auf die eine Schicht
aus Cosmin – dem Dentin unserer Zähne verwandt – folgte, die außen von einer
dicken Schmelzschicht, dem Ganoin, überzogen war. Sie waren damit grundsätzlich gleichen Aufbaues wie die Platten des Vorderkörpers. Ein robuster
Panzer war also auch überall da vorhanden, wo der Körper nicht von großen,
miteinander verwachsenen Platten bedeckt war.

Schon unter den Kieferlosen gab es Formen, bei denen die Beschuppung
nicht auf den Hinterleib beschränkt blieb, sondern auch auf den Kopf übergriff,
ja, einige Vertreter konnten sogar völlig schuppenlos sein wie *Endeiolepis* (Abb.
12). Zum Schuppenverlust tendieren auch die höheren Arthrodiren wie *Coccosteus* (Abb. 12) und *Dinichthys* mit ihren locker verbundenen Panzerteilen. Auch
die Acanthodier, die den Panzerfischen nahestanden, zeigen starke Reduktion
der Panzerung und Beschuppung des ganzen Körpers mit Ausnahme der
Kopfseiten und der Kiemenregion und statt dessen, ähnlich *Endeiolepis,*
die Tendenz zur Bildung zahlreicher Flossen. Vor allem aber begegnen wir jetzt
unter den Panzerfischen zum ersten Mal auch einem verknöcherten Innenskelett des Rumpfes, knöchernen Haemal- und Neuralbögen (aber noch keinen
knöchernen Wirbelzentren), dazu gelegentlichen beckenähnlichen Bildungen
wie bei Coccosteus und Knochenstrahlen in einigen Flossen.

Aber diese «gemäßigten» Formen traten doch in der Frühzeit, im Silur und
unteren Devon, noch stark zurück neben den zu starker und starrer Panzerung
neigenden Vertretern. Erst von der Mitte des Devon an wendet sich das Bild.
Nahezu gleichzeitig tauchen die Haie, die Quastenflosser, Lungenfische und
Chondrostei (Knorpelfische) auf. Ihnen allen gemeinsam ist die Tendenz, die
Bildung des Außenskelettes zurücktreten zu lassen gegenüber dem Ausbau des
Innenskelettes. Insbesondere die Flossen erhalten ein Knochengerüst, in dem
sich zunächst noch das Prinzip der rhythmisch-serialen Anordnung, wie wir sie
bei der Wirbelsäule antreffen, wiederholt. Es ist dies die erste Phase fast aller
Bildungen, die aus dem mittleren Keimblatt hervorgehen, rhythmische Unter-
teilung geht der Differenzierung voraus. Haie und echte Fische verharren auf
diesem Prinzip, die Crossopterygier (Quastenflosser) und Lungenfische verwirklichen aber schon die nächst höhere Stufe und differenzieren das Innenskelett der Flossen so weit, daß sie bereits zu einfachen Gliedmaßen werden. Mit
Ausnahme der Vorderflossen, die mit dem Schultergürtel verbunden sind, sitzt
das Innenskelett der Extremitäten noch in der Muskulatur der Rumpfwand und
hat keine Verbindung mit der zentralen Körperachse. Dadurch erscheinen die
Extremitäten wie von außen eingesetzt. Die Tendenz, Extremität zu werden, ist
bei den Crossopterygiern noch allen Flossen, auch denen des Rückens, eigen.
Ein Nachfahre dieser Gruppe, die berühmte *Latimeria*, hat diesen Zustand bis
heute konserviert. In anderer Beziehung hat Latimeria dagegen sehr konsequent

die Richtung weiterverfolgt, die bei den altertümlichen Crossopterygiern erst andeutungsweise zu erkennen ist: nur noch wenige Elemente des Schädels verknöchern definitiv (Abb. 14).

Bei den Panzerfischen war der Kopf, wie wir sahen, bereits gegenüber dem Schulterpanzer beweglich; bei den Crossopterygiern des Paläozoikums ist auch der Kopfpanzer selber keine feste Einheit mehr, sondern in zwei gegeneinander bewegliche Teile gegliedert, ja nicht nur das: auch der darunterliegende Hirnschädel bestand aus zwei gelenkig miteinander verbundenen Elementen – dem eigentlichen, nach außen abgeschlossenen Hirnschädel, der bis zu seinem vorderen Ende auf der Chorda ruhte, und dem nach außen geöffneten Nasen-Augen-Abschnitt, dem Sinnesteil.

Besonders klar tritt die Reduktionstendenz des Außenskelettes in die Linien der *Strahlflosser* (Actinopterygier), den «eigentlichen» Fischen also, zutage, die einander im Laufe der Evolution ablösen. Die frühen Chondrosteer (Knorpelfische, als Relikt z. B. in den Stören erhalten) haben noch stark beschuppte Flossen wie die Crossopterygier, was später nicht mehr vorkommt. Die *Holostei* (Abb. 15), die sie von der Trias an ablösen, reduzieren bereits die massive Cosminschicht der Schuppen, und die äußere Ganoinschicht wird dünner.

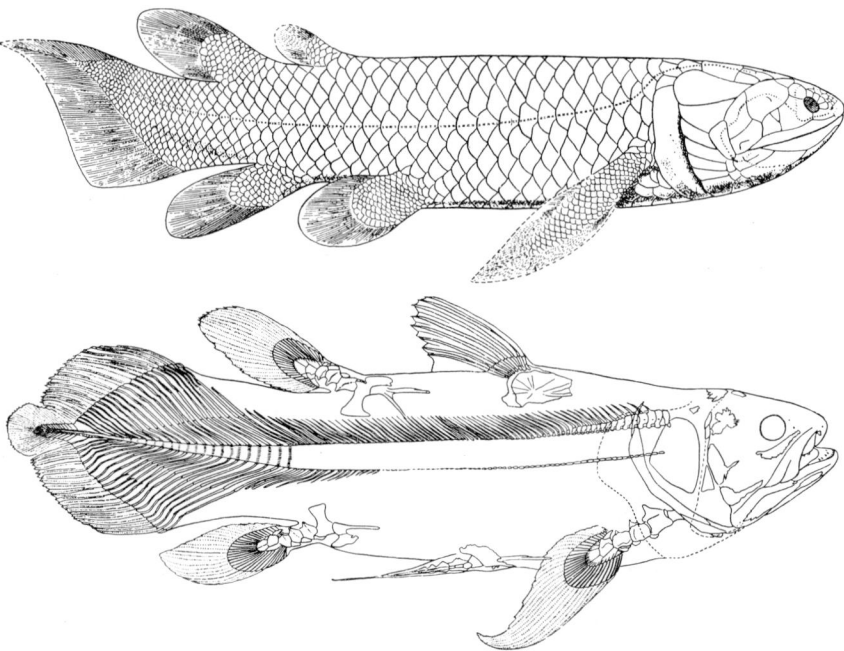

Abb. 14: Der devonische Crossopterygier *Holoptychius* (nach Jarvik aus Kuhn-Schnyder, 1967). Unten die rezente *Latimeria chalumnae* (nach Milot u. Anthony aus Kuhn-Schnyder, 1967).

Gleichzeitig verknöchert der Hirnschädel nicht mehr so stark wie bei den Quastenflossern, so daß auch im erwachsenen Zustand die Nähte sichtbar bleiben. Dafür beginnt jetzt bei einigen Formen die Verknöcherung der Wirbel-centra. Die *Teleostei*, die Knochenfische, die vom Jura an die Holostei ablösen, bilden überhaupt keine Schmelzschicht mehr auf ihren Schuppen, die als dünne Plättchen unter die Haut versenkt werden. Die Panzerung des Kopfes wird weiter reduziert, Lücken und Ablösungen einzelner Knochen treten besonders in der jüngsten und differenziertesten Gruppe der Knochenfische, den Stachel-flossern (Barsche, Abb. 13, 15) auf: offene Wangenregion, Ablösung des Ober-kiefers vom Hirnschädel usw. Sie sind von allen Formen gleichzeitig am stärksten in die Ausbildung radialer Skelettbildungen gegangen, Knochenstäbe durchziehen die Rückenflosse und sogar die Schuppen zeigen die Tendenz, sich in strahlige Bildungen aufzulösen (Ctenoidschuppen), ganz ähnlich übrigens wie die Kiemendeckel (Abb. 13).

Einen anderen Weg schlagen die Haie ein. Sie reduzieren nicht die Schichten des Panzers, wohl aber seine Ausdehnung, so daß bei ihnen die Haut von lauter kleinen isolierten Höckern besetzt ist. Entsprechend bilden sie zwar ein Innen-skelett, auch in den Extremitäten, lassen es aber größtenteils unverknöchert auf knorpeliger Frühstufe stehen.

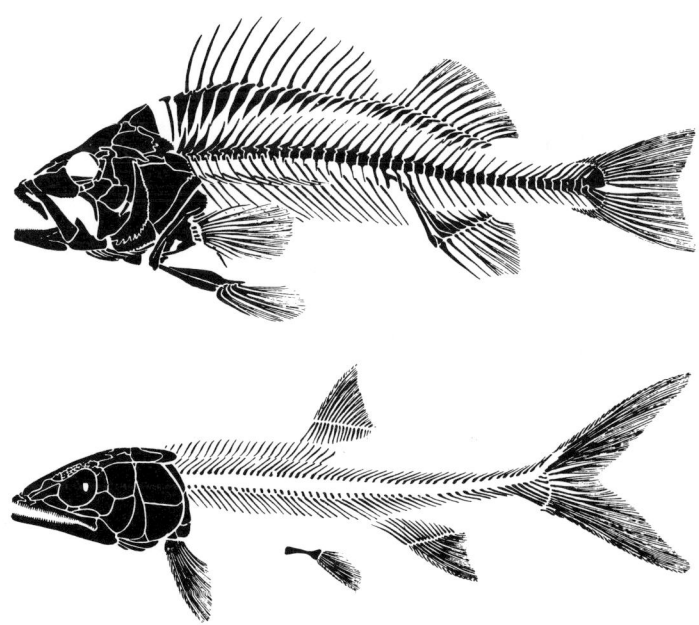

Abb. 15: Oben Skelett eines Teleosteers, Barsch, darunter der Holosteer *Caturus*, bei dem die Verknöcherung noch nicht die Wirbelcentra ergriffen hat (aus Colbert, 1965).

Allein die Amphibien, die in fast fließendem Übergang mit den Crossopterygiern verbunden sind und in ihren ersten Vertretern im oberen Devon manifest
werden, begrenzen das Außenskelett radikal auf den Kopf und bringen es zur
vollen Ausbildung eines axialen Skelettes auch in den Extremitäten. Natürlich
kommen auch bei ihnen noch Rückfälle in stärkere Panzerung vor, ebenso wie
bei den an sie anschließenden Reptilien. Dennoch ist eine deutliche Richtung
der Evolution der Wirbeltiere nicht von der Hand zu weisen, die dahin tendiert,
das Außenskelett immer mehr zurückzudrängen. Sie führt indes nicht zu einer
völligen Ablösung des einen durch das andere, des Außenskelettes durch ein
inneres Knochengerüst, sondern zu regionaler Trennung der beiden Skelettformen. Dieses Prinzip ist in der zentralen, durch den Menschen repräsentierten
Evolutionslinie am klarsten verwirklicht und drückt sich in der deutlichen
Polarisierung von Kopfregion und Stoffwechsel-Gliedmaßen-System aus.

In den drei Stämmen der Hohltiere, Mollusken und Wirbeltiere finden wir die
gleiche Tendenz, in Frühstadien der Evolution Außenskelette zu bilden, während die jüngeren, später auftretenden Linien zur Entwicklung eines Innenskelettes neigen.
    Obwohl die drei Gruppen einander in ihrer Organisation sehr fern sind und
überdies auf sehr verschiedener Differenzierungshöhe stehen, zeigen sie auffallende Übereinstimmungen im Modus dieses phylogenetischen Prozesses. Mollusken und Coelenteraten gemeinsam ist die Tendenz, das Außenskelett von den
Weichteilen zu umhüllen und zu einem «Pseudo-Innenskelett» zu machen –
wobei natürlich nicht übersehen werden darf, daß es sich bei den Korallen
niemals um das einzelne Tierindividuum, sondern um den gesamten Stock
handelt. Alle drei Stämme schließlich stimmen darin überein, daß ein echtes
Innenskelett *als Neubildung* auftritt. Zu einer völligen Ablösung kommt es nur
bei den Octocorallen und der marinen Schneckenfamilie Cymbuliidae, während
die Cephalopoden und vor allem die Wirbeltiere das phylogenetisch Ältere mit
dem Jüngeren zu verbinden wissen. Allerdings auf verschiedene Weise, da die
Wirbeltiere zu einer regionalen Differenzierung gelangen und das Außenskelett
auf den Sinnes-Nerven-Pol beschränken, der sich im Laufe ihrer Evolution
funktionell wie im äußeren Gestaltbild immer stärker vom Stoffwechsel-Glied-
maßenbereich sondert. Die Mollusken führen diese «Entmischung der Systeme»
nicht so weit und belassen das Außenskelett im Bereich des Eingeweidesackes,
wo es entweder zum Pseudo-Innenskelett oder abgeworfen wird.
    Können wir daraus nun Schlüsse von allgemeiner Bedeutung ziehen, d. h.
kommen wir auf diesem Wege zu tieferen Einblicken in die Struktur der
Evolution?
    Die Evolution erscheint uns nicht als linearer Ablauf, sondern stellt sich als
ein Kaleidoskop verschiedenartiger Sonder- und Seitenwege dar, zu denen auch
die Rückkehr zu Atavismen oder das Stehenbleiben auf Jugendstadien gehören.
Diese Vielfalt ist es ja gerade, welche die heutige Lehrmeinung jeden durchge-

henden Impuls kategorisch verneinen und jeden derartigen Eindruck als subjektive Täuschung ablehnen läßt.

Es ist jedoch auffallend, daß wir nirgends die entgegengesetzte Tendenz bemerken können. Wohl gibt es einige Entwicklungslinien, in denen sekundär wieder Außenskelette auftauchen können (Schildkröten, Placodontier, Ankylosaurier, Edentaten; das «Papierboot» *Argonauta*). Keine Tiergruppe aber veranlagt in ihrer Evolution zuerst ein Innenskelett, um es später durch äußere Schalenbildungen zu ersetzen. Daß es daneben Formenkreise gibt, die den von uns beobachteten Weg der Skelettumwandlung nicht mitgehen, braucht bei der großen Fülle divergenter Linien nicht zu erstaunen, obwohl genauere Untersuchungen auch da sicher noch manches präzisieren könnten. So bei den Brachiopoden, einer phylogenetisch erzkonservativen Gruppe; sie verfügen in ihren muschelähnlichen Schalen und in den Kalkspangen im Innern ihrer Tentakel über beide Skelettformen (Abb. 16). Andeutungsweise zumindest zeigen aber auch sie den gleichen «Trend», da die ältesten fossil nachweisbaren Formen, die Inarticulaten des Kambrium (die in der Gattung *Lingula* bis heute überleben) nur Schalen besitzen. Auch die zweite Gruppe, die *Articulata*, die beide Skelettypen aufweist, verfügt in ihren ältesten Vertretern, den kambrischen Palaeotrematen und Orthaceen, nur über Außenskelette. Fragen könnte man sich schließlich auch, warum die Gliederfüßler, ein im Gegensatz zu den Brachiopoden phylogenetisch außerordentlich «aktiver» Stamm, durch alle Phasen ihrer Evolution dem Außenskelett treu geblieben sind. Aber kann man nicht im Bau des Insektenflügels, in seinen stützenden Verstrebungen, den «Adern», wenigstens Anklänge eines Überganges zum Innenskelett sehen?

Abb. 16: Brachiopoden, Schalen und (rechts) Gehäuse-Längsschnitt. V. l. n. r.: Die Inarticulaten *Leptobolus* (Ordovicium), *Schizambon* (Kambrium) und die Articulaten *Zygospira* (Ordovicium-Silur) und *Beachia* (Devon) (nach Moore e.a.).

Wir dürfen also doch wohl zu Recht sagen, daß es sich in unserem Fall nicht bloß um beliebige Einzelphänomene ohne weitere Bedeutung handelt, sondern daß die Beispiele, zusammengenommen, einen durchgehenden, wenn auch mit unterschiedlicher Stärke auftretenden phylogenetischen Duktus aufzeigen. Wir dürfen das mit um so größerer Bestimmtheit sagen, da wir ja auch für andere Organsysteme ähnliche «Trends» kennen (vgl. Nowikoff 1930).

Das fast ausschließlich negative Interesse, das den Parallelbildungen als «störenden Elementen» entgegengebracht wird, hängt zu einem guten Teil damit zusammen, daß man ihre Ursachen seit langem zu kennen glaubt. Darwin

(1859) war es, der eine plausible und durch ihre Schlichtheit zunächst überzeugende Erklärung formulierte und die Konvergenzen als «adaptive or analogical characters» bezeichnete, wofür sich im deutschen Sprachgebrauch der Begriff «Anpassungsähnlichkeiten» einbürgerte. Sie seien durch die Wirkung der natürlichen Auslese herausgezüchtet worden – gleiche Lebensweise in der gleichen Umwelt bedeute gleichgerichtete Selektion morphologisch gleichwertiger (homologer) oder ungleichwertiger (nichthomologer) Anlagen. Noch heute sprechen prominente Biologen von der «schöpferischen Rolle der Selektion» (Mayr 1965). Sie übersehen dabei, daß Selektion nichts Neues hervorbringen kann, sondern lediglich über das weitere Schicksal einer bereits verwirklichten oder in Verwirklichung begriffenen Bildung entscheiden kann. Auf diesen Punkt ist immer wieder von erkenntnistheoretischer Seite (v. Hartmann 1875, Steiner 1886), aber auch aus der Sicht der Biologie (z. B. Portmann 1953) hingewiesen worden.

In überwiegendem Maße wird jedoch heute die Rolle der schöpferischen Größe den Mutationen zugedacht, den als sprunghaft und richtungslos angesehenen Veränderungen der Erbsubstanz. Da die Fülle von Merkmalskombinationen (theoretisch) unbegrenzt sei, so könne es nicht erstaunen, wenn hin und wieder bei entfernt stehenden Lebewesen parallele Mutanten auftreten. Unterliegen sie infolge gleicher Lebensweise der gleichen Selektionswirkung, so komme es zur Ausbildung analoger Gestaltungen.

Nun betonen aber Biologen mit umfassender Erfahrung, daß wir bis heute keine Mutationen kennen, die wirklich tiefgreifende Abwandlungen, wie sie in der Evolution die entscheidenden Ereignisse darstellen, zur Folge haben. Die experimentell erzeugten, in der Tier- und Pflanzenzüchtung erzielten oder in der Natur beobachteten Mutationen betreffen stets kleine Gruppen untergeordneter Merkmale. Wichtiger noch, bis heute ist kein Fall bekannt geworden, in dem sich unter den Augen des Beobachters ein Organ zu neuer Form und neuer Funktion umgebildet hätte oder gar neu aufgetreten wäre. Dagegen herrschen Defekt- und Rückmutationen vor, bei denen evolutiv überwundene Stadien als Atavismen wieder zum Vorschein kommen (Remane 1952). «Die Mehrzahl der gegenwärtigen Bücher über Evolution ist unbefriedigend, weil sie die bestehenden Probleme umgehen oder das Material aus einer Theorie erklären, die in ihren Voraussetzungen schon das enthält, was sie für die Erklärung aller phylogenetischen Wandlungen braucht (Omnipotenz des Mutationsphänomens) . . ., so daß die Theorie dann einer umgekehrten Pyramide gleicht, bei der – durch Hilfshypothesen gestützt – auf ganz schmaler Basis ein großes Gebäude ruht» (Remane 1959).

Viele Paläontologen, aber auch Morphologen, haben aus anderen Gründen Bedenken gegen die darwinistische Deutung geäußert. Sie verweisen auf die große Geschlossenheit vieler Entwicklungslinien, auf den deutlich wahrnehmbaren phylogenetischen Duktus, der in den unterschiedlichsten Gruppen in überraschend ähnlicher Weise immer wieder zutage tritt – z. B. Größenzunahme, Auftreten «luxurierender» Formen in phylogenetisch späten Stadien usw. – Tatsachen also, die sich dem Postulat der Zufälligkeit der Bildungsursachen in keiner Weise fügen. Diese Forscher kommen entweder zu finalistischen Vorstellungen entelechischer Kräfte (Beurlen 1949, v. Huene 1956), oder sie vertreten wie Schindewolf (1950) die Ansicht, daß in der Evolution neben Außenfaktoren – mutationsauslösender Art, Selektion – auch endogene, zur Verwirklichung schreitende Faktoren da seien. Diese Annahme stellt der Ektogenese die Autogenese oder Orthevolution (Plate) gegenüber und glaubt dem «lebenden Stoff» (Nowikoff 1930) bestimmte Eigenschaften zuerkennen zu müssen, die im Laufe der Evolution als ausschlaggebende oder zumindest mitwirkende Triebkräfte auftreten.

Wie könnte aber, wenn es sich wirklich um stoffspezifische Wirkungen handelt, ein Skelett einmal aus kohlen- oder phosphorsaurem Kalk, aus Chitin oder Zellulose (Manteltiere), aus Quarz oder Strontiumsulfat (gewissen Radiolarien), aus Conchin, Gorgonin oder Sklerotin bestehen? Unverständlich bliebe auch, wie Skeletteile einmal auf knorpeliger Basis, ein andermal auf direktem Wege aus verknöcherndem Unterhautgewebe zu entstehen vermögen, wie dazu im Kopfgebiet Material ektodermaler Abkunft (Neuralleiste) mitverwendet wird, wo Knochen sonst nur aus Derivaten des Mesoblast hervorgeht; daß es in den Schalenbildungen der Wirbellosen als Abscheidung der Epidermis erfolgen kann, sozusagen als eine äußere «tote» Schicht, wie andererseits als belebtes, dem Stoffaustausch unterworfenes Gebilde im Innern des Organismus.

Im Gegenteil, wir haben es mit den unterschiedlichsten Arten «lebenden Stoffes» zu tun, und diese verschiedenen Substanzen zeigen ein übereinstimmendes Formbildungsverhalten – nicht nur darin, daß sie Skelette bilden, sondern darüber hinaus, daß sich diese Skelette in übereinstimmender Weise im Laufe der Evolution vom Außen- zum Innenskelett metamorphosieren.

Es zeigt sich wohl nirgends deutlicher als in den Rätselfragen der Evolution, wie wenig an wirklicher Erkenntnis mit kausalen Fragestellungen im Bereich des Lebendigen zu gewinnen ist. Es bleibt nichts anderes übrig, als alle objektfremden Hypothesen beiseite zu lassen und allein mit vergleichenden Methoden nach offen zutage liegenden Beziehungszusammenhängen zu suchen (Schad 1966) – «man suche nur nichts hinter den Phänomenen, sie selbst sind die Lehre» (Goethe 1829).

Erinnern wir uns, daß uns die vergleichende Betrachtung dazu führte, die im Formenwandel der Gestaltungen sich ausdrückende Bildebewegung zu erfassen. Es ging um das, was sich sinnlich nicht wahrnehmbar, zwischen den einzelnen ontogenetisch ausgereiften und damit nicht mehr wandelbaren Gestaltungen abspielt. Dabei wurde eine der Evolution innewohnende Bewegungsstruktur erkennbar, die sich in der allmahlichen Reduktion des zu Rund- und Hüllformen tendierenden Außenskelettes und in der in gleichem Maße voranschreitenden Neubildung und Ausgestaltung des zu axialen und strahligen Formungen neigenden Innenskelettes ausdrückt. Zwei als Skelett wesensverwandte, aber polar strukturierte Organsysteme stehen in einem klaren, sich gegenseitig bedingenden Wechselverhältnis.

Was den Realitätscharakter der erfaßten «Evolutionsbewegung» anbetrifft, so gilt für ihn grundsätzlich das gleiche wie für die Betrachtung einer pflanzlichen Metamorphose, bei der wir ebenfalls die (nicht sichtbaren) Bildebewegungen, die sich zwischen den aufeinanderfolgenden Blättern abspielen, gedanklich nachvollziehen müssen. Die dabei erfaßten Strukturen sind von höherer Realität als die einzelnen, ausgeformten, sinnlich wahrnehmbaren Etappen dieser «Zeit-gestalt» (Bockemühl 1964), denn diese haben einmal nur die Bedeutung von Ausschnitten, vor allem aber haben sie, sind sie einmal vorhanden, nicht mehr Teil an der Umbildung.

Diese Feststellung ist auch deshalb wichtig, da sie zeigt, daß wir es nicht mit zwei Begriffen zu tun haben, die völlig verschiedenen Ebenen angehören und nicht miteinander verglichen werden können, wenn wir einerseits von Evolution, auf der anderen Seite vom Organismus reden. Die sinnliche Erscheinung des Einzelorganismus täuscht nur eine größere Realität vor, denn wir verstehen das von uns konkret Wahrgenommene doch stets, auch wenn wir uns darüber keine Rechenschaft ablegen, als kurzen Ausschnitt aus einer umfassenden Totalität, zu der die vergangenen und folgenden Entwicklungsschritte wesentlich dazugehören. Und wir meinen auch nicht die Summe der einzelnen Organe, wir addieren nicht in Gedanken Lunge, Nerven, sämtliche Blutgefäße usw., sondern wir denken dabei an das, was im Zusammenwirken aller Organe als ganzheitliche Funktionsgestalt erscheint. Wir kennzeichnen damit ein System, das im Laufe seiner Ontogenese, durch Organmetamorphose und Stoffaustausch sämtliche Komponenten auszuwechseln vermag und doch, bei allem Wandel, «es selber» bleibt. *So gesehen, erscheint uns die Evolution als ein Organismus auf höherer Ebene.* Aus einer Fülle anschaulicher Phänomene, die diese Feststellung belegen, seien nur einige herausgegriffen:

Kennzeichen der Ontogenese eines Organismus, den wir als höherentwickelt bezeichnen, ist der Übergang vom Zustand organisch-funktioneller Undifferen-ziertheit der Keimphase zur Verteilung der Lebensprozesse auf besondere Zentren, zur Herausbildung spezifischer Organ- und Funktionsschwerpunkte. Hand in Hand mit dieser Differenzierung und «Entmischung» verläuft ein entgegengesetzter Vorgang – die einzelnen Organe verweben sich in ihren Funktionen so stark, daß sie ohne einander nicht mehr zu existieren vermögen. Während des Heranreifens findet also eine Verlagerung der Kräfte statt, die Teile verlieren mehr und mehr ihr Allvermögen und enthalten nicht mehr potentiell das Ganze, sondern werden zu speziellen Ausprägungen der Ganz-heit. Diese wird in zunehmendem Maße vom Gesamtorganismus repräsentiert, der schließlich die dirigierende und lenkende Größe darstellt und die Rolle der Teile bestimmt.

Auch in der Phylogenie sind die urtümlichen Formen morphologisch am wenigsten differenziert und funktionell von größter Omnipotenz – man denke nur an die Fortpflanzung durch Teilung. Trotz aller unleugbaren Spezialisierung sind manche Einzeller auch heute noch in vielen Grundzügen den ontogenetischen Frühstadien höherer Organismen recht nahe. Und mit zunehmender Evolutionshöhe tritt uns auch hier zunehmende Differenzierung in verschiedenste phyletische Linien entgegen; die Divergenz der Formengruppen wird immer größer. Parallel dazu verläuft eine zunehmende Spezialisierung, die eine immer stärkere Einengung der Umweltbeziehung auf einen eng begrenzten Sektor bedeutet, eine «Einnischung», die ihre Träger immer enger mit seinem Biotop verbindet, so stark, daß er dessen Veränderung nicht zu überleben vermag.

Mit zunehmender Auffächerung der Urform in divergierende Linien erfolgt, ähnlich einem heranreifenden, sich in verschiedenartige Organe differenzierenden Organismus eine immer stärkere Verflechtung der Formen untereinander, in Nahrungsketten, Symbiosen usw. Es gibt keine höhere Tierart, die nicht zu irgendeiner anderen in einer so engen Wechselbeziehung steht, daß ein deutliches Abhängigkeitsverhältnis gegeben ist. In jener Nahrungskette etwa, die von den Einzellern des Meeres über Schnecken und Krebse zu Tintenfischen und Fischen und weiter zu Vögeln und Robben führt, sind die letzten Glieder der Kette auch die abhängigsten.

Eng mit dieser Differenzierung hängt zusammen, daß die einzelnen Tiergruppen bestimmte Organsysteme besonders in den Vordergrund treten lassen. So bilden die Huftiere die Stoffwechselregion betont aus, während die Raubtiere, in Einklang mit ihrer Lebensweise, Atmung und Kreislauf besonders «ausbauen». Gleichzeitig aber gehören beide aufs engste zusammen, Raubtiere können ohne Pflanzenfresser nicht existieren, ebensowenig, wie die Weidetiere auf die Dauer ohne ihre Hilfe vor Überpopulation und dadurch bewirktem Nahrungsmangel, Erkrankung und Degeneration geschützt wären. Beide sind Teile eines gemeinsamen Wirkungsgefüges, die Beziehung zwischen den Huftieren der Steppe und den Löwen und Leoparden, zwischen den Lemmingen auf der einen, den Polarfüchsen, Schnee-Eulen und Rauhfußbussarden auf der anderen Seite stellt genauso ein «Fließgleichgewicht» (v. Bertalanffy 1937) dar, wie wir es von jedem Organismus kennen.

Dieses die Einzelglieder umfassende Wirkungsgefüge ist hier nur etwas schwerer ins Auge zu fassen, während sich die Raum- und Zeitgestalt eines Organismus in Dimensionen bewegt, die uns gewohnheitsmäßig leichter überschaubar sind. Sieht man aber von diesen letztlich doch nur graduellen Unterschieden ab, so sind die Gemeinsamkeiten zwischen Organismus und Phylogenie offensichtlich. Bezeichnenderweise waren es immer wieder Paläontologen, die aus eigener Anschauung zu ähnlichen Begriffen kamen. Depéret (1907) und in neuerer Zeit Beurlen (1949) vergleichen die Entfaltungsstufen einzelner Großgruppen wie der Ammoniten, Reptilien usw. mit den einzelnen Lebensabschnitten eines Individuums, mit Wachstum, Reife, Altern und Tod; einen «Lebenslauf höherer Ordnung als der Lebenslauf eines Individuums» nennt v. Huene (1956) die Evolution der Tetrapoden. Leider gelangen die genannten

Forscher aber zu der Ansicht, die über den Einzelphänomenen waltende und sie verbindende Zeitgestalt – der «Lebenslauf höherer Ordnung» – sei nur durch eine planende Intelligenz, die von außen hereinwirke, zu erklären, da, wie der Darwinismus zeige, die Ursachen nicht in den Teilen, aus dem sich das Ganze aufbaut (Zellen, Gene) zu finden sind. Muß aber die Zeitgestalt der Evolution notwendig «außerhalb» gedacht werden, wenn sie im Teile nicht zu finden ist? Hier liegt doch das gleiche vor wie beim Organismus, der auch nicht aus der Betrachtung der einzelnen Nerven-, Knochen- oder Blutzellen erschlossen werden kann, sondern, ohne irgendwo außerhalb des Wahrnehmbaren sein Wesen zu treiben, sich *im Zusammenklang der Teile, im Ganzen* manifestiert.

Ist der Blick erst einmal dafür offen, läßt sich dieser Tatbestand an einer Fülle von Phänomenen ablesen. Wir brauchen nur daran zu denken, wie sich im Laufe der Evolution einzelne Tiergruppen gegenseitig ablösen. Ein auffallendes Beispiel ist der «Platzwechsel» zwischen Reptilien und Säugern beim Übergang von der Kreide zum Tertiär. Ein deutlicheres Bild noch zeigt die Entfaltung der im speziellen Teil bereits erwähnten drei Gruppen der höheren Fische, der Chondrosteer, Holosteer und Teleosteer, die einander in so «harmonischer» Weise ablösen, daß die ältere Gruppe in dem Maße abnimmt, wie sich die jüngere ausbreitet. Ähnliches zeigen die verschiedenen Säugetierordnungen, die altertümlichen Creodontier werden durch die fissipeden Raubtiere abgelöst, die im frühen Tertiär dominierenden nicht wiederkäuenden Paarhufer überlassen die Herrschaft allmählich den Wiederkäuern usw. (vgl. Müller 1961, Simpson 1949). Die Ablösung ist dabei keine beliebige, vielmehr führt die später erscheinende Tiergruppe die Entwicklungstendenzen, die «Trends» der vorhergehenden weiter. Ähnlich einem sich metamorphosierenden Organismus, der beim Übergang vom Jugend- zum Reifezustand seine Organe vervollkommnet oder durch neue ersetzt, wird hier das übergeordnete Funktionssystem sichtbar.

Ganz augenfällig tritt es uns in den konvergenten Skelettumbildungen entgegen, denen unsere Untersuchung galt. Diese Metamorphose, die in drei miteinander nicht näher verwandten Stämmen in so grundsätzlicher Übereinstimmung verläuft, würde für sich allein schon genügen, um die Phylogenie in ihrer Totalität als einen Organismus auf höherer Ebene erkennen zu lassen.

Auch die Struktur der aufgefundenen Bildebewegungen ist uns aus der Sphäre des Organismus bekannt. Es sei an das an anderer Stelle dargestellte Beispiel der Pfingstrosen-Metamorphose erinnert (Suchantke 1966), wo sich in der Aufeinanderfolge der Blätter zwischen Stengel und Blüte eine überraschend ähnliche Korrelation findet: im Maße, wie sich der Sproß der Blütenbildung nähert, wird, von Blatt zu Blatt fortschreitend, die Differenzierung der Spreite auf einem früheren Stadium beendet, während, in einer gegenläufigen Bewegung, vom Blattgrund ausgehend eine neue Ausbreitungsbewegung einsetzt, die über die Hüll- und Kelchblätter führt und in der Krone kulminiert. Im Maße, wie der periphere Blatteil im Übergang vom einen zum anderen Blatt «zurückgezogen» wird, weitet sich der basale Teil nach außen.

So dürfen wir wohl das, was wir als «Evolution» oder als «Organismus» bezeichnen, als Äußerungen ein und derselben Zeitgestalt in verschiedenen Dimensionen und auf verschiedenen Ebenen ansehen. Wir sind veranlaßt, in dieser dynamischen Struktur die Manifestation jenes Urbildhaften zu erkennen, das wir nach dem Vorgang Goethes und Steiners als Typus bezeichnen:

«Der Typus ist der wahre Urorganismus; je nachdem er sich ideell spezialisiert: Urpflanze oder Urtier. Kein einzelnes, sinnlich-wirkliches Lebewesen kann es sein. Was Haeckel oder andere Naturalisten als Urform ansehen, ist schon eine besondere Gestalt; ist eben die einfachste Gestalt des Typus. Daß er zeitlich zuerst in einfachster Form auftritt bedingt nicht, daß die zeitlich-folgenden Formen sich als Folge der zeitlich-vorausgehenden ergeben. Alle Formen ergeben sich als Folge des Typus, die erste wie die letzte sind Erscheinungen desselben. Ihn müssen wir einer wahren Organik zugrunde legen und nicht einfach die einzelnen Tier- und Pflanzenarten auseinander ableiten wollen. Wie ein roter Faden zieht sich der Typus durch alle Entwicklungsstufen der organischen Welt ... Wenn wir glauben, Späteres, Komplizierteres, Zusammengesetzteres auf eine ehemalige einfachere Form zurückgeführt und in dem letzteren ein Ursprüngliches zu haben, so täuschen wir uns, denn wir haben nur Spezialform von Spezialform abgeleitet ...

Der Typus schließt die Deszendenztheorie nicht aus. Er widerspricht nicht der Tatsache, daß sich die organischen Formen auseinander entwickeln. Er ist nur der vernunftgemäße Protest dagegen, daß die organische Entwicklung rein in den nacheinander auftretenden, tatsächlichen (sinnlich wahrnehmbaren) Formen aufgeht. Er ist dasjenige, was dieser ganzen Entwicklung zugrunde liegt. Er ist es, der den Zusammenhang in dieser unendlichen Mannigfaltigkeit herstellt. Er ist das Innerliche von dem, was wir als äußerliche Formen der Lebewesen erfahren. Die Darwinsche Theorie setzt den Typus voraus» (Steiner 1886).

Literatur

BERTALANFFY, L. v. (1937): Das Gefüge des Lebens. Leipzig.
BEURLEN, K. (1949): Urwaldleben und Abstammungslehre. Stuttgart.
BOCKEMÜHL, J. (1964): Der Pflanzentypus als Bewegungsgestalt. Elemente der Naturwissenschaft 1. Abgedruckt in Bd. 2 dieser Reihe, S. 7 ff.
COLBERT, E. H. (1965): Die Evolution der Wirbeltiere. Stuttgart.
DARWIN, Ch. (1859): On the Origin of Species by means of Natural Selection, or the Preservation of Favoured Races in the Struggle for Life. London.
DENISON, R. H. (1963): The Early History of the Vertebrate Calcified Skeleton. Clin. Orthop. 31, 141–152.
DEPÉRET, Ch. (1907): Les transformations du monde animal. Paris.

GOETHE, J. W. (1829): zit. nach SCHAD 1966.

GROSS, W. (1966): Kleine Schuppenkunde. N. Jahrb. Paläont., Abh. 125, 29–48. Stuttgart.

GUTMANN, W. F. (1967): Das Dermalskelett der fossilen «Panzerfische» funktionell und phylogenetisch interpretiert. Senckenb. lethaea 48, 277–283.

HARTMANN, E. V. (1875): Wahrheit und Irrtum im Darwinismus. Berlin.

HERRE, W. (1961): Zur Problematik der Parallelbildungen bei Tieren. Zool. Anz. 166, 309–333.

HESCHELER, K. (1900): Mollusca, in Lang, A. (Herausg.): Lehrbuch der vergleichenden Anatomie der Wirbellosen. 2. Aufl. Jena.

HUENE, F. V. (1956): Paläontologie und Phylogenie der Niederen Tetrapoden. Jena.

KAESTNER, A. (1965): Lehrbuch der speziellen Zoologie Bd. I, 1. Teil, 2. Aufl. Stuttgart.

KÜKENTHAL, W. (1923/25): Anthozoa, Octocorallia. In Kükenthal, W. (Herausg.): Handbuch der Zoologie Bd. 1. Berlin.

KUHN-SCHNYDER (1967): Paläontologie als stammesgeschichtliche Urkundenforschung. In Heberer, G. (Herausg.): Die Evolution der Organismen, Bd. 1. 3. Aufl. Stuttgart.

MAYR, E. (1965): Selektion und gerichtete Evolution. Naturwiss. 52, 173–180.

MOORE, R. C., LALICKER, C. G., FISCHER, A. G. (1952): Invertebrate Fossils. New York.

MÜLLER, A. H. (1961): Großabläufe der Stammesgeschichte. Jena.

NOWIKOFF, M. (1930): Das Prinzip der Analogie und die vergleichende Morphologie. Jena.

PAX, F. (1925): Anthozoa, Hexacorallia. In Kükenthal, W. (Herausg.): Handbuch der Zoologie Bd. 1. Berlin.

PLATE, L.: zit. nach H. J. STAMMER (1959): «Trends» in der Phylogenie der Tiere; Ektogenese und Autogenese. Zool. Anz. 162, 187–208.

PORTMANN, A. (1953): Das Tier als soziales Wesen, S. 360. Zürich.

– (1965): Die Tiergestalt. 2. Aufl., Taschenb.-Ausg. Freiburg i. B.

REMANE, A. (1952): Die Grundlagen des Natürlichen Systems, der Vergleichenden Anatomie und der Phylogenetik. Leipzig.

– (1959): Diskussionsbeitrag, Colloquium «Trends in der Evolution». Zool. Anz. 162, 222–228.

– (1967): Die Geschichte der Tiere. In Heberer, G. (Herausg.): Die Evolution der Organismen Bd. 1. 3. Aufl. Stuttgart.

ROMER, A. S. (1959): Vergleichende Anatomie der Wirbeltiere. Hamburg/Berlin.

– (1966): Vertebrate Paleontolgy. 3. Aufl. Chicago.

SCHAD, W. (1966): Biologisches Denken. Elemente der Naturwissenschaft 5. Abgedruckt im Band 1 dieser Reihe, S. 7 ff.

SCHINDEWOLF, O. H. (1950): Grundfragen der Paläontologie. Stuttgart.

SHROCK, R. R. u. TWENHOFEL, W. H. (1953): Principles of Invertebrate Paleontology. New York.

SIMPSON, G. G. (1949): The Meaning of Evolution. New Haven/London.

STAMMER, H. J. (1957): Gedanken zu den parasitophyletischen Regeln und zur Evolution der Parasiten. Zool. Anz. 159, 255–267.

– (1959): «Trends» in der Phylogenie der Tiere, Ektogenese und Autogenese. Zool. Anz. 162, 187–208.

STEINER, R. (1886): Grundlinien einer Erkenntnistheorie der Goetheschen Weltanschauung. Neuaufl. Stuttgart 1961.

STENSIÖ, E. A. (1958): Les cyclostomes fossiles ou ostracodermes. In Grassé, P. (Herausg.): Traité de Zoologie vol. 13, 1. Paris.

SUCHANTKE, A. (1966): Die Metamorphose bei Blütenpflanze und Schmetterling. Elemente der Naturwissenschaft 4. Abgedruckt im Band 1 dieser Reihe, S. 42 ff.

TESCH, J. J. (1913): Pteropoda. In Schulze, F. E. (Herausg.): Das Tierreich. 36. Lieferung. Berlin.

THIELE, J. (1925–26): Gastropoda und Cephalopoda. In Kükenthal, W. (Herausg.): Handbuch der Zoologie, Bd. 5. Berlin.

TROLL, W. (1928): Organisation und Gestalt im Bereich der Blüte. Berlin.

WERNER, B. (1967): Der Polyp Stephanoscyphus – ein lebendes Fossil? Umschau 67. 495–497.

WOLFGANG SCHAD

Vom Leben im Lichtraum

Das Leben auf der Erde greift zu einer anderen Stoffkomposition, als die Erde anbietet. Alle Organismen tragen überwiegend die leichtesten Elemente, die Erde hingegen auch viele der schweren Elemente in sich. Sieht man nicht nur auf die vom Leben abgeschiedenen Gerüstsubstanzen, sondern auf den lebenden Chemismus selbst, so enthält er zu mehr als der Hälfte allein schon das Wasser, dieses durchsichtige, allbewegliche Wunder. Daß die organische Chemie nur die Chemie des Kohlenstoffs sei, dem widerspricht schon der Wassergehalt aller Organismen. Durch ihn ist die feinste und damit lebendigste Substanz, das Protoplasma, von Natur aus durchsichtig. Alle frühembryonalen Gewebe von Pflanze, Tier und Mensch sind zarteste, glas-durchsichtige Gebilde mit über 90 % Wasser im lebendigen Eiweiß.

Vielen Organismen gelingt es, bis ins ausgewachsene Stadium großenteils oder auch kleinerenteils durchsichtig zu bleiben und Leben im lichterfüllten Raum zu tätigen. Im menschlichen Organismus sind es die beiden Augäpfel, deren Inneres (der Glaskörper) und deren Zugang zu ihrem Inneren (Hornhaut, Augenkammer und Augenlinse) wasserklar durchsichtig sind. Es gibt Zeiten während der Organbildung, in denen die genannten Augenbereiche von Blutadern durchzogen und durch sie genährt und zum Wachstum befähigt werden. Diese aber werden lange vor der Geburt (im 7. Monat) rückgebildet, und nur letzte Spuren verbleiben als «Perlenkette» oder «Mucken» im Glaskörper und erscheinen im Blickfeld, wenn wir zum Beispiel in den blauen Himmel träumen.

In der Frühzeit der Bildung ist der ganze Embryo ein nahezu wasserklar durchsichtiges Gebilde, von zarten einwachsenden Blutadern stellenweise rötlich durchsetzt. Das erste, lichtundurchlässige Gewebe bildet sich merkwürdigerweise um die Augapfelanlage: die Pigmentschicht hinter der Netzhaut wird mit dunklen Farbstoffen angereichert. Während nun Schritt für Schritt alle Organe von undurchsichtigen Hüllen umgeben werden, bleiben gerade die ersten, eigenen Dunkelräume zeitlebens durch die Pupillen dem Lichte offen.

Die Augen sind die symmetrischsten Organe des Menschen überhaupt. Zum einen sind sie in ihrer Paarigkeit seitensymmetrisch zur Mittelebene des Leibes gestaltet. Das haben die Sehorgane mit nahezu allen Sinnesorganen gemeinsam. Weit darüber hinaus jedoch geht die Achsensymmetrie und Kugelsymmetrie jedes Augapfels selbst. Hier ist ein solches Maß geometrischer Exaktheit räumlich verwirklicht, wie es schwerlich den immer beweglich-plastischen, dem immer unregelmäßigen und abwechslungsreichen Leben von uns zugetraut würde, wenn wir es nicht an unseren Augen mit unseren eigenen Augen sehen könnten. Kleine Unregelmäßigkeiten in der Wölbung der Hornhaut, der Achsensymmetrie der Linse oder der Kugelform der Augenwand haben erhebliche Sehfehler zur Folge und müssen bekanntlich mit entsprechend geschliffenen Brillenlinsen ausgeglichen werden.

Es ist ein Verdienst Adolf Portmanns, eine wenig beachtete Entdeckung gemacht zu haben, die für die Morphologie der gesamten Tierwelt ausnahmslos zutrifft. Er bemerkte die Tatsache, daß alle lichtdurchlässigen Organe oder Organismen, soweit es sich um mehrzellige Tiere handelt, hochsymmetrisch gestaltet sind (Abb. 2). Es gibt zwar auch symmetrische Organformen im Dunkelraum, aber es gibt keine betont asymmetrischen Organe im Lichtraum. Viele Hochseetiere, und an ihnen hat Portmann wohl diese Entdeckung gemacht, sind extrem durchsichtig und zugleich streng symmetrisch gestaltet, auch in den inneren Partien; so zahllose Quallen und Polypen, Hochseeschnecken (Pteropoden) und Kalmare, Krebse und Salpen. Die Salpen gehören zu den durchsichtigsten Tieren und sind die freischwimmenden Vertreter der Manteltiere (Tunicaten). Der deutsche Dichter Adalbert von Chamisso studierte sie auf seiner Weltumsegelung (1815–1818) und fand als erster, daß sie zwischen einer Einzeltiergeneration und einer Koloniegeneration vieler zusammenge-

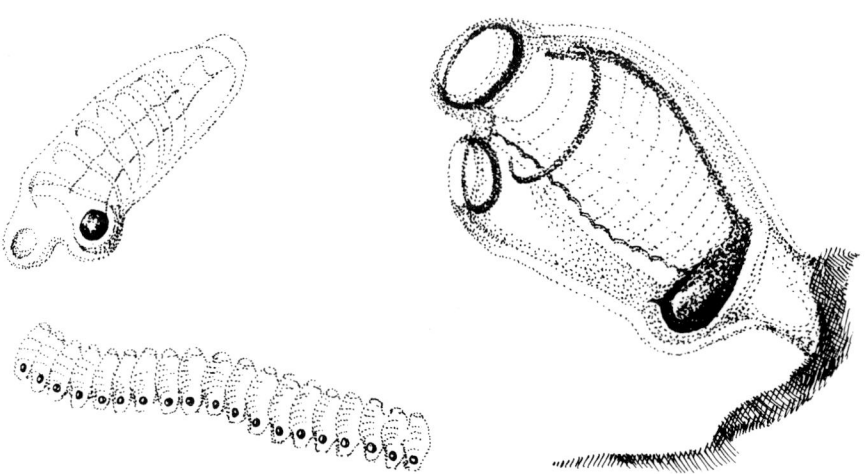

Abb. 1: Transparente Manteltiere. Links Einzelsalpe und Kettensalpe der Hochsee *(Salpa africana)*, rechts am Untergrund in Küstennähe festsitzende Seescheide *(Clavillina lepadiformis)*. Nur das Eingeweideknäuel, der Nukleus vegetativus, bildet einen Dunkelraum (z. T. nach Doflein).

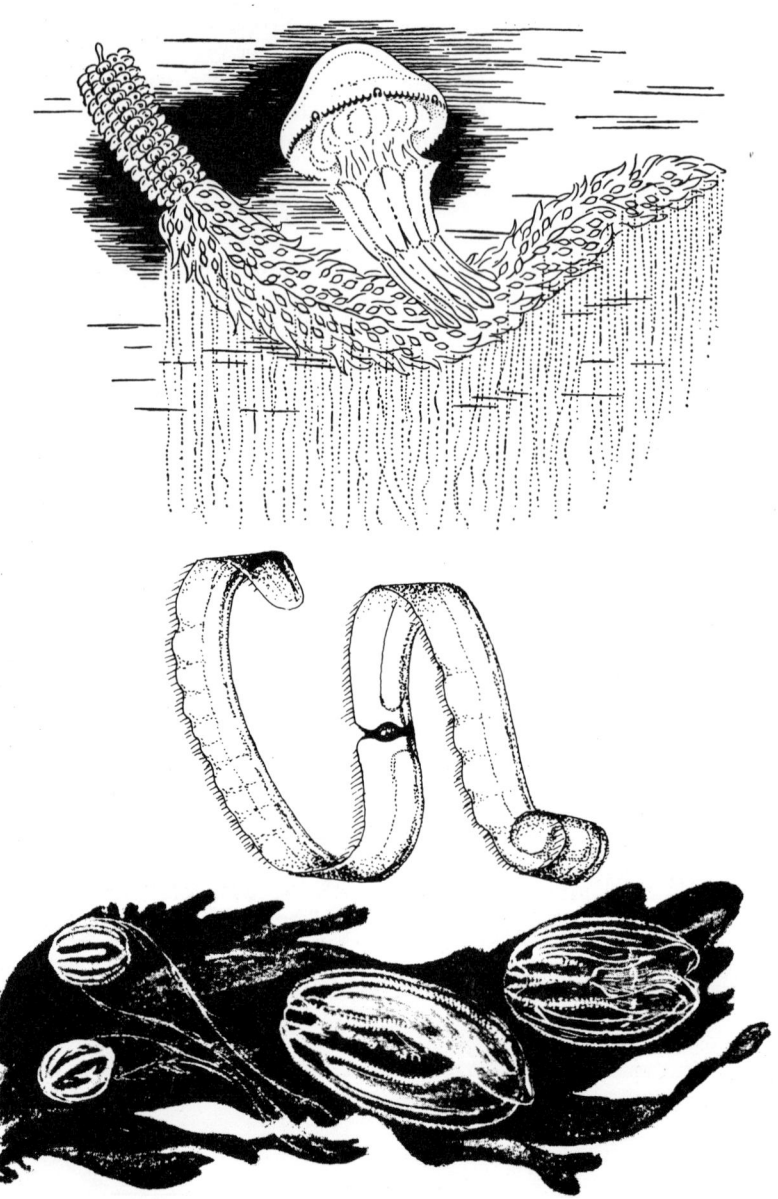

Abb. 2: Glashelle Meerestiere von hoher Symmetrie: Oben die Wurzelmundqualle *(Rhizostoma octopus)*, die häufigste Qualle der Nordsee, und eine Staatsqualle *(Forskalea)* warmer Meere; darunter der Venusgürtel *(Cestus veneris)* aus dem Mittelmeer; zuunterst im Tangwald die Seestachelbeere *(Pleurobrachia pileus)* und Seewalnuß *(Mnemiopsis)*, zwei Rippenquallen-Arten (aus Portmann, Brehm und Carson).

Abb. 3: Indische Glaswelse *(Kryptopterus bicirrhis)* werden bis über 15 cm lang (Photo Stanek).

wachsener Salpen (Kettensalpen) abwechseln, ähnlich wie unter den Hohltieren die Quallen und Polypen. Die Forschungen über den Generationswechsel jener Tiere waren nicht leicht zu bewerkstelligen, denn man sieht diese kaum im Wasser, so durchsichtig sind sie. Nur im schräg auffallenden Licht glänzt die Leibesoberfläche hauchzart irisierend auf. Das Extrem stellen die Rippenquallen dar, die mit 99,8 % Wassergehalt sowieso ein organisches Wunder sind und kaum noch von ihrem umgebenden Wasserraum unterschieden werden können. In der Nordsee leben bis stachelbeergroße Vertreter. Bis zu eineinhalb Meter lang wird eine langgestreckte Art warmer Meere, der Venusgürtel. Alle diese Tiere sind in auffälliger Weise in allen durchlichteten Anteilen radiärsymmetrisch oder seitensymmetrisch geformt. Die Zentren der vegetativen Prozesse hingegen sind von einer undurchsichtigen, opaken Hülle aus dem Lichtraum herausgenommen, so bei den Quallen die oft farbigen Keimdrüsen und bei den Salpen der sogenannte Nukleus vegetativus, der das asymmetrisch zusammengeknäulte Verdauungsrohr in sich birgt.

Wie seitensymmetrisch exakt die Augen und Flügel zahlloser Insekten gebaut sind, begegnet uns auf Schritt und Tritt. Gibt es Ähnliches auch bei den Wirbeltieren? Im Süßwasser Indiens und Südamerikas leben die sogenannten Glasbarsche und Glaswelse, die in Liebhaberaquarien heute viel zu sehen sind. Diese Fische sind hochgradig durchsichtig, nicht nur in ihrer Haut, sondern

Abb. 4: Der Indische Glasbarsch *(Chanda ranga)* wird bis zu 7 cm lang (Photo Stanek).

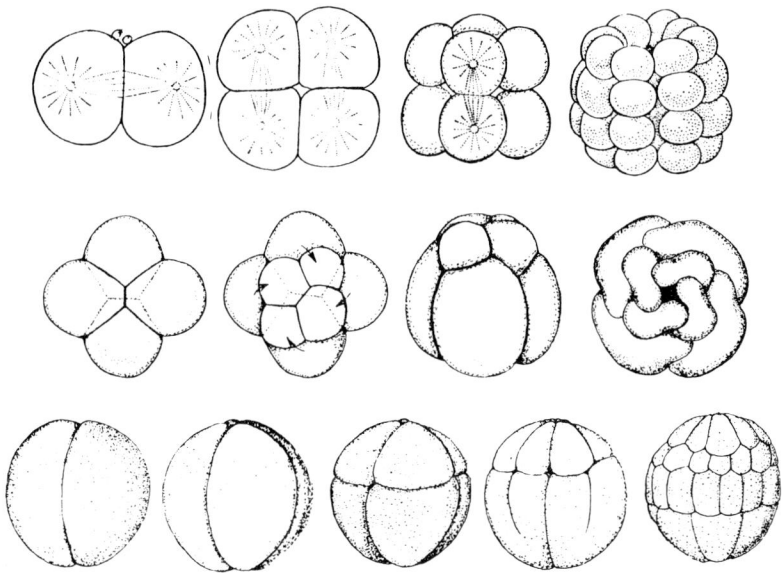

Abb. 5: Symmetrisch sich furchende Eier im Lichtraum. Oben bei einer Seegurke *(Synapta digitata)*, Mitte bei einer Meeresschnecke *(Trochus)*, unten beim Frosch (aus Siewing und Wurmbach).

sogar auch in der Muskulatur und im Knochenbau. Die Lage der Schwimm-blase, ebenfalls durchsichtig, ist mit bloßem Auge leicht zu erkennen. Einzig die asymmetrischen Organe der Bauchhöhle sind von einer silbrig spiegelnden, lichtdurchlässigen Hülle im Dunkelraum verborgen gehalten. Ähnliches findet sich bei den Larven unseres Aales.

Wenn nun das Leben im Lichtraum nur symmetrische Gestalten annimmt, wieso kann es das ebenso im Dunkelraum? Wieso kann sich dann zum Beispiel die hohe Seitensymmetrie der menschlichen Körpergestalt im Dunkelraum des Mutterleibes bilden? Vergleichen wir einmal die unterschiedlichen Abläufe der Keimesentwicklung, wenn sie im Lichtraum oder im Dunkelraum stattfinden. Das Ausgangsmaterial ist immer die befruchtete Eizelle, die Zygote. Sie geht in die Folgezellen der ersten Zellteilungen auf, welche «Furchung» genannt wer-den. Bei allen Tieren, deren Eier sich im Lichtraum furchen, geschieht dieser Vorgang auffallend symmetrisch. Indem alle Zellen eines früheren Keimes sich gleichzeitig teilen, entsteht die geometrische Reihe von 2, 4, 8, 16, 32, 64, 128 etc. Zellen, die sich achsensymmetrisch oder spiralsymmetrisch anordnen (syn-chrone Furchung). So ist es bei den klassischen Objekten der embryologischen Forschung, die, weil leicht im äußeren Medium beobachtbar, erst einmal bevorzugt untersucht wurden: beim Seeigel, Lanzettfischchen, Molch, Frosch

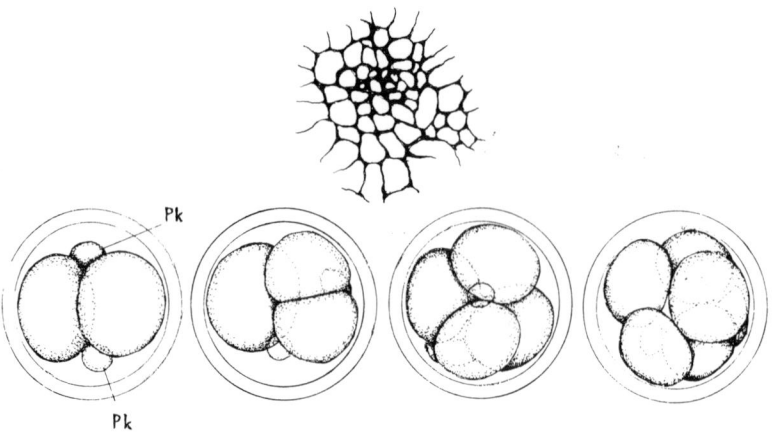

Abb. 6: Asymmetrische Furchungen im Dunkelraum. *Oben* bei der Ringelnatter, *darunter* 2-, 3-, 4- und 5-Zellstadium beim Rhesusaffen; Pk: die Polkörperchen sind absterbende Zellen aus der Eireifung (nach Starck und Wurmbach).

etc. Von den Kriechtieren an über Vögel und Säugetiere bis hin zum Menschen, wird der erste Entwicklungsraum durch Pergamentschale, Kalkschale, Nesthülle und zuletzt vom mütterlichen Uterus selbst ins Dunkle verlegt. Hier sind nun – und das bemerkte Portmann in diesem Zusammenhang noch nicht – alle Furchungen asynchron, also ungleichzeitig. Es gibt nach dem Zweizellstadium also auch ein Dreizellstadium und jedes beliebig weitere mit gerader oder ungerader Zellenzahl. Die Furchungszellen ordnen sich dabei nicht mehr streng symmetrisch an, sondern bilden einen unregelmäßigen, chaotisch erscheinenden Zellenkomplex, aus dem gerade die Entwicklungen der höheren Tiere und Menschen möglich werden. Symmetrie und Asymmetrie der Furchung hängen mit dem Licht- oder Dunkelraum, in dem sie sich abspielen, unmittelbar zusammen.

Das Rätsel verbleibt, wieso die seitensymmetrische Gestaltung der höheren Tiere und des Menschen trotzdem im Dunkelraum des mütterlichen Organismus möglich wird. Die Symmetrie wird offensichtlich nicht nur dem äußeren Lichtraum verdankt. Und doch dürfen wir feststellen, daß nichts am fertigen menschlichen Organismus so seitensymmetrisch ausgelegt ist und funktioniert wie die Sinnesorganisation. Die Muskeln und Bänder, soweit sie mit dem Skelett verbunden sind, sind aber doch im Dunkelraum. Nun wird unser Knochenskelett dadurch gebildet, daß das für den Knochenwachstum notwendige Vitamin D in der Haut entsteht, wenn diese belichtet wird. Die Knochenbildung entspringt also einem physiologischen Lichtsinnesprozeß, der in die Tiefe des Leibes hineinwirkt.

Dort, wo nun in der embryonalen Leibesbildung symmetrische, ebenpaarige Organe entstehen, werden wir auch mit der Wirkung eines unsichtbaren

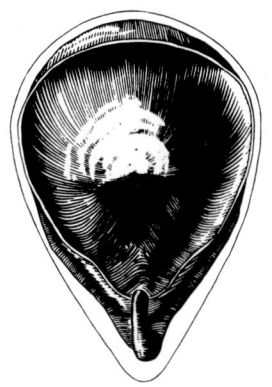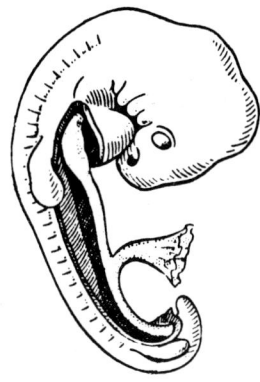

Abb. 7: Links, Anblick der ersten Leibesanlage des menschlichen Kleines von der Rückenseite am 15. Tag; der untere Auswuchs ist die Anlage der sogenannten Allantois, um die sich die Nabelschnur bilden wird (aus Blechschmidt); *rechts* Embryo eines Vogels (Wellensittich): alle Organe, auch das gestreckte Darmrohr, ordnen sich in die Leibessymmetrie zuerst ein (aus Portmann).

Lichtraumes zu tun haben. Das Durchgreifende ist ja in der gesamten Frühphase der Organbildung, daß alle Organe, auch das Herz und der gesamte Verdauungstrakt, primär seitensymmetrisch angelegt werden. Die Asymmetrien der zumeist ja zuinnerst liegenden Organe treten erst später auf: das gerade Darmrohr spiralisiert sich, zwei paarige Adern verschmelzen zur seitlich sich ausbuchtenden Herzader, die Lunge bildet links zwei, hingegen rechts drei Lappen, das Großhirn gestaltet seine Feinfurchung auf der linken Hemisphäre anders als auf der rechten. Nach der Furchung und Keimbildung aber, wenn die Organbildungsanfänge einsetzen, sind sie alle in der ersten räumlichen Veranlagung, so wie die später dem Lichtraum ausgesetzten äußeren Organformen, seitensymmetrisch. In diesem frühen Zustand ist der embryonale Leib auch im Dunkelraum offenbar ganz Sinnesorgan.

Literatur

PORTMANN, A.: Die Tiergestalt, Studien über die Bedeutung der tierischen Erscheinung, S. 25 ff. Basel 1948.
– Meerestiere und ihre Geheimnisse, S. 51–53. Basel 1958.
– Erhaltung und Erscheinung als Aufgaben des Lebendigen. Naturwissenschaft und Medizin (n+m), Jg. 2, Nr. 8, S. 3–17. Mannheim 1965.

THOMAS GÖBEL

Naturbilder menschlicher Gestaltungskräfte

Tintenfisch, Schnecke und Muschel

Tintenfische, Schnecken und Muscheln sind Metamorphosen eines einzigen
Typus, der keine Verwandtschaft zu dem der Wirbeltiere zeigt. Mit Recht
werden diese Tiere daher zum Stamm der *Mollusca* (Weichtiere) zusammengefaßt. Der Weichtiertypus kann zu einem Bauplan abstrahiert werden, wenn in
ihm nichts weiter als der von allen Phänomenen befreite Bauplan gesehen wird,
oder aber als wirkendes geistiges Prinzip gedacht werden, das alle in der
Erscheinungswelt anzutreffenden Tierarten hervorgebracht hat. Dabei
bestimmt der Typus Metamorphosenrichtung und Bildegrenze, die nicht über-
schritten wird. So zum Beispiel läßt der Typus die Bildung eines echten
Innenskeletts nicht zu. Dafür findet sich ein Außenskelett, die Schale. Sie kann
fehlen oder in einigen Fällen – wir kommen darauf zurück – sekundär in den
Organismus hineingenommen werden. Ein nur bei den Mollusken anzutreffen-
des, in der Tierwelt einmaliges Organ ist der Mantel, der die Schale abscheidet.
Beim Schneckentypus erscheint der Mantel als eine Falte, die sich an beiden
Seiten der Tiere findet, die mit dem Leib, aber nicht mit dem Kopf verwachsen
ist. Bei den Tintenfischen bildet sich der Mantel so, daß er nach hinten-unten
geschlagen wird und zu einem Sack verwächst, der die Kiemen einschließt. Bei
den Muscheln dagegen schlägt der Mantel nach oben über dem ganzen Tier
zusammen und verwächst in vielen Fällen so, daß er einen Raum bildet, der das
ganze Tier enthält. Ein Ein- und Ausströmungssipho sorgt dann für den
Kontakt zur Umwelt.

Die Leistungsfähigkeit der Sinnesorgane und besonders der Augen der Mollusken ist mit denen höherer Wirbeltiere vergleichbar. Trotz aller funktionellen
Ähnlichkeit wird das Weichtierauge auf anderem Wege als das Säugetierauge
gebildet, denn allen Weichtieren fehlt ein zentrales Nervensystem. Bei der
Bildung des Säugetierauges wächst das ontogenetisch früher angelegte zentrale
Nervensystem vom Zentrum her in die periphere Augengegend, dem Licht
entgegen, um sich dort mit einer Einsackung des Ektoderms zum Auge zu
verbinden. Dagegen stülpt sich bei der Bildung des Molluskenauges das Ektoderm zweimal von außen nach innen ein.

Die Weltmeere und ihre Küsten sind der Lebensraum der typischen Mollusken. Hier sind sie vor dem beobachtenden Blick verborgen. Nur ihre Schalen
findet man am Strand. Die landbewohnenden und an feuchten Tagen häufig zu

50

entdeckenden Lungenschnecken (Pulmonaten), zum Beispiel die Weinbergschnecke, markieren eine besondere Metamorphosenrichtung der Mollusken, die einer eigenen Betrachtung bedarf; wir lassen sie für unseren Zweck außer Betracht. In ihrer Gestalt und in ihrer Entwicklung im Lebensraum und im Verhalten sind uns die Tintenfische, die Schnecken und Muscheln daher fremde Wesen, zu denen Bekanntschaft und rechter Umgang erst noch gesucht werden muß.

Die Kopffüßler oder Cephalopoden

Ein Vertreter der Weichtierklasse der Kopffüßler (Cephalopoden) ist der gewöhnliche Tintenfisch *(Sepia officinalis)*. Wir betrachten die Sepia hier als den typischen Vertreter der zehnarmigen Kopffüßler. Er ist ein Bewohner der Küsten des Mittelmeeres, wo er an Steilwänden ebenso wie auf Sandgrund anzutreffen ist. Bei Gefahr, zur Ruhe und auf Beute wartend, gräbt er sich geübt und schnell im Sand ein. Oft sind danach seine einerseits melancholisch-starr und andererseits seelenlos blickenden Augen nicht mehr zu erkennen. Hat man die Möglichkeit, ihn bei der Nahrungssuche an der Steilwand zu beobachten, wie er vorsichtig tastend die Algen durchsucht, fällt die Übereinstimmung seiner Färbung und Musterung mit dem Umgebungsraum auf. Zwei seiner zehn Kopffüße sind zu Fangarmen ausgebildet, die er, wie ein Chamäleon seine Zunge, blitzschnell vorschnellt, um Beutetiere zu ergreifen. Bemerkt er den näherkommenden Beobachter, richtet er sich ihm entgegen, seine Farbe einheitlich verdunkelnd. Schwamm er unbeobachtet mit dem Flossensaum vorwärts, so bewegt er sich jetzt nicht allzuschnell schubweise rückwärts. Diese Rückwärtsbewegung bewerkstelligt er mit Mantelhöhle und Sipho. Durch schnelle und rhythmisch wiederholte Kontraktion der Mantelhöhle entleert sich das Wasser durch den Sipho, einen Rückstoß erzeugend. Bewegt sich der Beobachter schneller auf ihn zu, verdunkelt er sich weiter, bis er eine dunkle, fast schwarze, braunviolette auffallende Färbung angenommen hat. Kurz bevor der Schwimmer ihn erreicht, stößt er aus der in der Mantelhöhle liegenden Tintendrüse eine dunkle Wolke etwa seiner Körpergröße aus, die schnell zu einer lockeren, und wenn man mit dem Finger hindurchzieht, flockig zerfallenden Substanz gerinnt. Zugleich hat er seine Körperfarbe in ein helles Himmelblau verwandelt und sich durch gewaltige Rückstöße bis zu 8 m, etwas aufsteigend, entfernt. Wer darauf nicht vorbereitet ist, wird ihn aus den Augen verlieren, denn der Blick bleibt an der schwarzen Wolke haften. Ihn jetzt wiederzufinden, ist gar nicht einfach, denn er entfernt sich schnell und unauffällig, zumal er vom hellgrau-blau hereinscheinenden Himmel kaum zu unterscheiden ist. Einem Raubfisch wird er so wohl oft entgehen können. Dieses Spiel kann sich, wenn der Verfolger ihn nicht verliert, zehnmal, ja zwanzigmal wiederholen.

Außer der beschriebenen Schwärzung kann der Tintenfisch noch andere

Färbungsmuster auf seiner Haut entstehen lassen. Bemerkt der Tintenfisch eine ihm ungewohnte Erscheinung wie die Hand eines Schwimmers, die hinter einem großen Stein hervorkommt, bilden sich auf seinem Rücken zwei dunkle Augenflecke, eine der totalen Schwärzung verwandte Färbung. Entdeckt man ihn, zwischen dem Seegras ruhend, zeigt ein weißer Sattelfleck auf dem Rücken den Schlafzustand an. Auch beim Tintenfisch ist der Schlaf der «kleine Bruder des Todes», denn im Tode breitet sich das Weiß des Sattelfleckes über das ganze Tier aus. Weiß und Braun-Schwarz sind die Pole des Farbenlebens des Tintenfisches. Wie wir gesehen haben, ist dieses Farbenleben mit dem Verhalten des Tieres eng korreliert. Erzeugen Sinneseindrücke Furcht und Schrecken, bildet er dunkle Augenflecke oder wird ganz schwarz. Wenn die Sinne geschlossen sind und keine Wahrnehmungen in den Organismus senden, wird das Tier weiß. Eine mittlere, rhythmische Färbung, die zwischen Schwarz und Weiß ein zebrastreifiges Muster aus dunklen und hellen Linien bildet, läuft beim Paarungsspiel über das Tier. Mit zunehmendem Erregungszustand werden die Kontraste schärfer und umgekehrt. Abb. 1 gibt einen Eindruck vom geschilderten Farbenleben des Tintenfisches. Der Zusammenhang der schwarzen Färbung des Tintenfisches mit dem Seelenzustand «Furcht» wird sofort verständlich, wenn wir auf die Situation blicken, bei der sie erscheint. Welchem Seelenzustand aber ist die Weißfärbung zuzuordnen? Im menschlichen Seelenleben sind bei Furchterlebnissen die Sinnesorgane ebenso an die Situation gefesselt wie beim Tintenfisch, wenn er schwarz wird. Ist das Gemüt des Menschen aber in Hoffnung gestimmt, nimmt er nicht wahr, was die Gegenwart den Sinnen bietet. Die Seele ergießt sich nicht in den äußeren Sinnesraum, sondern in einen inneren Seelenraum, zu dem die Sinne keinen Zugang haben. Daher ist die seelische Polarität zur Furcht die Hoffnung. Dieser entspricht im Farbenleben des Tintenfisches das Weiß. Die Furcht ist, wenn wir es menschenkundlich aussprechen wollen, das Herausgehen des Seelenleibes nach außen, die Hoffnung das Herausgehen nach innen. Liebe lebt, sagen wir, in der jugendlichen Seele als Schwanken zwischen Furcht und Hoffnung, zwischen himmelhoch-jauchzend und zu Tode betrübt. Die rhythmische Zebrastreifung des Tintenfisches ist auch für diese Stimmung des Gemüts ein treues Bild.

Eine zweite Gruppe innerhalb der Kopffüßler bilden die achtarmigen, krakenartigen Tintenfische, die zusammen mit den zehnarmigen zu den Zweikiemern zusammengefaßt werden, weil alle acht- und zehnarmigen Kopffüßler im Mantelsack zwei Kiemen tragen. Aus der Gruppe der achtarmigen Tintenfische seien zwei Arten ins Auge gefaßt. Zuerst der gemeine Krake *Octopus vulgaris*,

---

Abb. 1: Färbungs- und Zeichnungsmuster des Gemeinen Tintenfisches, *Sepia officinalis*, ▷
in der Reihenfolge von oben nach unten: Furchtfärbung kurz vor dem Ausstoßen der Tintenwolke, Schreckfärbung, Zebrastreifung beim Paarungsspiel, Normalfärbung, Schlaffärbung, Todesfarbe.

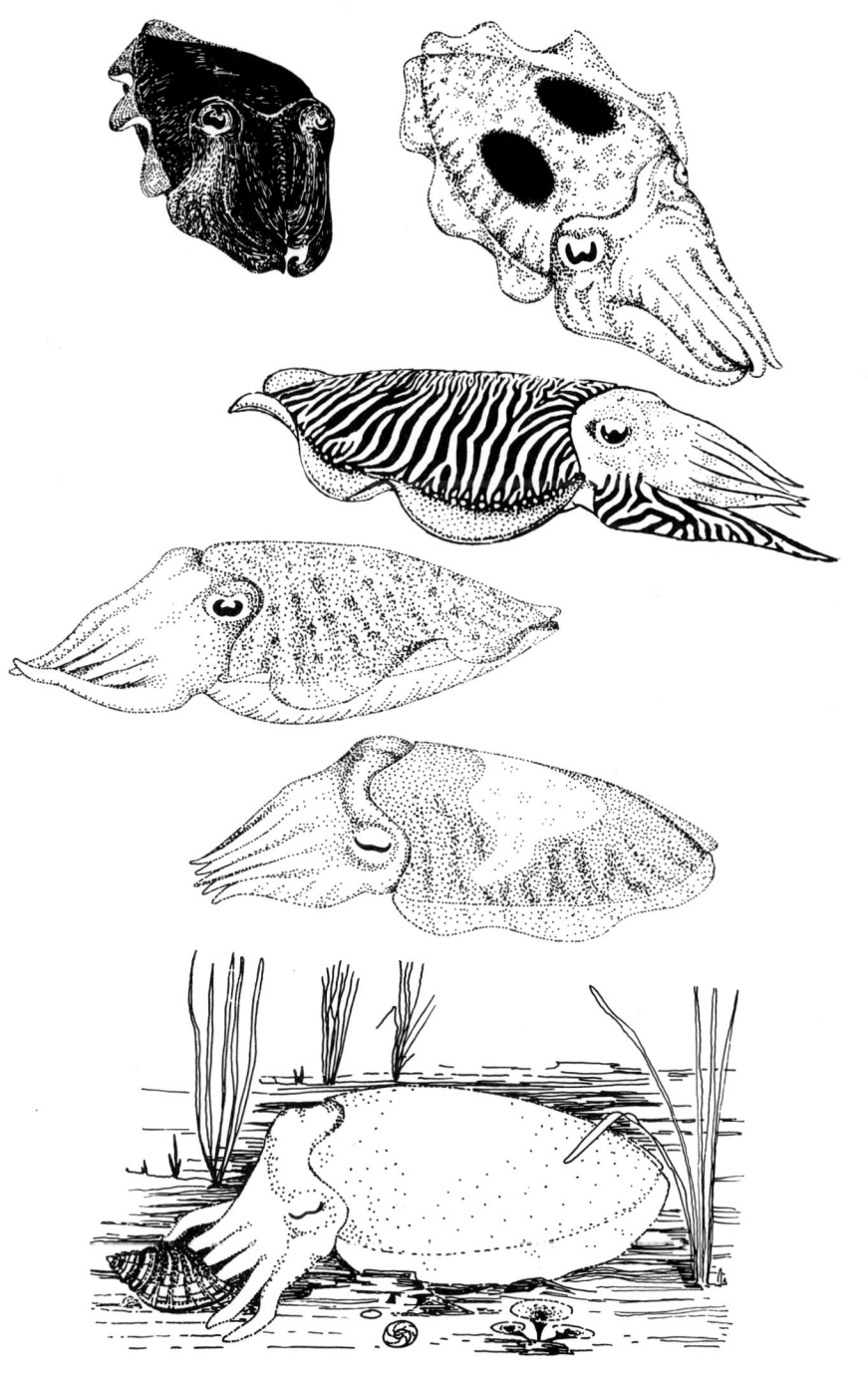

Abb. 2. Im Gegensatz zur Sepia kann er nicht vorwärts schwimmen, denn ihm fehlt ein Flossensaum. Er bewegt sich hangelnd und kriechend in der felsigen Strandzone fort. Wie Sepia kann er per Rückstoß flüchten. Er verfärbt sich nicht so differenziert wie Sepia, erweist sich aber als Meister der Tarnung, wenn er Färbung und Fleckung der Umgebung annimmt. Schon Aristoteles war diese Tatsache bekannt. Er schreibt in seiner *Historia animalium,* daß Octopus (Polopos) seine Farbe wechsele und sich dadurch der Farbe der ihn umgebenden Steine anpasse (zit. nach A. Kühn). Darüber hinaus kann der Krake auch plastisch die Umgebung nachahmen, indem er Hautzotteln überstülpt, die kleinen Algen ähneln. Ansonsten ist er ein großer Räuber, der feste Wohnsitze in Höhlen hat, vor denen er aus Steinen Barrikaden errichtet, über die er die Schalen ausgeraubter Muscheln wirft, die zahllos Kunde seiner nächtlichen Beschäftigung geben.

Die zweite Art aus der Gruppe der achtarmigen Tintenfische, die hier betrachtet werden soll, ist das Papierboot. Die Papierboote sind merkwürdige Wesen, die in wenigen Arten die tropischen Meere bevölkern und mit einer Art *(Argonauta argo)* auch bis ins Mittelmeer nach Norden dringen. In der Erscheinung gleichen sie dem Kraken, sind aber sehr viel kleiner, und ihre Kopffüße sind kürzer, zwei davon sind verlängert und mit spatelförmigen, verbreiterten Enden versehen. Diese spatelförmigen Enden tragen Drüsen, aus deren Sekreten die Kalkschale aufgebaut wird. Diese Tätigkeit führt allein das Papierbootweibchen aus. Das Männchen bleibt sehr viel kleiner und unscheinbarer. In der gebildeten Schale lebt das Weibchen und legt darin auch seine Eier ab. Die Zartheit und Zerbrechlichkeit der Schale hat dem Tier den Namen Papierboot eingetragen. Abb. 3 zeigt Gestalt und Plastik der Papierbootschale, die spiegelsymmetrisch gebaut ist. Wir erwähnen diese Tatsache besonders, weil sich bei den Schnecken andere Symmetrieverhältnisse finden werden. Die Plastik der Papierbootschale gleicht den Kannelüren griechischer Säulen. Wir nehmen diese Ähnlichkeit zum Anlaß, solche Oberflächenplastik Kannelierung zu nen-

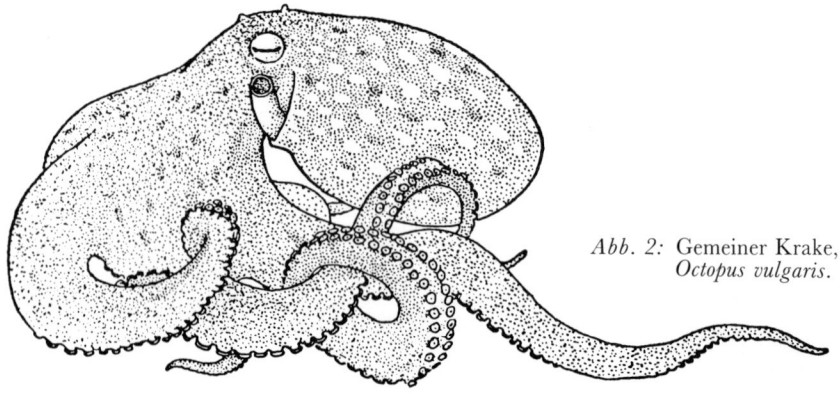

Abb. 2: Gemeiner Krake, *Octopus vulgaris.*

Abb. 3: Schale des Papierbootes, *Argonauta sp.*

nen. Die Kannelierung läuft nicht den Wachstumszonen parallel, sondern in einem spitzen Winkel dagegen, wie Abb. 3 zeigt.

Im folgenden sollen die besprochenen drei Vertreter der Weichtiere als Metamorphose verstanden werden. Dafür ist es wichtig, ins Auge zu fassen, daß nicht nur das Papierboot, sondern auch die Sepia eine Schale trägt. Allerdings ist diese durch eine vom Mantel ausgehende Hautfalte überwachsen und so sekundär in den Organismus hineingenommen. Abb. 4 zeigt sie in der Aufsicht. Wir finden also: Innenschale beim Tintenfisch, fehlende Schale beim Kraken und Außenschale beim Papierboot. Der Tintenfisch hat das am funktionstüchtigsten ausgebildete Auge und ein waches Sinnesleben, das Papierboot ist

Abb. 4: Schale des Gemeinen Tintenfisches, *Sepia officinalis.*

verhaltensträger, sein Auge weniger funktionstüchtig. Sepia hat ein ausgeprägtes, an Umweltsituationen gebundenes Farbenleben; der Krake ein eingeschränkteres. Dafür hat er plastische Möglichkeiten, auf Umwelteinflüsse zu reagieren. Beim Papierboot tritt das Farbenleben noch weiter zurück; dafür bringt es plastische Gestaltungen in der Schale hervor, die in keinem Zusammenhang mehr mit der Wahrnehmung des Geschehens im Umraum stehen.

Nun kann man der Zweikiemergruppe der Kopffüßler eine zweite, die Gruppe der Perlboote gegenüberstellen, die über vier Kiemen verfügen. Sie sind Relikte einer alten Erdvergangenheit. Die den Perlbooten verwandten Ammoniten sind am Ende des Erdmittelalters ausgestorben. Das Perlboot *(Nautilus)* ist ein mit seiner Außenschale verwachsenes Weichtier. Seine Schale wird, wie für die Mollusken typisch, vom Mantel gebildet. Das Perlboot lebt an den Korallenküsten Ozeaniens. Im Tageslauf steigt es rhythmisch wechselnd auf und ab, große Tiefendifferenzen überwindend. Tags lebt es in Tiefen von über 300 m, nachts steigt es bis zu 50 m Tiefe auf. Diese Tätigkeit bewältigt der Nautilus mit Hilfe des archimedischen Prinzips. In seiner Schale finden sich druckfeste Kammern, durch die ein Siphonalorgan führt (dieses Organ ist nicht mit dem Sipho zu verwechseln, der zwischen Mantelhöhle und Umgebungsraum vermittelt). Mit Hilfe dieses Siphos kann das Tier entweder Gas in die Kammern ausscheiden und Wasser resorbieren oder Wasser ausscheiden und Gas resorbieren. Im ersten Fall steigt es, im zweiten fällt es. Horizontale Bewegungen werden durch Rückstoß ausgeführt, dessen Phasen knapp unter einer Sekunde liegen. Ein besonderes Problem liegt für die Nautilusorganisation in der Zusammensetzung des Trimmgases. Durch physiologische Untersuchungen weiß man, daß auf jeden Organismus unsere normale Atemluft bei einer Tiefe von unge-

Abb. 5: Schale des Perlbootes, *Nautilus*.

fähr 90 m giftig wirkt. Die Giftwirkung kommt durch den Sauerstoff zustande. Dessen Partialdruck steigt bei dieser Tiefe auf $\simeq$ 2 atü an. Unter diesem Druck dringt er so stark in den Organismus ein, daß seine Wirkung giftig wird. Das Trimmgas, das der Nautilus verwendet, ist für den Zweck des Tieftauchens ideal komponiert. Es besteht aus einer Mischung von Stickstoff und dem Edelgas Argon. Bei der Zusammensetzung, wie Nautilus beide Gase verwendet, bleiben sie auch in Tiefen von weit unter 300 m physiologisch neutral.

Nehmen wir den Nautilus in die angedeutete Metamorphosenreihe von Sepia bis Papierboot auf, sehen wir, daß Nautilus die Tendenz des Papierbootes deutlich verstärkt. Konnte dieses seine Schale noch verlassen, so ist Nautilus fest mit ihr verwachsen[1]. Die Sinnesorganisation des Perlbootes ist die primitivste aller Kopffüßler. Das Auge ist nur noch als Lochauge ausgebildet, ohne Linse und Vorkammer, mit dem der Nautilus kaum mehr als Hell-Dunkel wahrnehmen kann. Das wirklich überraschende ist die Färbung der Nautilusschale. Abb. 5 zeigt, daß die gleichen Motive, die wir beim Sepia als ein an Sinneseindrücke gebundenes Farbenleben gefunden haben, hier räumlich geordnet als Schalenfärbung wiederkehren. Der schwarz gefärbte Teil ist beim lebenden Tier vom Mantel bedeckt. Es folgt das zebraartig gestreifte Gebiet, das den mittleren sichtbaren Teil der Schale mit einer mittleren ockerfarbigen Farbe zeichnet. Die Außenschale ist weiß. Wir können damit eine Reihe ins Auge fassen, die vom Farbenleben des Tintenfisches mit seiner Innenschale bis zur gefärbten Außenschale des Perlbootes die gleichen Muster zeigt. Das folgende Schema möge einen Überblick über die geschilderten Verhältnisse geben:

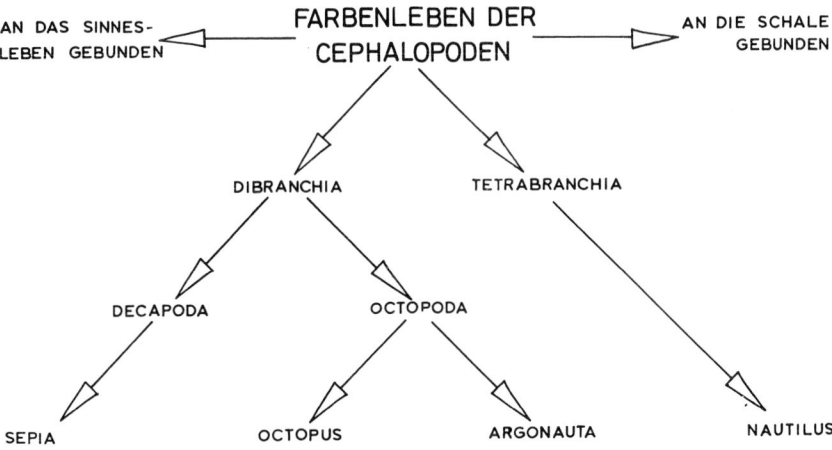

1 Wir lassen für unsere Betrachtung außer acht, daß Papierboot und Nautilus ihre Schale auf ganz verschiedene Art bilden. Die Zoologie hält die Bildung der Papierbootschale, die ja nicht vom Mantel, sondern von den Kopffüßen ausgeht, für sekundär erworben.

Bei der Betrachtung der Schnecken, die als Gastropoden oder Bauchfüßler bezeichnet werden, lassen wir für den hier verfolgten Zweck die landbewohnenden Lungenschnecken (Pulmonaten) außer acht, weil für sie ein eigenes Verständnis erarbeitet werden muß. Wir betrachten die verbleibenden zwei Gruppen, die Hinterkiemer (Opisthobranchia) und die Vorderkiemer (Prosobranchia). In ihrer Entwicklung unterscheiden sich beide Gruppen beim Übergang ihrer Larvenstadien in die Jugendform. Die Hinterkiemer behalten den ursprünglichen Bauplan bei, die Vorderkiemer erfahren einen Umbau der seitensymmetrisch angelegten Gestalt, die in der Regel paarige Organe wie Genitalorgane, Nieren und Kiemen zeigt. Die unpaaren Organe erscheinen gestreckt und liegen median wie Herz, Darmrohr und After. Bei den Vorderkiemern wird diese seitensymmetrische Grundgestalt verwunden. Als ob eine Riesenkraft von außen wirke, drehen sich, vom Rücken ausgehend, Mantelhöhle und alle inneren Organe um 180°. Dadurch kommt die bei dieser Gelegenheit unpaarig werdende Kieme nach vorn (Vorderkiemer), das Darmrohr bildet mindestens eine Schleife, und der After mündet vorn in die Mantelhöhle. Die Vorderkiemer sind diejenige Schneckenverwandtschaft, die die Schalen auf die vielfältigste Weise gestaltet. Den meisten Hinterkiemern fehlen dagegen Schalen oder diese sind vom Mantel überwachsen und rudimentiert. Statt der Schale finden wir bei ihnen Hautfärbungen in Muster- und Farbkombinationen, wie wir sie sonst nur von Vögeln oder Schmetterlingen kennen. Dazu treten schmückende Körperanhänge und Vervielfachungen der Kiemen auf, die noch besonders farbige und ausgefallene Akzente setzen können. Das alles gibt ein Bild fremder Pracht, vor der der Beobachter staunend steht. Was aber fehlt, ist der mit den Sinneseindrücken korrelierte Farbwechsel. Dieser bleibt allein den Kopffüßlern vorbehalten.

Die Vorderkiemer, die wir ihrer Schalenbildungen wegen etwas ausführlicher besprechen wollen, gliedern sich in drei große Gruppen, deren Schalentypen sich charakteristisch unterscheiden. Der Schalentypus der ersten Gruppe der *Archaeogastropoden* zeigt ein Bildprinzip, das dem der Weinbergschnecke ähnlich ist. Tafel I oben gibt das Gehäuse einer Turbo-Art wieder, das diesen Typus zeigt. Hier finden wir keine Spiegelsymmetrie wie beim Nautilus. Die Schale windet sich wie bei allen Schnecken um die Gerade, die in der sogenannten Spindel der Schale liegt. Siehe dazu Abb. 6, die die Verhältnisse aller zu besprechenden Typen im Schnitt zeigt. Der Schalendurchmesser der Archaeogastropoden wird in der Regel mit zunehmendem Alter größer, wächst im Sinne einer e-Funktion. So entsteht der Eindruck, daß das Tier ewig weiterwachsen

Tafel I: Gehäuse einer Archaeogastropode, *Turbo sp.,* mit Operculum; darunter: der ▷ Mesogastropode *Cypraea tigris* (Getigerte Porzellanschnecke) in Seiten- und Unteransicht.

I

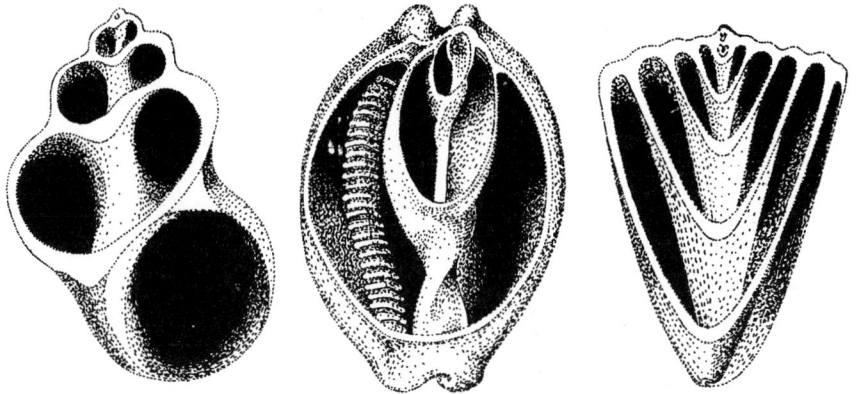

Abb. 6: Schalentypen der Archaeo-, Meso- und Neogastropoden.

könne, ohne eine Endgröße zu erreichen. Anders die zweite Gruppe, die *Mesogastropoden.* Bei ihrem Schalenbildungstyp werden alle bereits gebildeten Umgänge der Schale von jedem weiteren Umgang eingeschlossen. Bei vielen Mesogastropoden wird darüber hinaus eine Endgestalt ausgebildet. Bei den Porzellan- oder Kaurischnecken zieht sich dabei der vordere Schalenrand ein. Beidseitig der so entstandenen Apertur bilden sich durch Anbau von Material Zahnreihen. Darüber hinaus wird die untere, seitliche (marginale) Kante durch eine Kallusbildung verstärkt. Siehe dazu Abb. 6, die die geschilderten Verhältnisse im Schnitt zeigt, und Tafel I (Mitte und unten), die die Aufsicht und Untersicht der Porzellanschnecke *Cypraea tigris* wiedergibt. Bei einigen Mesogastropoden wird der Schalenrand für den Aufbau der Endgestalt aber auch nach außen gebogen. Diese Bildegeste ist die bei den *Neogastropoden (Stenoglossa),* der 3. Gruppe der Vorderkiemer, die vor allem verwirklichte. Ihr Schalentypus ist polar dem der Archaeogastropoden gebaut, denn ihre Schale erscheint zum vorderen Schalenende hin zugespitzt und zum hinteren hin breit gestaucht. Siehe auch hierzu den Schnitt durch die Schale in Abb. 6 und die Ansicht einer Conus-Art in Tafel II oben.

Damit sind die drei Schalentypen der Vorderkiemer beschrieben. Wir müssen aber beachten, daß sich innerhalb jeder der drei Vorderkiemergruppen breite

◁ ◁◁ *Tafel II:* Schalen von: Neogastropode, *Conus leopardus;* Mesogastropode,*Cypraeacassis rufa;* Neogastropode, *Murex tenuispina* (von oben nach unten).

◁◁ *Tafel III:* Typen der Altersfärbungen der Porzellanschnecken. Von links nach rechts: *Cypraea lynx, Cypraea argus, Cypraea mauritiana.*

◁ *Tafel IV:* Gestalt- und Färbungstypen der Muscheln: Oben links Miesmuschel, *Mytilus edulis;* oben rechts Herzmuschel, *Cardium edule;* unten Klaffmuschel, *Mya arenaria.*

Metamorphosenreihen des jeweiligen Typus finden. Besonders bei den Neogastropoden kehrt die ganze Fülle der Bildemöglichkeiten noch einmal im kleinen wieder. Wir finden hier Gestalten, die stark an Archaeogastropoden erinnern und solche, die Mesogastropoden ähnlich sind. Nicht ganz so breit ist die Metamorphosenreihe der Mesogastropoden. Neben archaeogastropodenartigen Bildungen finden wir aber auch manche, die schon stark an Neogastropoden erinnern. Von letzteren bilden wir – Tafel II Mitte – eine Cassis ab, die ihre Endgestalt wie diese bildet, indem sie ihre Schale nach außen aufwirft. Was sie darüber hinaus so interessant macht, ist, daß sie eine Polarität zur Kannelierung zeigt, die wir vor allem bei den Archaeogastropoden, so auch bei der abgebildeten Turbo-Art finden. Cassis stülpt beulig-kuppelige Gebilde von innen aus, die hohl sind. Die Kannelierung von Turbo ist dagegen von innen nicht zu erkennen, ihre innere Oberfläche erscheint glatt. Wie die Schalenbildung überhaupt, geht auch die Bildung der Kuppeln bei Cassis vom Mantelsaum aus, der diese Gestaltungen während ihrer Bildung von innen auskleidet. Nun gibt es bei den Neogastropoden die merkwürdige Erscheinung, daß Endgestalten und Größenwachstum rhythmisch abwechseln. Eine Verwandtschaft, in der dieses Phänomen regelmäßig auftritt, sind die *Muriciden* oder Purpurschnecken. Tafel II unten zeigt *Murex tenuispina*, deren stachelbesetzte Spindelleiste, die sie als Endbildung hervorbringt, alle anderen Murexarten in den Schatten stellt. Bevor die Tiere Geschlechtsprodukte hervorbringen, wird jeweils eine mit diesen dornigen Fortsätzen versehene Spindelleiste entwickelt. Das vegetative Größenwachstum wird anschließend wieder fortgesetzt. Wie für die Neogastropoden typisch, sind die Dornfortsätze hohl, sogar meist nicht einmal vollständig geschlossen, ein feiner Spalt in Richtung einer Mantellinie bleibt offen. Offenbar hat die Entwicklungsphase, in der Endgestaltungen ausgebildet werden, mit einem verstärkten Eingreifen des Astralleibes in die Organisation des Tieres zu tun, so daß wir einen zyklischen Wechsel zwischen einer mehr vegetativen und einer mehr generativen Phase in der Entwicklung dieser Tiere finden. Für diesen zeitlichen Phasenwechsel ist die Schalenbildung ein räumliches Bild. Damit scheint die stärkste «Astralisierung» der Schale bei den Mesogastropoden vorzuliegen, denn sie zeigen in der Regel nur einen Phasenwechsel. Dagegen werden die Archaeogastropoden kaum, die Mesogastropoden einmal und die Neogastropoden rhythmisch von astralisierenden Kräften ergriffen.

Gehen wir von der Gestalt der Schale zur Färbung über. Aufs erste scheinen die von den Kopffüßlern her bekannten Färbungsmuster bei den Bauchfüßlern zu fehlen. Erst wenn wir eine Porzellanschnecke aufschneiden (siehe Abb. 7), zeigt sich, daß die drei Färbungsmotive: schwarz, gestreift und weiß auch hier in den inneren Umgängen der Schale erscheinen. Der im frühen Jugendstadium gebildete innerste Gehäuseumgang ist braun-schwarz gefärbt, der zweite braun gestreift und der dritte, in die Außenschale übergehende, hat eine weiße Grundfärbung. Überdeckt wird diese Grundfarbe aber durch die Altersfärbung,

Abb. 7: Schale der Porzellanschnecke *Cypraea tigris,* aufgeschnitten, die inneren Umgänge der Schale zeigend.

die einsetzt, wenn das Tier, geschlechtsreif werdend, seine Endgestalt durch Einschlagen der Schale und Entwicklung der gezähnten Lippen ausbildet. Wir hätten bei den Porzellanschnecken also nicht nur zwischen einer Jugend- und Altersgestalt, sondern auch zwischen einer Jugend- und Altersfärbung zu unterscheiden. In der Jugendfärbung finden wir *nacheinander* gebildet, was bei den Tintenfischen, in der Regel mit dem Verhalten korreliert, an Färbungsmöglichkeiten *ineinanderspielt.* Bevor wir die Tintenfische und Schnecken in dieser Beziehung vergleichen, sollen die verschiedenen Altersfärbungen betrachtet werden, wie sie bei den Porzellanschnecken auftreten. Als Beispiele wählen wir die Arten *Cypraea lynx, argus* und *mauritiana.* Tafel III zeigt je zwei Ansichten dieser Arten. Eine im Querschnitt gerundete Gestalt zeigt lynx, mauritiana dagegen wirkt dem Untergrund angepreßt. Ihr seitlich an den Flanken gebildeter Kallus sorgt für diesen Eindruck. Argus hält zwischen beiden die Mitte. Außerdem erscheint argus in der Längsachse gestreckter als die beiden anderen Arten. Nicht nur in der Gestalt, sondern auch in der Färbung verhalten sich lynx und mauritiana polar. Lynx zeigt auf einem weißen Untergrund dunkle Fleckung, wie wir es schon bei Cypraea tigris kennengelernt haben. Mauritiana dagegen trägt weiße Flecken auf dunklem Grunde. Sind bei lynx die Flecken pigmentiert, so sind es bei mauritiana die Zwischenflächen. Argus hält auch in dieser Hinsicht zwischen beiden die Mitte. Sie zeigt sowohl dunkle Flecken auf hellem Grunde wie auch helle Flecken auf dunklem Grund, insofern jeder einzelne dunkle Fleck wieder einen hellen in sich trägt. Auch die bei argus anzutreffende Farbe ist eine mittlere. Es ist das gleiche Ocker, das wir schon in der Zebrastreifung des Nautilus sahen. Betrachten wir nun die Unterseite: mauritiana trägt ein tiefes Schwarz, lynx ein leuchtendes Weiß, argus dagegen eine rhythmische Färbung aus hell- und dunkel-ocker-farbigen Streifen. Erinnern wir uns an dieser Stelle, daß in der Verwandtschaft der Kopffüßler die Färbung der Nautilusschale eine Gestaltung zeigt, die für die Schnecken deshalb typisch ist, weil die Färbung nicht mehr mit dem Verhalten korreliert ist. Wie Nautilus innerhalb der Kopffüßler das Bildprinzip der Bauchfüßler aufnimmt, so nehmen die Färbungen der Unterseite der Cypraeenschale ein Prinzip auf, das für die Muscheln typisch ist, wie sich im folgenden zeigen wird. Eine großartige Metamorphose, die sich beim Vergleich der Färbungen der gezähnten Apertur finden läßt, soll noch erwähnt werden (siehe dazu die drei Untersichten der Tafel III). Bei lynx ist der Zahngrund und bei mauritiana jeweils der Zahnrücken dunkel gefärbt. Argus hält auch hier die Mitte. Ihre Zahnflanken färben sich.

Außer den drei genannten gibt es noch weitere 182 lebende Cypraeen, die hier nicht besprochen werden können. Das Thema abschließend soll nur noch erwähnt werden, welche Färbungen und plastische Gestaltungen bei den Cypraeen noch zu finden sind. Außer der porzellanartigen, glatten Oberfläche finden sich beide Formen der Plastik, die wir schon kennen: Kannelierung und Zapfung. Eine weitere Variation liegt in der Tatsache, daß alle drei Jugendfärbungen in das Alterskleid übernommen werden können. Besonders häufig ist das bei der mittleren, rhythmischen Streifung zu beobachten. Auch können die Fleckungen der Altersfärbung so variiert werden, daß sich entweder eine Unzahl sehr kleiner Punkte bildet, oder die Punkte werden größer, bis nur noch ein einziger, meist dorsaler (rückseitiger) Fleck erscheint. In einigen Fällen kann dieser wieder eine weiße Punktierung aufweisen. Damit sind alle Möglichkeiten der Farbdarstellung, die sich bei den Cypraeen finden, erwähnt, und der Leser wird ahnen, daß einer goetheanistischen Bearbeitung keine prinzipiellen Schwierigkeiten entgegenstehen. Hier soll nur noch der Zusammenhang betrachtet werden, der zwischen plastischer Gestaltung und Altersfärbung bei den Cypraeen besteht. Zu diesem Zweck fassen wir die beiden Arten *teulerei* und *granulata* ins Auge. Teulerei ist nach Ansicht der Fachleute eine phylogenetisch alte, granulata dagegen eine jüngere Art. Besonders die seitliche Kallusregion von teulerei zeigt in der plastischen Ausgestaltung Gruben, granulata dagegen eine Kannelierung, auf der sich kleine Zapfen erheben. Bei teulerei läßt sich nun der Übergang der Gruben in dunkle Fleckung, und bei granulata der Übergang der Leistenzapfen in helle Fleckung beobachten. Mustert man einige granulata-Exemplare genauer, finden sich Leisten, deren Kamm dunkel gefärbt ist. Solche Leisten sind meiner Beobachtung nach verhältnismäßig flach; sowie sie sich etwas stärker erheben, weicht die Färbung zur Seite aus, die verdunkelte Flanke macht einer hellen Spitze Platz (siehe Abb. 8). Wir können also den Zusammenhang der hellen Fleckung mit dem Kamm der Kannelüren und ihren Zapfen so auffassen, daß die hellen Flecke der höchsten Zapfen das Ende einer Färbungs-

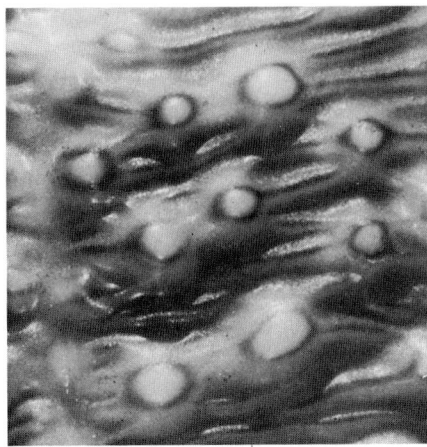 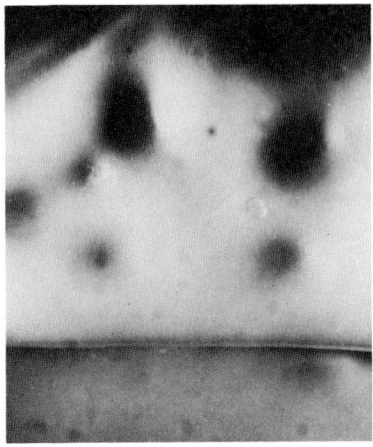

Abb. 8: Oberflächenplastik bei Porzellanschnecken: links *Cypraea granulata,* rechts *Cypraea teulerei.*

reihe darstellen, die mit der Verdunklung schwach erhobener Teile beginnt. Gerade granulata zeigt alle diese Übergänge aufs schönste. Teulerei macht in ihrem Zusammenhang zwischen Grubenbildung und dunkler Fleckung keine Entwicklung zur dunklen Fleckung durch, sondern dieser Zusammenhang ist einfacher. Bei teulerei liegt die Schicht dunkler Färbung *tiefer* als die weiße Schalenoberfläche. Die Grube senkt sich in die Zone dunkler Färbung hinab. Bei granulata liegen alle Zonen der Färbung außerhalb der Schale, die Leiste und der Zapfen erheben sich durch die dunkle Färbungszone bis zur weißen. Die granulata-Schale ist kleiner als die färbende Sphäre, die teulerei-Schale größer. Damit wird auch der Zusammenhang zwischen der beim Papierboot entdeckten Kannelierung und der Schalenfärbung beim Nautilus beleuchtet. Die gleichen Kräfte, die der Kannelierung zugrunde liegen, sind es auch, die die Färbung verursachen. Greifen wir so stark ein, daß die Schale *kleiner* bleibt, als die Sphäre ist, in der Färbung entsteht, bewirken sie plastisch gestaltete Oberflächen. Die Papierbootschale ist von stärkeren, aus der Sphäre wirkenden Kräften gestaltet als die Nautilusschale. Die Färbung erfordert ein geringeres, die Plastik ein stärkeres Eingreifen der gleichen äußeren Kräfte.

Wir sind daher zu der Einsicht veranlaßt, daß es zwei Kräfte sein müssen, die der Schalenbildung und ihrer Färbung zugrunde liegen, denn es muß außer der von außen wirkenden Kraft eine zweite geben, die von innen nach außen, also zentrifugal bildet. Diese Kraft trägt das Material der Kraft entgegen, die zentripetal wirkt. Die wirkenden Kräfte bedienen sich des Mantels als Instrument, mit dem sowohl die Schale substantiell aufgebaut als auch von außen bemalt wird. Wenn die Schale gebildet wird, liegt der Mantel der Schale innen an. Beim Malen sind zwei Typen verwirklicht. Beim ersten Typus, wie ihn die

Cypraeen verwirklichen, liegt er der Schale außen an. Beim zweiten Typus, der verwirklicht ist, wenn Schalenaufbau und Malen zeitgleich stattfinden, wie bei der abgebildeten Conus (Tafel II oben), wird die Farbe von einer drüsigen Falte des Mantelrandes dem zuvor gebildeten «Periostracum», einer aus Eiweißsubstanzen bestehenden Haut, wie einer Matrize aufgeprägt. Wächst die Schale, schiebt sich das Periostracum auf deren Oberseite und prägt die mitgetragenen Pigmente in die Kalkschale ein. Die Skizze Abb. 9 zeigt diesen Prozeß im Schema.

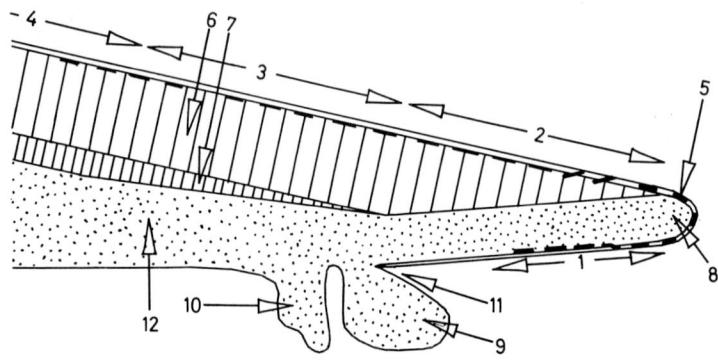

Abb. 9: Schematischer Schnitt durch den äußeren Teil des Mantels im Gebiet der Schalenbildung. 1 Zone der Pigmentbildung und Abgabe an das 5 Periostracum, 2 Zone der Pigmentierung der Schale, 2+3 Zone der Schalenbildung, 4 sterile Zone, 6 Kalkprismenschicht, 7 Perlmutterschicht, 8 äußere, 9 mittlere, 10 innere Marginalfalte des 12 Mantels, 11 Periostracaldrüse.

Beim Tintenfisch bildet sich die Schale polar zur Schneckenschale. Bei ihm ist die Schale analog der Stützsysteme von Wirbeltieren im Inneren zu finden. Der Mantel baut von außen nach innen Substanz auf, liegt der Schale also auf! Damit können wir die Frage stellen, ob beim Tintenfisch nicht auch die beiden Kräfte, die wir für die Bildung der Schneckenschale denken müssen, hier in ihrer Wirkungsrichtung vertauscht sind. Für die Bildung eines Urteils, mit welcher Kräfterichtung wir es jeweils zu tun haben, erinnern wir uns daran, daß wir zwischen einer Jugend- und Altersfärbung bei den Vorderkiemern zu unterscheiden haben. Die Altersfärbung setzt erst ein, wenn die Schale fertig gebildet ist und die Tiere geschlechtsreif werden. Wir können also vermuten, daß die Altersfärbung mit dem Astralleib, um es anthroposophisch auszudrükken, und die Jugendfärbung etwas mit dem Ätherleib zu tun hat. Unter Ätherleib wollen wir hier das intelligente Zusammenspiel aller Lebensprozesse verstehen. Unter Astralleib dagegen dasjenige, was an Seelen- oder Gestaltimpulsen in dieses Leibesleben der Lebensprozesse hineinwirkt. Für den Tintenfisch wäre demnach das beschriebene Farbenspiel das Geschehen im Ätherleib, das mit dem im Umgebungsraum wahrnehmend tätigen Astralleib korreliert.

Für die Schnecken müssen wir dieses Verhältnis anders schildern. Wir haben einen vorderen Pol der Schneckenbildung, der keiner Schalenbildung entspricht. Mit diesem Teil ihres Organismus ist die Schnecke in der Regel auch außerhalb ihrer Schale. Dem steht der hintere Pol gegenüber, mit dem die Schnecke immer innerhalb ihrer Schale lebt. Im außerhalb der Schale befindlichen Teil liegen alle Sinnesorgane, im innerhalb der Schale gelegenen Teil findet sich die Stoffwechselorganisation. Für die Schneckenschale gilt nun, daß die Unterseite mit ihrer Öffnung dem Sinnesorganismus der Schnecke zugewendet ist, während die Rückenseite die Stoffwechselorganisation einschließt. Nur dieser letztere Teil der Schale zeigt die besprochene Altersfärbung. Für diesen Teil lebt der Astralleib nicht mehr im Umgebungsraum, diesem zugewendet, sondern hier wendet er sich dem Inneren des Tieres zu und malt und plasticiert. Wie für die Kopffüßler wollen wir auch die Betrachtung der Bauchfüßler mit einem Schema schließen, das die geschilderten Zusammenhänge ins Bild bringt:

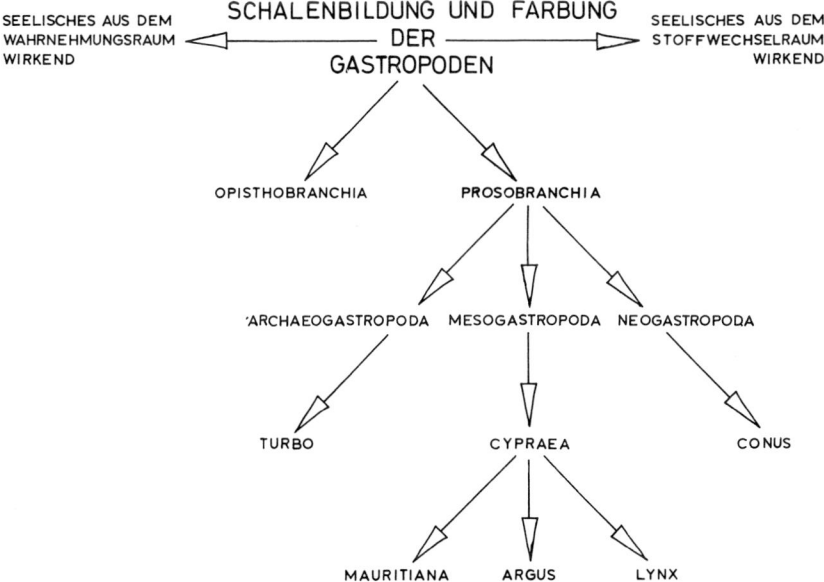

Muscheln oder Bivalven

Die dritte Klasse der Weichtiere, die zwei Schalen tragenden Muscheln, sind nach Gesichtspunkten systematisiert worden, die sich aus dem Bau der weichen Organe, vor allem der Kiemen ergeben. Der Bau der Schalen und ihre Färbung, die uns hier interessieren, stehen bei der systematischen Bearbeitung nicht im

Vordergrund. Aus diesem Grund lassen wir die Systematik außer acht und betrachten statt dessen die drei am Nordseestrand häufigsten Muscheln. Es sind dies die *Miesmuschel,* die *Herzmuschel* und die *Klaffmuschel.* Die schwarzgefärbte Miesmuschel lebt in Kolonien in der Brandungs- und Gezeitenzone an Steinen und Hölzern, sich soweit als irgend möglich der Gischt und den Wellenschlägen der Meeresoberfläche aussetzend. Die Herzmuschel, ocker und hell gestreift, lebt auf dem Sandgrund. Tagsüber vergräbt sie sich in der obersten Sandschicht, um nachts auf dem Sand räuberisch nach Nahrung zu suchen. Die Klaffmuschel dagegen lebt immer tief im Sand vergraben und streckt ihren Sipho durch 20 bis 30 cm Sand an die Bodenoberfläche, Nahrung strudelnd. Die Schale der Klaffmuschel ist weiß gefärbt. Tafel IV zeigt die drei Arten.

Damit finden wir bei den Muscheln die drei Färbungen der Weichtiere wieder, die sich durch den Ätherleib bilden, wenn der Astralleib im Umgebungsraum lebt. Fassen wir einmal die Verschiedenheiten ins Auge, in der uns diese Färbungen entgegentreten können. Der Tintenfisch zeigt ein Farbenleben, in dem alle drei Nuancen *ineinander* spielen. Die Cypraeen, stellvertretend für die Schnecken, zeigen die gleichen Färbungen innerhalb ihrer Jugendentwicklung *nacheinander*, und die Muscheln auf die Arten verteilt *nebeneinander*. Dabei bewohnt die zum Schloß hin zugespitzte Miesmuschel einen Lebensraum, in dem wechselnde Bewegung herrscht, die harmonisch rund um das Schloß gestaltete Herzmuschel wechselt tagesrhythmisch den Aufenthaltsort, und die zum Schloß hin breit entwickelte Klaffmuschel lebt ständig tief im Boden vergraben. Zu diesen Lebensräumen passen unsere Färbungen ganz außerordentlich. Was wir als Furchtsituation, die die schwarze Färbung beim Tintenfisch hervorruft, kennengelernt haben, das findet sich bei der Miesmuschel als fest verschließbare Schale. Man findet auch nicht den kleinsten Spalt, durch den man mit einem Instrument ins Innere eindringen und das Tier öffnen könnte. Nicht so gut schließen die Schalen bei der Herzmuschel. Die Klaffmuschel hat ihren Namen von den nicht schließenden Schalen, ein gestaltlicher Ausdruck für die weniger antipathisierenden, sondern sympathisierenden Fähigkeiten im Seelischen.

Die Muscheln haben in der Regel keine zentralen Sinnesorgane und auch keinen Kopf, in dem sich das Sinnesleben polarisieren könnte. Statt dessen bilden sie zwei Schalen, mit denen beide Pole der Leibesorganisation, der vordere und der hintere, verschlossen werden können. Das Heraussetzen von Kalksalzen zu geometrisch bewundernswürdig gesetzmäßig und bis auf das Schloß spiegelbildlich gebauten Schalen kann der Ätherleib der Muscheln nur unter der Anleitung eines Astralleibes, der nicht über Sinnesorgane an dem Geschehen der unmittelbaren Umgebung teilnehmen muß, denn dieser würde ja, wie wir am Tintenfisch beobachten können, unmittelbar mit den wechselnden Erregungen in die Organisation hineinspielen und chaotisch wirken. Der Astralleib der Muscheln muß seine Bildimpulse aus einem Bereich empfangen, der weit außerhalb des unmittelbaren Umgebungsraumes liegt, auf den sich sonst das Tierverhalten bezieht. Der Astralleib der Muschel muß in Regionen heimisch sein, die wie die Schalenbildung nach geometrischen Gesetzen zyklisch schwingen – im planetarischen Raum. Das gilt natürlich auch für die Bildung der Schneckenschale. Hier aber nur für den Teil der Organisation, in dem der Stoffwechsel stattfindet, nicht für den, der durch das Sinnesleben dem Umgebungsraum zugewendet ist. Daher tragen die Schnecken auch nur eine Schale. Sie sind in ihrer Sinnesorganisation tintenfischartig und in ihrer Stoffwechselorganisation muschelartig gebildet. Bevor wir durch einen anthroposophisch menschenkundlichen Ausblick unser Thema abschließen, soll die ganze Molluskenmetamorphose durch ein Schema ins Bild gebracht werden:

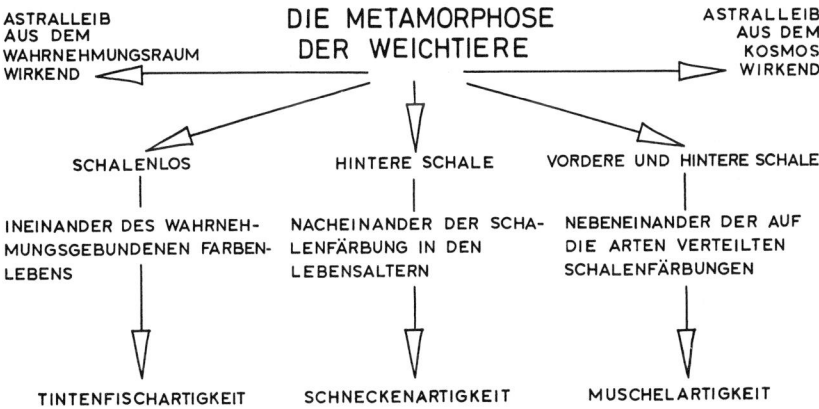

Im Werk Rudolf Steiners finden sich Aussagen über den Tintenfisch und die Auster (ein mit der Herzmuschel verwandtes Tier) an zwei aufs erste recht verschiedenen Stellen. Für die Menschenkunde-Epoche der vierten Klassen der Waldorfschulen hat Steiner empfohlen, den Tintenfisch als Bild des menschlichen Kopfes so zu schildern, daß alle Organe des Tieres danach streben, das Sinnesleben zu unterhalten und zu fördern. In medizinischen Kursen wird die Ursache von Krebsbildungen in fehlender «Austerschalenbildekraft» gesehen. In ähnlichem Zusammenhang wird gesagt, daß die Erde krebsartig wuchern würde, wenn sie nicht ihre Kalkschale (der großen erdgeschichtlichen Kalkablagerungen) hätte. Versuchen wir abschließend für diese Aussagen aus den geschilderten Verhältnissen der Weichtiere eine erste Art des Verständnisses zu gewinnen. In Vorträgen vor Mitgliedern der Anthroposophischen Gesellschaft und im Buch «Die Geheimwissenschaft im Umriß» wird der menschliche Ätherleib von Steiner so geschildert, wie ihn der Eingeweihte beobachten kann. Für uns bleibt der Ätherleib deshalb nicht verschlossen. Wir können ihn erkennen, wenn wir die qualitativ siebenfach gegliederten Zeitprozesse an belebten Organismen, so auch am Menschen, studieren. Aus diesen läßt sich ein aus Urteilen gebautes Bild des Ätherleibes erwerben. Aber für den Eingeweihten erscheint der Ätherleib dem wahrnehmenden Geist. Diesen Eindruck schildert Rudolf Steiner als ein Farbenleben, das besonders im oberen, zum Kopf hin gelegenen Teil der menschlichen Organisation als wechselndes Farbenleben, das mit dem Seelenleben des Menschen korreliert ist, wahrgenommen werden kann. Von diesem Ätherleib des Kopfes wird gesagt, daß er beim Sehen wie mit Fangarmen die ins Auge gefaßten Gegenstände betaste. Der Gedanke liegt nahe, daß der Tintenfisch ein Naturbild dessen ist, was sich übersinnlich als Ätherorganisation des menschlichen Kopfes zeigt. Dem Kind in der Waldorfschule wird damit ein Bild seiner Kopforganisation vor die Seele gestellt, das es selber erst in der Zukunft, vielleicht einer noch sehr fernen Zukunft, übersinnlich erfassen lernen wird. Denn durch Willenskraft kann die Seele so zu einem Wahrnehmungsinstrument für die geistige Welt entwickelt werden, daß sie auch die übersinnliche Menschenorganisation wahrnehmen lernt. Durch diese Willenskraft wird auch der Mut erworben, der notwendig ist, den Teil des eigenen Seelenwesens aus sich herauszusetzen, den Steiner den Doppelgänger nennt, und der in dem nicht selbst verantworteten Zusammenspiel des Seelenlebens seine Tätigkeit entfaltet. Dieser wird vom Menschen, der sein Seelenleben durch erübte Kräfte selbst zusammenhält und führt, ebenso aus sich herausgesetzt werden können, wie der Tintenfisch aus Angst sein Doppelbild ausstößt. Den unteren Teil der übersinnlichen menschlichen Organisation schildert Steiner als von einer Farbe beherrscht, die, karmisch veranlagt, vom Menschen der Gegenwart nur in geringem Maß verändert werden kann. Für diesen Teil der menschlichen Organisation scheint die Muschel ein Naturbild zu sein. Wie auf die einzelnen Arten verteilt, bleibt auch im Menschen diese geistige Färbung ein Leben lang unverändert. Die Kraft des Astralleibes, die durch zwei Schalen die Muschel einschließt, ist es auch, die die Gestalt der menschlichen Organe aufbaut, erhält und erneuert, indem sie das Eigenleben der Zellen in Schach hält. Versagt diese Kraft, setzen die wuchernden Zellkräfte ihre Eigentendenz gegenüber dem Organismus durch und es entsteht die Krebskrankheit. Der nächtliche, nicht der Seele zugewandte Teil des Astralleibes, so sagt Steiner, ist es, der im Kosmos die Kräfte sammelt, die zur Bewahrung der menschlichen Gestalt unerläßlich sind.

Daß die Natur der ausgebreitete Mensch ist, erweist sich für den, der im goetheanistischen Sinn sehen gelernt hat, auch für den Bereich der Weichtiere als wahr, weil sich so ein Weg zu einer menschlichen Wissenschaft auftut. Wird dieser Weg gegangen, kann ein neuer Zugang zur Natur gefunden werden, wenn auch unter Mühen und unter dem Widerstreben der Kräfte im Menschen selbst, die ihn von allem isolieren wollen, was ihn mit der geistigen Welt in Erde und Kosmos wieder verbinden könnte.

Literatur

BURGESS, C. M. (1970): The living cowries. New Jersey.

GÖTTING, K. J. (1968): Mollusca, Fortschritte der Zoologie, Bd. 20, Heft 1. Stuttgart.

KÜHN, A. (1950): Über Farbwechsel und Farbensinn der Cephalopoden. Zeitschrift für vergleichende Physiologie, Bd. 32.

NORDSIECK, F. (1969): Die europäischen Meeresmuscheln. Stuttgart.

STEINER, R. (1910): Die Geheimwissenschaft im Umriß. Dornach 1977.

– (1917): Individuelle Geistwesen und ihr Wirken in der Seele des Menschen. Dornach 1974.

– (1919): Erziehungskunst, Methodisch-Didaktisches. Dornach 1974.

– (1920): Geisteswissenschaft und Medizin. Dornach 1976.

THIELE, J. (1931): Handbuch der systematischen Weichtierkunde, Bd. 2. Jena 1931.

WANSCHER, J. H. (1972): Considerations on phase-change and decorations in snail shells. Hereditas, Bd. 71.

ANDREAS SUCHANTKE

Die Buckelzirpen (Membracidae) und die Formensprache der Insekten

Zu den rätselhaftesten und eigenartigsten Gestalten unter den Insekten gehören die Buckelzirpen, eine Familie der Zikaden. Wegen ihrer Kleinheit – viele bleiben unter einem Zentimeter – fallen sie allerdings nur demjenigen auf, der sie zu finden weiß. Außerdem sind sie in unserer europäischen Tierwelt nur durch wenige, bescheiden gestaltete Arten vertreten, vor allem durch *Centrotus cornutus*, der mit zwei kurzen Hörnern und einem längeren, nach hinten weisenden Rückenfortsatz ausgerüstet ist. In den Tropen steigert sich die Tendenz zur plastischen Ausschmückung des Körpers, die dieser Gruppe eigen ist, zu phantastischen Bizarrerien (vgl. die Illustrationen dieses Beitrages; Abbildungen bei Linsenmaier 1972, Schröder 1962, Suchantke 1965). Eine unerschöpfliche Vielfalt verspielt anmutender Skulpturen, die keiner Regel zu gehorchen scheinen, wird da vorgeführt – Stiele und Hörner, die sich bogenförmig neigen, blasenartig erweitern, nach vorne oder nach hinten gekrümmt sind, Zacken und Gabeln, aber auch Helme und Schutzhüllen, die den Körper wie ein Panzer umschließen oder hoch über ihm getragen werden und im Verhältnis zur Größe ihres Trägers geradezu Riesenausmaße erreichen.

Erstaunlich ist dabei, daß diese Formenfülle von einem einzigen kleinen Körperteil hervorgebracht wird, vom vordersten, flügellosen der drei Brustringe, vom Prothorax. Dieser bei den Insekten normalerweise unscheinbare Körperteil macht sich gleichsam selbständig und überrundet alle übrigen Körperregionen im wahrsten Sinne des Wortes, wobei er plastisch-bildnerische Potenzen entwickelt, die im ganzen Tierreich ihresgleichen suchen.

Der Zoologe steht diesen Bildungen ratlos und verlegen gegenüber. Irgendwelche Funktionen lassen sich nicht nachweisen. Es sind hohle Gebilde, Hautausstülpungen, die den Eindruck von Organ-Attrappen machen. Wenn sie abbrechen, was nicht selten vorkommt, so scheint das den Tieren nicht viel auszumachen. Sind es Schutztrachten? Manche Arten sehen pflanzlichen Bildungen verblüffend ähnlich – Dornen, Knospenschuppen, kleinen Rindenstückchen oder Fragmenten vertrockneter Blätter. Im Verein mit der Reglosigkeit, die vielen Vertretern eigen ist, sind sie tatsächlich kaum zu entdecken und man findet sie erst, wenn man die Vegetation minutiös absucht (Abb. 3, 9). Andere Arten lenken jedoch den Blick durch ihre auffälligen, grellen Muster auf sich (Abb. 1 D-F, 2).

74

Es läßt sich kein klares, eindeutiges Bild gewinnen. Alle, die sich in irgendeiner Weise mit diesen Insekten beschäftigt haben (Funkhouser 1950, Haupt 1953, Schröder 1962), kommen denn auch nur zu Formulierungen, die so allgemein gehalten sind, daß sie im Grunde wenig aussagen – es seien Ergebnisse orthogenetischer (gerichteter) Evolutionen, oder «Luxusbildungen», Hypertelien, ermöglicht durch eine Kombination günstiger Faktoren, wie sie das tropische Klima, die energiesparende träge Lebensweise und das reiche Nahrungsangebot darstellten.

Andererseits sind solche Feststellungen durchaus konsequent vom Standpunkt einer Wissenschaftsrichtung, für die alle organischen Bildungen Produkte des Zufalls sind und ihre Bestimmung erst durch die Selektion zugewiesen bekommen. Wir können uns dieser Ansicht jedoch aus guten Gründen nicht anschließen, *steht sie doch im Widerspruch zur Existenz übergeordneter Gestaltungsgesetzmäßigkeiten.* Diese die Formbildungen lenkenden, bildenden Kräfte zeigen sich natürlich nicht, wenn man nur die ihnen untergeordneten physiologischen Einzelschritte und Teilabläufe analysiert; sie offenbaren sich aber dem vergleichenden Blick, der *die über den Teilen im Ganzen waltenden Strukturen aufsucht – die Gestalt, d. h. den bildgewordenen Ausdruck des Kräftegefüges, das die Teile dirigiert, differenziert und zusammenspielen läßt.* Verstehen wir die Bildsprache der Formen zu lesen, dann erfahren wir auch den besonderen Charakter der bildenden Kräfte.

Das soll im folgenden versucht werden. Der Weg dazu ist der Vergleich – der Formbildungen untereinander, mit anderen Körperregionen desselben Tieres und mit ähnlichen wie abweichenden Gestaltungen in anderen Insektengruppen. Auf diese Weise wird es möglich sein, gewisse grundlegende, allgemeingültige Kennzeichen der Insektenorganisation herauszuarbeiten. *Das Besondere, Spezifische läßt sich erst voll verstehen, wenn das ihm zugrunde liegende Allgemeine erkannt wird, der Typus* – wenn die einzelne Bildung als spezielle Abwandlung dieses Allgemeinen erfaßt werden kann.

Grundzüge der Insekten-Organisation

Bei der Übersicht über die Fülle grotesker Formen ist zunächst der Blick auf den bereits erwähnten Tatbestand zu richten, daß sämtliche Bildungen, seien sie auch noch so abweichend, von der gleichen engumschriebenen Körperregion hervorgebracht werden: von der Rückenplatte (Pronotum) des vordersten, unmittelbar an den Kopf anschließenden Thoraxsegmentes. Dieser Abschnitt stimmt mit den beiden folgenden Teilen der Brustregion, dem Meso- und dem Metathorax, darin überein, daß er der Ursprungsort der Gliedmaßen ist. Er ist aber das einzige Thoraxsegment, das keine Flügel trägt.

Tendenzen, auch am Prothorax Flügel zu bilden, hat es in der Frühzeit der Insektenentwicklung durchaus gegeben. Bei der primitiven, auf das Karbon

75

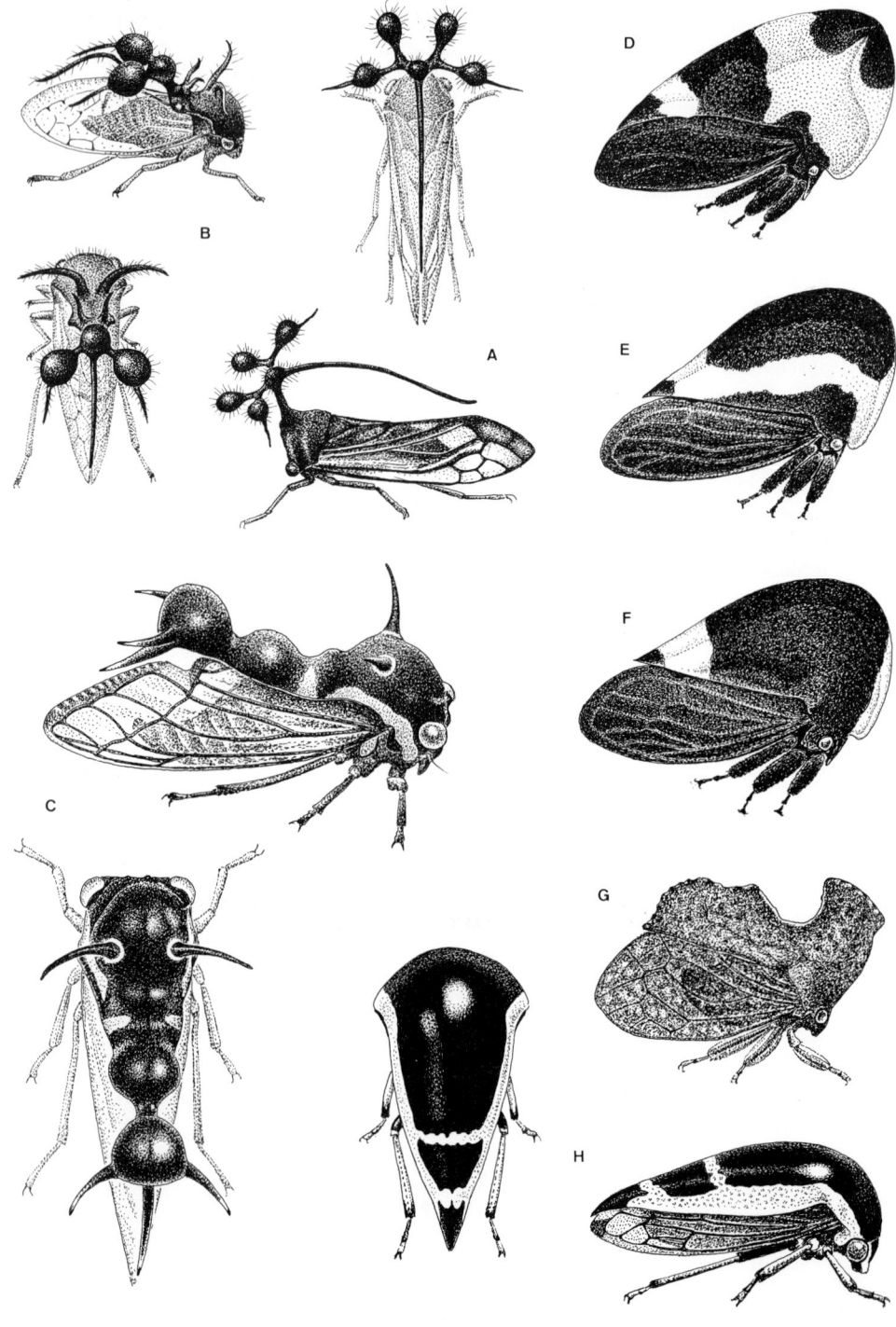

Abb. 2   Abb. 3

Abb. 2: Der hohe, blattförmig zusammengedrückte Helm einer *Membracis*-Art mit auffälligem Schwarz-Weiß-Muster. 8-12 mm. Rio Llullapichis, Peru.

Abb. 3: Wie eine grüne Knospenschuppe sieht diese *Hebetica*-Art aus. Der vom Prothorax gebildete Panzer bedeckt sogar die Flügel fast völlig. Rio Llullapichis, Peru.

und Perm beschränkten Gruppe der Palaeodictyopteren tragen sämtliche Körpersegmente seitliche lappenartige Anhängsel, die den Kiemen von *Ephemeroptera*-(Eintagsfliegen-)Larven ähneln. Am Meso- und Metathorax sind diese Anhängsel zu den typischen, großen Insektenflügeln ausgebildet, und am Prothorax zwar längst nicht so stark, aber doch immerhin zu breiten, blattartigen Gebilden vergrößert, Flügelanlagen gleichend, wie sie Larven und Nymphen von Insekten mit unvollständiger Metamorphose aufweisen (Abb. 4).

Der Impuls zur Flügelbildung hat in der Folge den Prothorax nicht ergreifen können – es gab und gibt keine sechsflügeligen Insekten. Ebensowenig finden sich aber irgendwelche anderen lebenswichtigen Organe auf der Rückenseite des Prothorax. Er stellt damit gewissermaßen eine ungenutzte Region dar, offen für alle möglichen Bildeeinflüsse. In der Regel wird diese Möglichkeit nicht genutzt. Wie an anderer Stelle gezeigt wurde (Suchantke 1965), besteht eine klare Beziehung zwischen der Ausbildung des Prothorax und der Bewegungsaktivität des jeweiligen Insekts. Je flug- und laufaktiver es ist, desto sparsamer ist

---

◁ *Abb. 1:* Südamerikanische Buckelzirpen: A *Bocydium* sp., 6 mm. Serra do Mar, Brasilien. Seitenansicht und von oben. – B *Cyphonia* sp., 4 mm. Satipo, Peru. Seitenansicht und von oben. – C *Heteronotis* sp., 10 mm. Pronotum dunkelbraun, gelbe Randstreifen. Rio Llullapichis, Peru. Seitenansicht und von oben. – D-F *Membracis* sp., verschiedene Arten, 8-12 mm. D schwarz mit orangegelber Aufhellung und weißem Mal am Hinterende des Helmes, E und F schwarz-weiß. Rio Llullapichis, Peru. – G *Stegaspis* sp., 8-10 mm. Kastanien- bis schwarzbraun. Pucallpa, Peru. – H *Ochrolomia* sp., 9 mm. Schwarz und gelb. Rio Llullapichis, Peru. Seitenansicht und von oben.

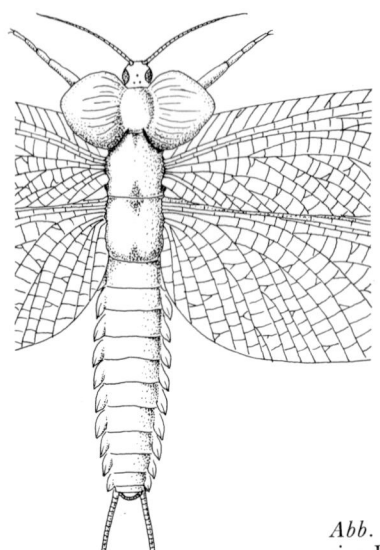

Abb. 4: *Lithomantis carbonaria,*
eine Palaeodictyoptere des Karbon (nach Handlirsch).

diese Region ausgebildet; die fluggewandten Libellen (*Odonata*) und die Hyme-
nopteren (Hautflügler: Bienen, Ameisen u. a.) und Dipteren (Fliegen, Mücken)
besitzen einen halsartig dünnen Prothorax als Verbindung zwischen dem
beweglichen Kopf und den flügeltragenden Thoraxsegmenten. Sie sind darin
das Gegenbild der Membraciden, die nicht nur die mächtigsten Prothoraxbildungen im ganzen Insektenbereich aufweisen, sondern auch zu dessen trägsten
Vertretern gehören – diejenigen wenigstens, die sich durch besonders massige
Bildungen auszeichnen.

Zu ähnlichen, wenn auch gemäßigteren Formbildungen wie die Buckelzirpen
bringen es dagegen manche pflanzensaugende Wanzen (Schildwanzen *Pentato-
midae*, Abb. 5 A) und besonders die größten aller Käfer aus der Gruppe der
Lamellicornier – auch sie allesamt schwere und bewegungsträge Tiere. Bei den
Herkules-, Nashorn- und Elefantenkäfern (*Dynastes, Megasoma, Chalcosoma*
u. a.) ist es aber nie das Nackenschild (Pronotum) des Prothorax allein, das die
Auswüchse hervorbringt, vielmehr ist stets der Kopf mitbeteiligt, der in der
Regel auf seiner Stirn ein großes Horn trägt (Abb. 5 B). In der Familie der
Hirschkäfer sind es sogar nur Teile des Kopfes, die sich geweihartig vergrößern.
Vergleicht man diese Käfer mit den Buckelzirpen, dann zeigt sich sofort die viel
geringere Variationsbreite der Prothoraxbildungen der Käfer – es sind stets
nach vorne gerichtete Spieße oder Hörner. Niemals kommt es zu helm- oder
hüllenartigen Kapsel- und Kugelbildungen, die nach hinten, über die Flügel
und über das Abdomen gerichtet sind. Diese Formbildungen werden bei den

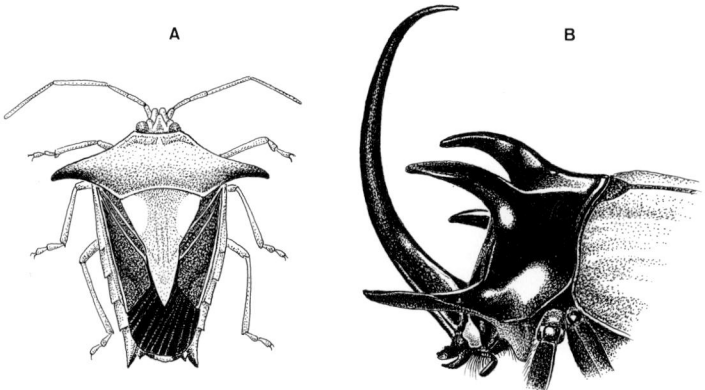

Abb. 5: A Südamerikanische Schildwanze (Pentatomide) mit gehörntem Prothorax.
B *Eupatorus gracilicornis,* südamerikanischer Nashornkäfer.

Käfern von anderen Organen übernommen – vom ersten Flügelpaar, das dem
anschließenden mittleren Brustsegment, dem Mesothorax, angehört. Beide
Flügeldecken bilden zusammen eine derbe, hartschalige Hüllkapsel, die sich der
Form des Hinterleibes anschmiegt und zum Fliegen nicht mehr verwendet
werden kann. Diese Elytren können bei den Rüsselkäfern (*Curculionidae*)
steinhart werden und sogar zu einem einheitlichen Gebilde verwachsen, das sich
nicht mehr öffnen läßt (Abb. 6 A). Verschiedene Gruppen träger, pflanzensau-
gender Wanzen erreichen den gleichen Effekt mit Hilfe einer anderen Bildung
des Mesothorax, mit dem Schildchen (Scutellum), das bei ihnen zu einer
mächtigen, den ganzen Hinterleib umhüllenden Kapsel vergrößert ist (Unterfa-
milie *Scutellerinae* [Abb. 6 B], der *Pentatomidae,* Familie *Plataspididae*). Merkwürdigerweise gibt es auch eine tropische Fliegenfamilie (*Celyphidae*), bei der
dieselbe Bildung vorkommt und ihren Vertretern das Aussehen von Käfern gibt
(Abb. 6 C).

Wie sich zeigt, spielt die Herkunft des Materials keine Rolle, wichtig ist allein
der Einfluß, dem es unterworfen wird. Neigen träge Formen zur Ausbildung von
umhüllenden Kapseln im Hinterleibsgebiet, dann können dazu Teile des Prothorax, die Vorderflügel oder das «Schildchen» verwendet werden. Werden
radiale Strukturen im kopfnahen Bereich gebildet, dann ist das mit Material des
Kopfes, des Prothorax oder – wie bei manchen Schildkäfern (*Chrysomelidae,*
Tribus *Cassidinae*) – mit den nach vorne ausgezogenen Ecken der Flügeldecken
möglich. *Augenscheinlich gehen von den einzelnen Regionen spezifische, Organisa-
tor-ähnliche Einflüsse aus, existieren Formbildungs-Felder, die sich das Organma-
terial unbeachtet seiner Herkunft unterwerfen.*

Die Flügel sind, als die markantesten und ausgeformtesten Bildungen der
mittleren Region, am stärksten diesen Gegensätzen unterworfen. In ihrer

79

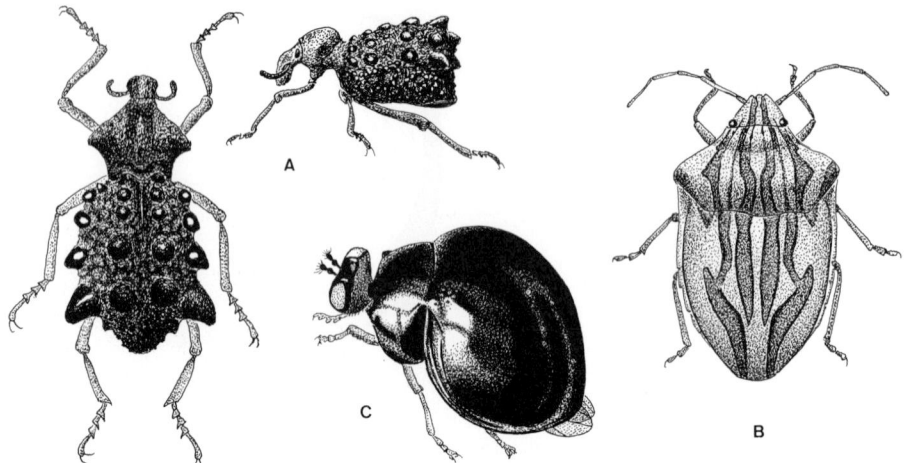

Abb. 6: A Bedeckung des Hinterleibes durch die verwachsenen Flügeldecken beim Rüsselkäfer *Brachycerus manifestus* (Ostafrika), B durch das «Schildchen» bei der Wanze *Odontotarsus robustus* (Südeuropa), C ebenfalls mittels des Scutellums bei einer Fliege aus der Familie *Celyphidae* (nach Portmann). Für die analoge Bildung aus dem Material des Prothorax bei Buckelzirpen vgl. die Abb. 1 H und 3.

Flächenbildung und Aderverstrebung durchdringen sich die beiden Gestaltungsprinzipien. Ausgebreitet gehorchen sie dem einen, zusammengefaltet und dem Körper angelegt dem anderen. Je nach Lebensweise des betreffenden Insekts kommt es zur Dominanz des einen oder des anderen Formprinzipes, oder zu einer Kombination beider: je flugaktiver das Tier, desto strahliger sind die Schwingen – am stärksten wohl bei den Libellen, bei denen sie auch in der Ruhehaltung vom Körper wegweisen, und bei denen die Bildegeste, die Organe strahlig in den Umkreis auszubreiten, den ganzen Körper überformt hat bis hinein in den nadelspitzen Hinterleib. Je flugträger umgekehrt das Insekt, desto mehr werden die umhüllenden Bildegebärden die Flügel überformen, und nicht nur sie, sondern auch die übrigen Körperteile: das Insekt nähert sich der Rundform, wie sie so viele Käfer vorführen, besonders dann, wenn sie in der Ruhe auch noch die kurzen Fühler und Beine einziehen – ein von ihrer Organisation her absolut «konsequentes» Verhalten. Der kugelförmige, mit einer abweisenden Kapsel versehene Käfer und die Libelle, die alle Körperbildungen strahlig in den Umkreis ausbreitet, verkörpern die polaren Bildungsextreme im Bereich der geflügelten Insekten.

Das ist kein Widerspruch zu der an anderer Stelle dargestellten Polarität von Käfer- und Tagfaltertyp (Suchantke 1965). In der Libelle sind die Tendenzen, die sich im Tagfalter zeigen, noch wesentlich gesteigert – die Ausbreitung der Körperbildungen in den Umkreis. Wo der Schmetterling in seinen Flügelfarben und -mustern vom Licht geprägt ist und dadurch zum Spiegel des Lichtes wird (Suchantke 1974), ist der Libellenflügel ganz vom Licht durchdrungen und völlig transparent. Die stärkste Bewegungsaktivität zeigt die Libelle, während sich der Falter noch stärker, im Gleit- und Segelflug, von der Luft tragen läßt. Libellen wie die Schönjungfern (*Calopteryx*), mit kraftloserem Flug als die dahinstürmenden *Aeschna*- und *Libellula*-Arten, tendieren zu falterähnlicher Buntheit.

Käfertyp und Libellentyp sind Extremformen, in denen sich jeweils eines der beiden Gestaltungsprinzipien fast alleinbeherrschend durchsetzt. Ihren reinsten Ausdruck finden diese gegensätzlichen Bildetendenzen auf der einen Seite in den massiven Flügeldecken, auf der anderen in den Gliedmaßen und den Fühlern.

Das Sinnes-Gliedmaßen-System – Zentrum der Insekten-Organisation

Es ist ein Hauptkennzeichen der hochentwickelten Gliederfüßler – nicht nur der Insekten, auch der Spinnen und Krebse –, daß die Gliedmaßen nicht mehr, wie noch bei primitiven Formen (Tausendfüßler!) über den ganzen Körper verteilt sind, sondern am Abdomen unterdrückt werden, während sie am Vorderpol, an Kopf und Thorax, eine starke Differenzierung und Weiterentwicklung durchgemacht haben – nicht nur zu Schreitbeinen, sondern auch zu Mundgliedmaßen und Sinnesorganen (Fühlern und Tastern). Ihrer Stellung am Vorderpol entsprechend haben diese Bildungen gleichermaßen Extremitäten- wie Sinnesorgan-Charakter, und eine scharfe Trennung zwischen beiden wäre künstlich (bei manchen Krebsen werden die Antennen als Ruderfüsse benützt). Der Gliedmaßencharakter der Fühler zeigt sich nicht nur an ihrer phylogenetischen Herkunft und daran, daß als gelegentliche Mißbildung anstelle von Fühlern Gliedmaßen ausgebildet werden (Kaestner 1963), sondern auch daran, daß sie als bewegliche Gebilde in den Umkreis ausgestreckt werden, gelenkig gegliedert sind und zum Abtasten der Umgebung benutzt werden können. Umgekehrt finden sich zahlreiche Sinne auf den Gliedmaßen: Schwere- und Vibrationssinn, Gehör (auf den Vorderbeinen der Laubheuschrecken *Ensifera*), Geschmack (auf der Unterseite der Tarsen, auf den «Fußsohlen» also, bei der Stubenfliege, bei Schmetterlingen und Käfern). Sogar die Augen unterliegen dem gleichen Formbildungsprinzip – die Komplexaugen sind nicht in den Kopf eingesenkte becherförmige Bildungen, sondern nach außen vorgewölbte Bündel strahliger Ommatidien. Bei der Fliegenfamilie der Diopsiden sitzen sie sogar auf langen Stielen (Abb. 7 D). Stielaugen gibt es vor allem bei hochentwickelten Krebsen *(Decapoda)*, die sie sogar wie Gliedmaßen gelenkig bewegen können.

In der Gliedmaßenreduktion und der Umhüllung und Abschirmung des Hinterleibes drückt sich die Gegentendenz aus – alle Bildungen sind nach innen gerichtet. Er ist Zentrum des Stoffwechsels, des Kreislaufes, der Reproduktion.

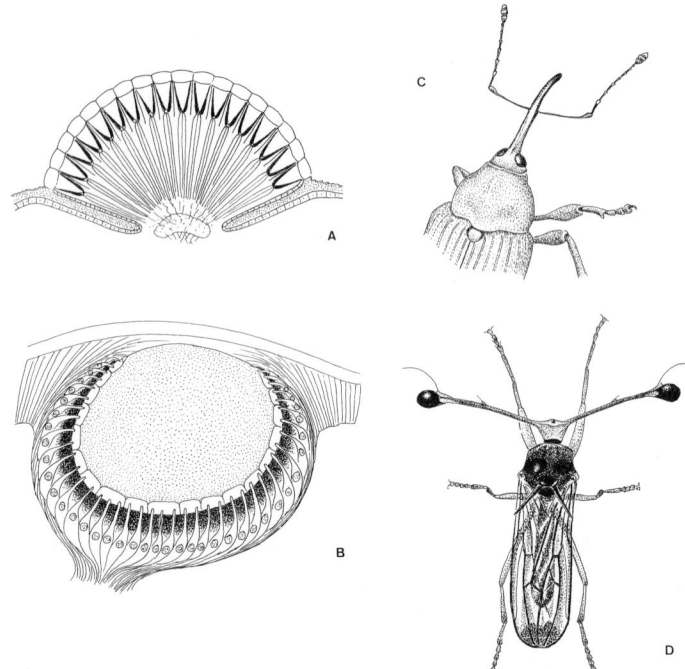

Abb. 7: Polare Bautypen des Auges: A das strahlig gebaute, über den Kopf hinausra-
gende Komplexauge der Insekten (Schema), B eingesenktes kugelförmiges Grubenauge
Nereis (nach Kaestner). C Haselnußbohrer *Balaninus nucum* (Rüsselkäfer). D Stielaugen-
fliege *Diopsis*; man beachte neben den grotesken, die Augen und die Fühler tragenden
Kopfauswüchsen die eigenartige Rückengabel, die an entsprechende Bildungen bei
Buckelzirpen erinnert (vgl. *Cyphonia* Abb. 1 B) und nicht die beiden Schwingkölbchen
darstellt.

Durch seine Gliedmaßenlosigkeit unterscheidet er sich fundamental vom
Rumpf, vom «Leib» der Wirbeltiere. Das Bauprinzip des gliedmaßenlosen,
einheitlich außenskelettumhüllten Organismus ist ein entwicklungsgeschichtlich archaisches Modell, das in der Folge der Evolution – von den Formen, die
nicht auf dieser Stufe stehen blieben – vom Bauprinzip des gleichartig metamer
gegliederten Körpers abgelöst wird. Jetzt kommt es zur Bildung von Gliedmaßen, die zunächst noch als einfache Bildungen gleichmäßig und gleichartig am
ganzen Körper angeordnet sind. In einer dritten Phase entwicklungsgeschichtli-
cher Differenzierung werden auch die Extremitäten in einen Prozeß mit einbezogen, der zur Herausbildung unterschiedlicher Organisationsschwerpunkte
und zur Polarisierung in ein Sinnes-Nerven- und ein Stoffwechsel-Reproduk-
tions-Zentrum führt.

Dabei zeigt sich nun ein charakteristischer Gegensatz zwischen Gliedertieren
und Wirbeltieren. Während die ersteren, wie wir sahen, die Gliedmaßen

82

vorwiegend im kopfnahen Bereich beibehalten und allen möglichen Um- und Weiterbildungen unterwerfen, zeigt sich bei den Wirbeltieren ein entgegengesetzter Trend – die Gliedmaßen verbleiben nur im Rumpfbereich. In beiden Fällen behält der gliedmaßenfreie Körperteil altertümliche Merkmale bei, bei den Gliedertieren (mit Ausnahme der Spinnen), die – im Thorax und vor allem im Kopf viel stärker überwundene – metamere Segmentierung, aber auch die Umhüllung und Abschirmung durch einen Außenpanzer. Bei den Wirbeltieren ist es dagegen gerade der Vorderpol, genauer der Hirnschädel, der das Bauprinzip des Außenskelettes beibehält; am ausgeprägtesten zeigt es der menschliche Kopf.

Auf diesen Aspekt, der sich entwicklungsgeschichtlich gut verfolgen läßt (Suchantke 1968), hat als erster Rudolf Steiner aufmerksam gemacht (z. B. 1919). Daß dieser Aspekt in diesem Zusammenhang eher verwirrend und befremdend erscheint – was hat der Insektenhinterleib mit dem menschlichen Gehirnschädel zu tun? – hängt mit dem Phänomen polarer Differenzierung der beiden Hauptlinien des Tierreiches zusammen, mit dem Gegensatz zwischen Alt- und Neumündern (*Proto-* und *Deuterostomia, Gastro-* und *Notoneuralia*). Zu den markant gegenbildlichen Organisationsmerkmalen dieser beiden Evolutionsrichtungen (vgl. Kaestner 1965, Poppelbaum 1936), deren Spitzen einerseits die Gliederfüßler (Altmünder), andererseits die Wirbeltiere und der Mensch (Neumünder) sind, müssen auch die eben beschriebenen Erscheinungen gerechnet werden. Beide Linien stimmen darin überein, daß ihre Frühformen – Ausdruck des gemeinsamen Ursprungs – Außenskelette besaßen. Ihre weitere Entwicklung führt dann zur Herausbildung der polaren Organisation, die sich allerdings erst voll darstellt, wenn die menschliche Gestalt mit einbezogen wird: in ihr drückt sich das den Deuterostomiern zugrundeliegende Organisationsprinzip in urbildlicher Klarheit aus. Die bei den Säugetieren im Kopfbereich noch stark vertretene Gliedmaßen-Tendenz ist beim Menschen durch die Zurückhaltung der Kieferpartie, aber auch durch ein scheinbar so nebensächliches Detail wie die unvollkommene Ausbildung der Ohrmuschel, der die extremitätenartige Beweglichkeit des Säugerohres fehlt, zugunsten der Hirnschädelentwicklung zurückgedrängt. Die Bildungen des Kopfes sind nach innen gerichtet, und damit auch die Sinnesorgane – alle Bildungen stehen im Dienste des verinnerlichten Bewußtseins. Die Gliedmaßen sind dagegen die nach außen orientierten und nach außen tätigen Teile des Organismus. Daß sie bei den Insekten und übrigen Gliederfüßlern ihren Schwerpunkt am Kopf und im kopfnahen Bereich haben und ihr Sinnessystem dadurch den umkreisorientierten Charakter der Gliedmaßen annimmt, weist darauf hin, daß die Insekten in ihrem Wesen nicht zur «Verinnerlichung», sondern zur «Umkreishaftigkeit» neigen. Daß dies auch für die seelische Ebene, für das Äquivalent unseres «Bewußtseins» gelten dürfte, sei – so verlockend es wäre, näher darauf einzugehen – an dieser Stelle lediglich erwähnt. Beschränken wir uns auf die körperlichen, auf die Organstrukturen, so zeigt sich die zentrifugale, nach außen und in den Umkreis gerichtete Bildetendenz als Grundkennzeichen der Insekten schlechthin; in den Flügeln findet es seinen sprechendsten Ausdruck.

Der Urbildcharakter der menschlichen Gestalt gilt mithin wohl für die Deuterostomier – sie lassen sich von ihm aus als Abwandlungen und Vereinseitigungen verstehen –, nicht jedoch für die Protostomier und ihre höchste Entwicklungsstufe, die Gliederfüßler. *Hier hat es eher den Aspekt eines polaren Gegenbildes* – und in dieser Funktion liegt auch seine Bedeutung bei der Suche nach den Grundzügen der Gliederfüßler- und der Insekten-Organisation. Es ist wiederum Rudolf Steiner, der in dem bereits erwähnten Zusammenhang (loc. cit.) auf Strukturgesetzmäßigkeiten dieses Urbildes aufmerksam macht – auf die bereits erwähnte physiologische und morphologische Polarität des «Sinnes-Nerven-» und des «Stoffwechsel-Gliedmaßen-Systems», die sich in der menschlichen Gestalt z. B. im Gegenüber von radialen Gliedmaßenknochen und sphärischen Skelettelementen im Hirnschädel ausdrückt. Zwischen diese beiden Bereiche gliedert sich das vermittelnde «Rhythmische System», Zentrum unter anderem von Atmung und Kreislauf. Morphologisch ist es nicht durch eigentypische Bildungsformen gekennzeichnet, vielmehr durchdringen sich in ihm die radiären und die sphärischen Gestaltungstendenzen in rhythmischem Wechsel (z. B. im Brustkorb). Gleichzeitig wird hier die einem ontogenetisch (und phylogenetisch) früheren Stadium entsprechende seriale Anordnung der Elemente – z. B. der Wirbel, der Skelettmuskulatur – stärker beibehalten als im Kopf und im «Rumpf»; der rhythmische, mittlere Bereich bleibt verhaltener in seinen Organausformungen als die beiden Pole.

Auch das hochentwickelte Insekt läßt eine dreigliedrige Grundorganisation erkennen – es war bereits die Rede davon, wie sich in der mittleren Region des Thorax die beiden polaren Systeme, die sich in sphärischen und in radialen Bildungen ausdrücken, gegenseitig durchdringen. Anders jedoch als in der menschlichen Gestalt *erfahren sie in der mittleren Region ihre größte Steigerung* – das Insekt ist thoraxzentriert, alles läuft in diesem Bereich zusammen, er ist der Mittel- und der Höhepunkt der Insekten-Organisation. Statt polarer Ausgewogenheit in der Gegenüberstellung herrschen Zusammenfassung und Steigerung in der Mitte.

Und das ist es, was die Buckelzirpen konsequent auf die Spitze treiben. Sie bilden aus dem Teil eines einzigen Segmentes dieses mittleren Bereiches den gesamten Körper noch einmal nach – sie bilden die Hüll- und Kapselformen, die dem Hinterleib zugehören, aber auch die radialen, in den Umkreis weisenden Formen des Gliedmaßen-Sinnesbereiches. Und es ist in höchstem Maße bezeichnend, daß es reine *Oberflächenbildungen sind, Hohlformen ohne Inhalt – Differenzierungen der Außenseite, in ihrer Tendenz diametral entgegengesetzt der auf innere Vervollkommnung hin orientierten Entwicklung der Warmblüter.*

Aufschlußreich und bestätigend ist auch, daß die übrige Organisation der Buckelzirpen primitiv bleibt – der Flügelbau, die Sinnesorganisation, die Genitalien weisen altertümlichere Merkmale auf als die der anderen Zikadenfamilien

(Funkhouser 1950). *Alle Bildetendenzen scheinen sich bei diesen Insekten auf einer bestimmten Stufe der Evolution aus dem übrigen Körper zurückzuziehen und allein auf den Prothorax zu konzentrieren.*

Dieser erreicht dadurch eine gewissermaßen einsame Entwicklungshöhe und weist im Gegensatz zu den übrigen Regionen des Körpers Spät- und Endbildungen auf höchster Differenzierungsstufe auf. Daß es sich um eine phylogenetische Spätbildung handelt, wird durch die Tatsache gestützt, daß sich die Prothorax-Aufbauten bei der Imaginalentwicklung als letztes ausbilden – so lange die Flügel noch nicht voll entfaltet sind, bleibt die Prothoraxplastik noch larvenhaft klein und beginnt erst dann größer zu werden, wenn sich die Flügel nicht mehr strecken (Abb. 8).

Anhang: Beobachtungen an Buckelzirpen über die Beziehung zwischen Gestaltbildung und Lebensweise

Anläßlich eines Aufenthaltes in Südamerika – dem Kontinent, in dem Buckelzirpen die größte Formenfülle entwickelt haben – kam es zu wiederholten Begegnungen mit diesen Insekten in den Regenwaldgebieten von Brasilien und Peru. Dabei war es naheliegend, eine ganz bestimmte Fragestellung in die Beobachtungen mit einzubeziehen:

Besteht ein Zusammenhang zwischen dem Verhalten und der Lebensweise auf der einen und den Formbildungen auf der anderen Seite? Darf man erwarten, daß diejenigen Arten, die zu radialen, sinnesorgan- oder gliedmaßenähnlichen Bildungen neigen, zu fühlerartig dünnen Hörnern und Spornen, welche oft dazu noch mit feinen Haaren besetzt sind, die an Sinnesborsten erinnern, auch die bewegungsaktiven und sinneswachen sind? Und daß die anderen, die mehr zu Kapsel- und Hüllenbildungen tendieren, die bewegungsträgen und reaktionsarmen Vertreter sind?

Es ist in der Tat so. Die winzigen «Kugelträger» (*Bocydium*, Abb. 1 A) etwa, die in der Sekundärvegetation und in verwilderten Bananenpflanzungen im Regenwaldgebiet der brasilianischen Serra do Mar zwischen Rio und Santos häufig sind, haben nichts von der Trägheit an sich, die der Literatur zufolge alle Buckelzirpen auszeichnen soll (z. B. Funkhouser 1950). Im Gegenteil – sie laufen so schnellfüßig und behende über die Blätter und fliegen bei der geringsten Störung sofort ab, daß es sich als unmöglich erweist, sie in Ruhe aus der Nähe zu beobachten und zu fotografieren. In ihrem Verhalten gleichen sie allem anderen, nur nicht Zikaden – viel eher kleinen Fliegen, besonders den ebenso kleinen, vorsichtigen und schnellfüßigen afrikanischen Stielaugenfliegen (*Diopsis*, Abb. 7 D). Ganz ähnlich benahmen sich zwei kleine *Cyphonia*-Arten, die eine mit (Abb. 1 B), die andere ohne blasenartige Erweiterungen an ihrem rückwärtsgerichteten Dreizack. Sie waren am Rande des Berg-Regenwaldes bei Satipo am peruanischen Anden-Ostfuß auf besonnten Büschen anzutreffen. Nicht ganz so scheu und in ihren Bewegungen etwas weniger behende als

Bocydium, liefen sie doch bei jeder Annäherung prompt auf die abgekehrte Seite des Zweiges, eilten die Blätter entlang und versteckten sich auf der Unterseite, oder flogen davon. Außerordentlich sinnesaktiv sind auch die eigenartig bewehrten *Heteronotis*-Arten; auch sie gleichen in ihren blitzschnellen Reaktionen bestimmten Dipteren, Schwebfliegen etwa, die bei der geringsten Störung so schnell abfliegen, daß das langsame menschliche Wahrnehmungsvermögen nicht mithalten kann. In ihrer bizarren Plastik treten zwar umhüllende, kapselartige Formen auf, die jedoch nichts umhüllen, sondern hoch über dem Rücken getragen werden und mit dünnen Spießen und fühlerartigen Gebilden besetzt sind (Abb. 1 C).

Ganz anders benahm sich die bis über die Flügel panzerumschlossene *Hebetica*-Art von Abb. 3, die auf derselben Lichtung des Tiefland-Regenwaldes am Rio Llullapichis in Ostperu vorkam wie die scheue *Heteronotis*. Beim Beobachten und Fotografieren aus großer Nähe kletterte sie nur träge an eine etwas andere Stelle, in den Schutz einer Blattachsel, und sprang erst beim Versuch, sie mit der Hand zu ergreifen, ab. Noch reaktionsträger zeigten sich die im gleichen Biotop vorkommenden, von einer derben Kapsel umhüllten und mit einem massigen Vorderhorn ausgerüsteten Individuen einer grünen *Polyrhyssa*-Art (Abb. 9). Mehrere Tiere saßen, umlagert von Ameisen, an einem Lianenstengel und ließen sich auch durch vorsichtiges Umbiegen ihres Sitzplatzes nicht stören, erst bei ganz grober Belästigung sprangen sie ab. Die Ameisen kletterten über sie hinweg, betasteten sie mit den Fühlern und leckten ihre zuckerhaltigen Exkrete auf. Ähnlich reglos verhielten sich ihre noch unbehelmten, ebenfalls grünen Larven, obwohl diese bei Belästigungen zu schnellen und behenden Bewegungen in der Lage waren; im Unterschied zu den Imagines, die frei und exponiert an den Stengeln saßen und wie Dornen aussahen, hielten sich die Larven stets an den Knospen und Blattbasen auf, denen sie sich so eng anschmiegten, daß sie mit bloßem Auge auch bei angestrengtem Suchen kaum zu entdecken waren (Abb. 9).

Zikaden, auch aus anderen Familien als die Buckelzirpen, haben in den Tropen die gleiche Bedeutung für die Ameisen wie bei uns die Blattläuse (Fairmaire 1846). Allerdings werden längst nicht alle Zikaden von Ameisen aufgesucht. Unter den Membraciden waren es stets die derb gepanzerten, zu umhüllenden Kapselbildungen neigenden Arten, niemals jedoch die bewe-

---

◁ *Abb. 8:* Metamorphose von *Membracis* sp. Linke Reihe, v. o. n. u.: Erwachsene Larven, 5 mm groß. – Knapp 10 Minuten nach der Häutung haben die Flügel die volle Größe erreicht. Rechte Reihe v. o. n. u.: Erst jetzt beginnt die Vergrößerung des Helmes. Nach dessen völliger Entfaltung, ca. 30 Minuten nach der Häutung, zeigen sich bei dem vorher gelblichweißen Insekt die ersten Ansätze der schwarzen Färbung auf dem Helm, in den Flügeln, auf den Beinen und dem Körper (zweitunterstes Bild). Nach einer weiteren halben Stunde ist die Ausbildung des schwarzweißen Kleides abgeschlossen. Vgl. auch Abb. 2 der gleichen Art. Tieflandregenwald, Rio Llullapichis im Ucayali-Stromsystem, Peru. Anfang August 1975.

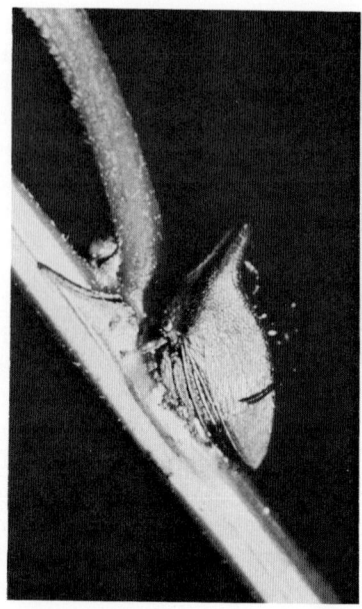

Abb. 9: Die nur wenige Millimeter großen Larven von *Polyrhyssa* sp. sind auf ihren Nahrungspflanzen nur mit Mühe zu entdecken (Pfeile auf dem linken Bild), in der Färbung und durch ihre Ringelung gleichen sie den jungen Blättern, denen sie sich anschmiegen, auf verblüffende Weise. Rechts die Imago (7 mm), mit dornartigem Vorderhorn und kielartig zusammengepreßtem Panzer, der die Flügel zur Hälfte umhüllt. Rio Llullapichis, Peru. (Alle Aufnahmen A. Suchantke.)

gungsaktiven Formen, die in ihren Aufbauten Anklänge an Gliedmaßen und Sinnesorgane zeigen. Daß es gerade die derb gepanzerten Arten sind, die den Zuckersaft abscheiden, fügt sich gut in das Bild, das ihre Aufbauten und ihre Lebensweise vermitteln – es sind die stoffwechselbetonten Formen.

Es werden jedoch nicht alle mit Hüllen und Helmen versehenen Buckelzirpen von Ameisen besucht. Unbeachtet blieben ebenso die dunkelbraunen, Rindenstückchen gleichenden Angehörigen der Gattung *Stegaspis* (Abb. 1 G), die bei Pucallpa in Ostperu häufig waren, wie die auffällig hell-dunkel gemusterten *Membracis*-Arten bei Satipo und am Rio Llullapichis. Diese bunten Gestalten wiesen einen ganz anderen Aspekt auf als die bisher besprochenen Formen – sie sind optisch höchst auffällig. Sie stehen dadurch in Gegensatz zu fast allen Vertretern der bewegungsträgen Hüllen- und Helmträger, die grünen oder braunen Pflanzenteilen nicht nur im Aussehen gleichen, sondern diesen Eindruck auch noch durch ihre Reglosigkeit unterstreichen. Die *Membracis*-Arten trifft man dagegen nicht selten in vollem Sonnenlicht auf der Oberfläche eines Blattes (Abb. 1 D-F, 2), wo sie weithin sichtbar sind – wie ihre Larven übrigens auch (Abb. 8). Sie sind nicht sehr bewegungsfreudig – wenn sie irgendwo sitzen, verharren sie in der Regel völlig reglos und ich sah sie nie herumlaufen. Sie scheinen jedoch nie lange am gleichen Ort zu bleiben. Obwohl am Rio Llullapichis häufig, waren sie nie an bestimmten, typischen Orten anzutreffen, sondern zeigten sich mal hier, mal dort. Traf man sie während eines Beobachtungsganges, dann waren sie bei der Rückkehr mit Sicherheit nicht mehr am gleichen Ort, sondern saßen irgendwo anders. Auf Annäherung reagierten sie unterschiedlich – manche ließen sich ungeniert aus der Nähe beobachten, andere flogen sofort ab.

Sie sind in gewissem Sinne die Schmetterlinge unter den Buckelzirpen, und mit diesen stimmen sie in ihren Licht- und Schattenmustern überein. Sie tragen die grellen Hell-Dunkelkontraste, die das gleißende Sonnenlicht überall um sie herum in der Vegetation hervorruft, und wie es die Tagfalter derselben Lebensräume in übereinstimmender Weise zeigen – das Phänomen der Biotoptracht (Suchantke 1974) ist in den südamerikanischen Tropen noch sehr viel ausgeprägter als in den afrikanischen. Grundsätzlich stimmen diese bunten Arten jedoch mit den anderen ruhigen, bewegungsträgen, an pflanzliche Bildungen erinnernden Formen darin überein, daß sie in ihrer Tracht von Umgebungselementen geprägt sind und diese wiederholen.

Das überrascht nicht, sind doch die behelmten und die kapselumhüllten Arten auch die Stoffwechsel-betonten, bei denen die bewußtseinsdumpfen vegetativen Prozesse vorherrschen. Die sinneswacheren, bewegungsaktiven Gestalten erzeugen in ihren plastischen Bildungen Abbilder der damit korrelierten Organe, von Sinnesorganen und Gliedmaßen und damit von typisch animalischen Bildungen. *Damit erweist sich die Gestalt dieser Tiere als exakter Ausdruck der in ihrer Organisation vorwaltenden bildenden Kräfte.*

Literatur

FAIRMAIRE, I. (1846): Revue de la tribu Membracidés. Ann. Soc. Entomologique de France IV, 235–320, 479–528.

FUNKHOUSER, W. D. (1950): Membracidae, in: P. Wytsmann (Herausg.), Genera Insectorum, 208e Fasc., Bruxelles.

HAUPT, H. (1953): Insekten mit rätselhaften Verzierungen. Neue Brehm-Bücherei 104, Wittenberg.

KAESTNER, A. (1963, 1965): Lehrbuch der Speziellen Zoologie, Bd. I, 1. Teil; 2. Aufl., 2. Teil. Stuttgart.

LINSENMAIER, W. (1972): Knaurs Großes Insektenbuch. München/Zürich. (Abbildungen v. Membraciden S. 109).

POPPELBAUM, H. (1936): Tier-Wesenskunde. 2. Aufl. Dornach 1954.

STEINER, R. (1919): Allgemeine Menschenkunde als Grundlage der Pädagogik. Dornach 1973.

SCHRÖDER, H. (1962): Zur Biologie der Buckelzirpen. Natur und Museum 92, 441–447.

SUCHANTKE, A. (1965): Metamorphosen im Insektenreich. Stuttgart.

– (1968): Konvergente Evolution des Skelettes in verschiedenen Tiergruppen. Elemente der Naturwissenschaft 8. Abgedruckt in diesem Band S. 12 ff.

– (1974): Biotoptracht und Mimikry bei afrikanischen Tagfaltern. Elemente der Naturwissenschaft 21. Abgedruckt in diesem Band S. 91 ff.

ANDREAS SUCHANTKE

Biotoptracht und Mimikry bei afrikanischen Tagfaltern

Während zweier Reisen im Juli/August 1970 sowie im November/Dezember 1973 nach Kenia und Tansania konnten zahlreiche Beobachtungen zur Schmetterlingsmimikry gemacht werden. Sie lohnen eine ausführliche Darstellung, da sie neben bereits bekannten Tatsachen auch einige neue, bisher nicht beschriebene Ergebnisse brachten. Sie sind geeignet, das umstrittene Phänomen in einem etwas anderen Licht erscheinen zu lassen, als es die herrschenden neodarwinistischen Theorien reflektieren.

Das Mimikryphänomen und seine Interpretation

Das Thema verdient auch deshalb Interesse, weil es in exemplarischer Weise ein Kapitel Wissenschaftsgeschichte des 19. und 20. Jahrhunderts spiegelt. Es ist eng mit den Auseinandersetzungen und Kontroversen um die Abstammungslehre verknüpft, seit es von Darwin (1859) im 14. Kapitel seiner «Origin of Species» als Beleg für die formenden Kräfte der Selektion in der Stammesgeschichte eingeführt wurde. Darwin referiert in seinem Buch die Beobachtungen von Bates aus den Tropen Südamerikas, wo neben den überall häufigen Tagfaltern der Gattung *Heliconius* und mit diesen zusammen Arten aus anderen Familien anzutreffen waren, die den Heliconiern in allen Einzelheiten ihrer Tracht, in den auffälligen Farben, in Zeichnung, Flügelschnitt und im schwerfälligen Flug so täuschend glichen, daß sie im Fluge von diesen nicht zu unterscheiden waren. Alle diese Vertreter der Weißlinge, Nymphaliden, Danaiden waren gänzlich anders gemustert als ihre Gattungs- und Familienverwandten, ja mitunter sogar als die Vertreter des anderen Geschlechtes ihrer eigenen Art.

Bates und Darwin stellten die Frage nach dem Selektionsvorteil dieser rätselhaften Erscheinung und vermuteten, daß die so häufigen, auffälligen und im Fluge unbeholfenen Heliconier irgendwie geschützt sein mußten vor der Bejagung durch Vögel – höchstwahrscheinlich durch Ekelgeschmack. Von diesem Schutz profitierten andere, nicht durch Ekelgeschmack ausgezeichnete Arten dann, wenn sie den Heliconiern ähnlich sahen. Die Frage, wie es zu dieser Ähnlichkeit kommen konnte, schien Darwin durch die Beobachtung Bates' beantwortet, der feststellte, daß gerade die Angehörigen der Gattungen, die auch die Heliconiden-«Nachahmer» stellten, in auffälligem Maß variierten. Wenn nun im Verlauf des Variierens unter anderen zufällig heliconiden-ähnliche Formen auftraten, dann mußten sie eine größere Chance haben, der Bejagung durch Vögel zu entgehen. «Die weniger vollkommenen Grade der Übereinstimmung wurden Generation für Generation eliminiert, und nur die anderen blieben übrig, ihren Typ fortzupflanzen. So daß wir hier eine ausgezeichnete Illustration der natürlichen Auslese vor uns haben.»

Damit ist die Bedeutung des Problems umrissen: das Phänomen der Mimikry, das manchen vielleicht als eine etwas abseitige, nicht sehr repräsentative Ausnahmeerscheinung vorkommen mag, bietet gleichsam ausschnitthaft eine konkrete Situation, an der sich die Tragfähigkeit der darwinistischen Begriffe prüfen läßt.

In rascher Folge wurde eine Fülle weiterer Beispiele entdeckt und vor allem von Poulton in den «Transactions of the Entomological Society of London» gesammelt und im Sinne von Darwins Selektionstheorie interpretiert. Die Mimikry erwies sich schnell als eine bezeichnende Erscheinung der tropischen Insektenwelt, die keineswegs auf Schmetterlinge beschränkt ist. In unseren Breiten allerdings ist es eine Ausnahmeerscheinung und besitzt, wenn man von der zweifelhaften «Ameisenmimikry», der gestaltlichen Ähnlichkeit der Ameisengäste mit ihren Wirten, absieht, nur in der bei blütenbesuchenden Käfern, Fliegen und Schmetterlingen (Sesien) weitverbreiteten Wespentracht einen Vorposten. Neben die Batessche wurde in der Folge noch die Fritz-Müllersche Mimikry gestellt; bei dieser tragen mehrere durch «Ekelgeschmack» geschützte Arten das gleiche Kleid, was den Vorzug haben soll, daß nicht von jeder Art Opfer an unerfahrene Vögel gebracht werden müssen – die Falter seien also in doppelter Weise – durch Unschmackhaftigkeit und durch Mimikrytracht – geschützt. Für Darwin war das allerdings «zu spekulativ, um in mein Buch aufgenommen zu werden» (vgl. Heikertinger 1954), und die gemeinsame Tracht erklärt sich wohl sehr viel einfacher aus der engen Verwandtschaft, die in den meisten Fällen von Müllerscher Mimikry vorliegt: wenn Vertreter des gleichen Genus die gleiche Tracht tragen, so hat das mit Mimikry nichts zu tun.

Der hochgradig spekulative Charakter der ganzen Theorie führte zu ihrer überwiegenden Ablehnung. Die Befürworter mußten sich vorwerfen lassen, keinerlei Belege für den von ihnen behaupteten Ekelgeschmack der «geschützten» Arten beibringen zu können; noch stärker sprach jedoch die (bis heute nicht widerlegte) Tatsache dagegen, daß Vögel nur in seltenen Ausnahmefällen Tagfalter fangen. Trotz aller Anstrengungen konnte der starke Selektionsdruck, der von der Vogelwelt ausgehen soll, nicht nachgewiesen werden. Die umfassendste und gleichzeitig letzte Zusammenstellung aller Argumente gegen die Mimikrytheorie erfolgte durch Heikertinger (1954).

Seit ein paar Jahren hat sich das Bild gründlich geändert. So untersuchte Brower (1968, 1969) das Mimikrypaar, das der amerikanische «Monarch»

Danaus plexippus und der «Eisvogel» *Limenitis archippus* bilden. Der Monarch gilt als das geschützte Vorbild – die Danaiden sind ähnlich den Heliconiern auffällige, unbeholfen fliegende Falter, die in den verschiedensten Mimikry-Ringen über die ganze Erde hin vorkommen, ja, es gibt wohl keine Danaide, die nicht an der einen oder anderen Mimikry-Gruppierung beteiligt ist. Die *Limenitis*-Art gleicht dem Monarch in hohem Maße und hat in ihrer Tracht keinerlei Ähnlichkeit mit ihren Gattungsverwandten – etwa mit unseren einheimischen Eisvögeln *Limenitis populi, reducta, camilla.* Unerfahrene Vögel, denen *Danaus plexippus* vorgelegt wurden, reagierten nach der Aufnahme mit heftigen Brechkrämpfen und mieden hinfort diese Falter ebenso wie ihre «Nachahmer». Analysen ergaben dann, daß sich in den Imagines von *D. plexippus* dieselben Cardenolide (Glykoside, die als starke Herzgifte wirken) finden wie in den *Asclepias*-Arten, an denen die Raupen fressen.

Bates und Darwin erscheinen dadurch glänzend bestätigt, ihre exakte Intuition verdient Respekt. Kein Wunder also, daß die Diskussion heute schweigt und die Selektionstheorie bestätigt erscheint – wie es z. B. das populäre und verbreitete Buch von Wickler (1968) glauben macht. Tatsächlich kommen augenscheinlich bestätigende Argumente von verschiedenen Seiten zusammen. So untersuchte Kettlewell (1965) die melanistische Form *carbonaria* des Birkenspanners *Biston betularia,* die seit einiger Zeit in der Umgebung der Industriegebiete Westeuropas die helle Normalform fast völlig abgelöst hat. *Carbonaria* ist zwar schon lange bekannt, war aber immer eine relativ seltene Erscheinung, wie heute noch in industriefernen Gebieten. Dort jedoch, wo die Birkenstämme infolge der Rußverschmutzung geschwärzt sind, hebt sich jetzt die ehedem kryptische Normalform vom Untergrund ab, während sich die früher optisch auffällige *carbonaria* als gut getarnt erweist. Sie erlangte hier in rund 50 Generationen die absolute Vorherrschaft und zeigte sich im Auslese-Experiment mit Vögeln der hellen Stammform um 30% überlegen.

Die Relevanz dieses Beispieles mag fragwürdig erscheinen, handelt es sich doch beim Birkenspanner um eine kryptische Form, die, wie alle tagsüber in der Vegetation ruhenden Nachtfalter, einem starken Bejagungsdruck durch Vögel ausgesetzt sind. Die auffälligen Kleider der mimetischen Tagfalter sind dagegen nur im Flug wahrzunehmen, in einer Situation, in der Schmetterlinge von Vögeln so gut wie nicht bejagt zu werden scheinen – die bekannt gewordenen Beispiele lassen sich an einer Hand abzählen. Allerdings bleibt fraglich, wieweit sich dieser Vorgang nicht doch der Beobachtung entzieht. In den Tropen ist das Schmetterlingsleben stärker als bei uns an den Wald, an seine Lichtungen und Ränder gebunden. Immer wieder entschwinden die Falter dem Blick, wenn sie im dichten Gewirr der Vegetation untertauchen. Dort herrscht ein überaus reiches Vogelleben, eine Fülle versteckter und nur akustisch zu ortender Dickichtschlüpfer entzieht sich – und ihre Jagdmethoden – dem Blick. Was sich dort abspielt, muß gar kein gnadenloser «Kampf ums Dasein» sein, es genügt völlig, daß sich ein allelomorphes Merkmal der Selektion gegenüber resistenter erweist als andere; mit der Zeit wird es sich innerhalb der Population durchsetzen, wenn seine Träger eine größere Chance besitzen, ihr Erbgut weiterzugeben.

Bleibt man auf der Ebene kausaler Fragestellungen und im engumschriebenen Bereich von Phänomenen, die man zwecks besserer Überschaubarkeit aus ihrem natürlichen Zusammenhang herauslöst, dann lassen sich in der Tat recht geschlossene und überzeugende Theorien aufstellen. Sie befriedigen ungemein, weil sie einfach, klar und folgerichtig erscheinen. Sie schreiben der Selektion eine «schöpferische Rolle» (E. Mayr 1965) zu – als lenkende Macht verhelfe sie aus der Fülle richtungslos zufälliger Mutationen jenen Präadaptationen zur Entfaltung, die sich zu ihr verhalten wie das Schloß zum Schlüssel; auf diese Weise wirke sie als Motor der Evolution und wandle das Erscheinungsbild der Arten.

Weniger leicht hat es die korrelative, vergleichende Beobachtung, die das Blickfeld zu erweitern versucht, anstatt es einzuengen. Auf ihrer Suche nach Systemzusammenhängen – etwa mit anderen Trachtphänomenen, oder beim Vergleich der «Mimetiker» mit den «nichtmimetischen» Arten im gleichen Biotop – stößt sie auf wesentlich komplexere Sachverhalte. Sie führen zu der Erfahrung, daß die Mutations-Selektions-Theorie an den wesentlichen Aspekten des Phänomens vorbeizielt. Erst wenn dieses durch entscheidende Abstriche «zubereitet» wird, vermag es der Theorie zu genügen.

Bevor diese Beobachtungen geschildert werden, ist es aus Verständnisgründen ebenso wie für die anschließende Diskussion wichtig, kurz auf einige Besonderheiten der afrikanischen Tagfalter-Mimikry einzugehen.

Afrikanische Danaiden und Papilioniden

In Afrika südlich der Sahara gibt es 12 Danaiden-Arten (Carcasson 1963), die sich auf fünf verschiedene Färbungstypen verteilen (vgl. Abb. 1): *Danaus chrysippus* ist braunorange mit *(f. chrysippus,* Abb. 1 C) oder ohne *(f. dorippus)* schwarz-weißer Spitze der Vorderflügel, *D. limniace* (1 B) ist schwarz-hellblau und *D. formosa* (1 A) schwarz-weiß und rostbraun gesprenkelt. Die nahestehenden Arten der Gattung *Amauris* sind entweder grell und großflächig schwarzweiß gemustert *(A niavius* = 1 E, *A. ochlea, A. tartarea)* oder düster schwarzbraun mit hellen Flecken auf den Vorderflügeln und einem ockerfarbenen Feld im basalen Teil der Hinterflügel *(A. albimaculata, A. ellioti, A. echeria* = 1 D, *A. hecate, A. inferna, A. oscarus).* Zu jedem der fünf Färbungstypen gibt es nun eine unterschiedliche Zahl von «Nachahmern» aus anderen Tagfalterfamilien, und in jeder dieser Gruppen ist mindestens eine *Papilio*-Art vertreten.

So gleicht *Papilio rex* (1 a) bis in kleinste Details *Danaus formosa,* und *Papilio leonidas* (1 b) bildet mit *D. limniace* ein Mimikry Paar. Bei den anderen drei Danaiden-Mustertypen sind es jeweils nur die Weibchen verschiedener *Papilio*-Arten, die «nachahmen», während die Männchen ganz anders aussehen und, da

94

Abb. 1: Die 5 afrikanischen Danaiden-Mustertypen als «Modelle» und *Papilio*-Arten als «Mimetiker» (ostafrikanische Vertreter):
(A) *Danaus formosa;* (a) *Papilio rex.* – (B) *Danaus limniace;* (b) *Papilio leonidas.* – (C) *Danaus chrysippus chrysippus;* (c) *Papilio dardanus tibullus,* ♀ *f. trophonius.* – (D) *Amauris echeria;* (d) *Papilio dardanus tibullus;* ♀ *f. cenea.* (d[1]) *Papilio echerioides* ♀. – (E) *Amauris niavius dominicanus;* (e) *Papilio dardanus tibullus;* ♀ *f. hippocoonides.*

sie keiner Danaide gleichen, als Nichtmimetiker gelten. Dazu gehören u. a. *Papilio echerioides* und *P. dardanus,* zwei Arten, mit denen wir im folgenden zu tun haben werden. Das düstere Weibchen von *Papilio echerioides* (1 d[1]) gleicht den dunklen *Amauris*-Arten um *A. echeria* und *A. albimaculata,* während die Verhältnisse bei *Papilio dardanus* durch die Tatsache, daß es bei dieser Art zahlreiche, einander und dem Männchen völlig unähnliche Weibchenformen gibt, verwickelter sind. Drei dieser Morphen besitzen außerordentliche Ähnlichkeit mit Danaiden dreier verschiedener Färbungstypen – eine (1 c) gleicht dem rostbraunen *Danaus chrysippus,* eine andere (1 e) der schwarz-weißen *Amauris niavius* und eine dritte, die darin mit den Weibchen von *Papilio echerioides* übereinstimmt (1 d), den düsteren *Amauris*-Arten. Eine vierte ähnelt ebenfalls als geschützt geltenden Vertretern der Familie *Acraeidae* (man vergleiche die Abbildungen bei Wickler 1968, oder die vollständige Darstellung aller afrikanischen Mimikry-Fälle bei Eltringham 1910).

Die Übereinstimmung zwischen den *dardanus*-Weibchen und den Danaiden erreicht erstaunliche Dimensionen. So besitzt die schwarz-weiße Weibchenform *hippocoon* der westafrikanischen Rasse *Papilio dardanus dardanus* einen viel breiteren schwarzen Randsaum der Hinterflügel als ihr Pendant *hippocoonides* der ostafrikanischen Küstenrasse *P. dardanus tibullus.* Beide folgen darin

95

keineswegs ihren Männchen, die im Osten eine breite und massive, in Westafrika dagegen eine schmale, in einzelne Flecken aufgelöste Binde tragen, sondern ihren «Vorbildern», die in der westlichen Rasse *Amauris niavius niavius* eine breite, in der östlichen Form *A. niavius dominicanus* hingegen eine schmale Randbinde der Hinterflügel besitzen. In den Küstenwäldern Kenias und Tansanias ist unter den Weibchen der Rasse *tibullus* die schwarz-weiße Morphe *hippocoonides* vorherrschend, die dunkle Form *cenea* dagegen äußerst selten – ein Bild, das genau den Verhältnissen bei den Danaiden entspricht: die schwarz-weiße *Amauris niavius dominicanus* ist sehr häufig, während die dunklen *Amauris*-Vertreter völlig fehlen. In Südafrika ist es umgekehrt, es dominieren die dunklen *Amauris*-Arten um *A. echeria* und bei der hier vorkommenden Rasse *Papilio dardanus cenea* überwiegt die (gleichnamige) Morphe *cenea*, die in ihrer Tracht mit eben diesen *Amauris*-Arten übereinstimmt.

Wiederum Tatsachen, die auf den ersten Blick sehr für die Wirksamkeit einer Selektion zu sprechen scheinen, die auf Danaiden-Ähnlichkeit züchtet. Auch die Verhältnisse auf Madagaskar, wo die Weibchen der Rasse *P. dardanus meriones* nichtmimetisch sind und das gleiche Kleid wie die Männchen tragen, passen ins Bild: auf Madagaskar gibt es keine Danaiden.

Daß bei der Interpretation der Erscheinungen jedoch Vorsicht geboten ist, zeigen die Besonderheiten, die bei der Rasse *P. dardanus polytrophus* aus dem Hochland von Kenia auftreten. Bei ihr kommt ein hoher Prozentsatz von Weibchenformen vor, die keinerlei «Vorbildern» gleichen. Solche Weibchenformen sind zwar auch aus anderen Rassen bekannt, haben dort aber Seltenheitswert. So machen sie bei der westlich angrenzenden Rasse *meseres* nur 3,6% aus, bei *polytrophus* jedoch 32%. Ford (1936) beruft sich in einer grundlegenden Arbeit auf Beobachtungen van Somerens, der während einiger Monate in der Umgebung von Nairobi nur 32 Danaiden-«Vorbilder», aber 133 *dardanus*-Weibchen (mimetisch und nichtmimetisch) gesehen haben will. Ford zieht daraus den Schluß, daß der Selektionsdruck, der auf die Angleichung an die Vorbilder gerichtet ist, wegen deren Seltenheit nur schwach wirksam ist und die nichtmimetischen Formen nicht zu eliminieren vermochte.

Eigene Beobachtungen im Gebiet dieser Rasse, 50 km von Nairobi entfernt am Fuß der Aberdare-Berge, ergaben im November 1973 ein völlig anderes Bild. Während einer knappen halben Stunde fing ich zehn «Vorbilder» (fünf *Amauris albimaculata*, vier *A. echeria*, eine *A. ellioti)* und sah mindestens fünf weitere. Die ganze Zeit über zeigte sich kein einziges Stück von *Papilio dardanus*, obwohl das dem Biotop nach möglich gewesen wäre. Auch in den Tropen wechseln die Häufigkeitsverhältnisse der einzelnen Arten, so daß sich je nach Regen- oder Trockenzeit völlig andere Bilder bieten. Weiter unten wird ein solches Beispiel für den Küstenwald dargestellt.

Morphologische Untersuchungen an den Valven (Kopulationsapparate; sie eignen sich wegen ihrer geringen Neigung zu Abwandlungen besonders gut für taxonomische Diagnosen) der *dardanus*-Rassen haben gezeigt, daß *polytrophus* höchstwahrscheinlich eine Mischpopulation darstellt zwischen Rassen, die nach längerer Isolierung wieder aufeinandertrafen, und von denen die eine nichtmimetische, männchenfarbige und geschwänzte Weibchen besaß – wie sie heute noch im Bereich der nordöstlichen Rassen *antinorii* und *byatti* (Abessinien, Somalia) überwiegen (Turner 1963). Künstliche Bastardierung zwischen dem nichtmimetischen *meriones* von Madagaskar und einer mimetischen Rasse führten denn auch zur Auflösung der charakteristischen Weibchentracht und zur Umgruppierung der einzelnen Musterungselemente zu völlig neuen Kombinationen. Die polygenen Trachten sind anscheinend durch rassenspezifische Supergene stabilisiert, deren Wirkung bei Kreuzungen mit anderen Rassen aufgehoben wird (Clarke u. Sheppard 1960, 1963).

Die Beobachtungen

In den feuchten Küstenwaldresten am Indischen Ozean – um die überwachsene Ruinenstadt Gedi ebenso wie bei Ukunda südlich von Mombasa – ist *Papilio dardanus tibullus* im August 1970 wie im Dezember 1973 eine häufige Erscheinung. Zu sehen bekommt man allerdings fast nur Männchen, die schwarzweißen *hippocoonides*-Weibchen stecken in den schattigen Dickungen des Waldesinnern und kommen nur vorübergehend zum Blütenbesuch auf die Lichtungen. Auf diesen sind im August 1970 die beiden schwarz-weißen Danaiden *Amauris niavius dominicanus* und *A. ochlea* die häufigsten Falter. In ihrem unbeholfenen Flatterflug scheinen sie eher vom Wind bewegt als aus eigener Kraft zu fliegen und sind fast mit der Hand zu fangen. Im Dezember 1973 bietet sich ein ganz anderes Bild – *P. dardanus* ist womöglich noch häufiger, aber die *Amauris*-Arten fehlen vollständig, sie haben offensichtlich keine Flugzeit. In beiden Jahreszeiten fällt auf, daß es eine beträchtliche Zahl anderer Falterarten gibt, die ebenfalls großflächig schwarz-weiß gemustert sind. Besonders große Ähnlichkeit mit den *hippocoonides*-Weibchen und den *Amauris*-Arten besitzen die beiden Nymphaliden *Hypolimnas deceptor* und *Pseudacraea lucretia expansa*. Hinzu kommen weitere, die in Einzelheiten ihrer Tracht oder in der Größe mehr oder weniger stark abweichen, dennoch aber deutlich dem gleichen Grundmuster kontrastreicher Schwarz-Weiß-Verteilung folgen (vgl. Abb. 2): die Papilioniden *Graphium philonoe* und *G. angolanus*, die Weibchen von *Acraea satis*, die Nymphaliden *Neptis saclava* und *N. melicerta, Neptidopsis fulgurata platyptera* und *N. ophione velleda*. Nimmt man dazu noch die von Rogers (1908) im gleichen Biotop beobachteten Nymphaliden *Hypolimnas usambara, H. dubius wahlbergi* und die Weibchen von *Euxanthe wakefieldi* und *E. tiberius* dazu, alles große Arten, die *Amauris niavius* und den *hippocoonides*-Weibchen von *Papilio dardanus* sehr gleichen, dann ergibt sich ein erstaunlich einheitliches Bild. Es entsteht der Eindruck einer für diesen Biotop charakteristischen Tracht, die einen hohen Prozentsatz der Arten prägt.

Abb. 2 a: Großflächig schwarz-weiß gemusterte Falter des lichten ostafrikanischen Küstenwaldes. Linke Reihe v. o. n. u.: *Papilio dardanus tibullus,* ♀ *f. hippocoonides. Amauris niavius dominicanus; Amauris ochlea.* Mittl. Reihe: *Hypolimnas deceptor; Pseudacraea lucretia expansa; Neptis saclava* (links); *Neptis melicerta* (rechts). Rechte Reihe: *Graphium philonoe; Graphium angolanus. Acraea satis* ♀.

Um die in vielen Fällen zusammenhängende Zeichnung von Hinter- und Vorderflügel nicht auseinanderzureißen, wurden die Falter in einer von der gebräuchlichen Art abweichenden, den natürlichen Verhältnissen entsprechenden Haltung gespannt.

Abb. 2 b: Weitere schwarz-weiße Arten des gleichen Biotopes (nach Rogers 1908), v. l. n. r.: *Hypolimnas usambara, H. dubius wahlbergi, Euxanthe wakefieldi* ♀.

Einer Tracht, die außerdem deutliche Übereinstimmungen mit der Verteilung von Licht und Schatten in der Umgebung der Falter zeigt. Vertreter dieser Tracht finden sich im Küstenwald überall dort, wo dichte Gruppen hoher Bäume mit größeren oder kleinen Lichtungen abwechseln oder von besonnten breiten Fahrwegen durchzogen werden. Ein extremer, das Auge blendender Gegensatz von tiefdunklem Schatten und offenen, in greller Sonne daliegenden Blößen, beides in großflächiger Verteilung, wie auf den Flügeln der Falter. Namentlich die *Amauris*-Arten, aber auch *Hypolimnas deceptor* und *Pseudacraea lucretia expansa* wechseln zwischen den offenen Sonneninseln und dem tiefen

Abb. 3: Papilio dardanus tibullus ♂ (links), *Eronia cleodora* (rechts unten) und die kleine Satyride *Physcaneura leda.* Küstenwald Kenia.

Schatten unter den Bäumen hin und her, hier überaus auffällig und von blendender Kontrastwirkung, dort unauffällig und kaum zu entdecken. Die *Neptis*-Arten gleiten in ihrem schwimmenden Flug unmittelbar an den Büschen entlang und lösen sich immer wieder im Licht- und Schattengeflirr des Laubes und der Zweige auf.

Natürlich gibt es auch Arten mit anderer Tracht – vor allem die überwiegend braun gefärbten Falter, die eine deutliche Vorliebe für die Wege und Sträßchen zeigen, auf denen der Erdboden unbewachsen zutage tritt. Im Küstenwald sind es vor allem *Precis natalica* und die im Sonnenlicht wundervoll violett schillernde *Euphaedra neophron,* die stets nur wenige Zentimeter über dem Boden dahingleitet. Obwohl es sich jedesmal um andere Arten handelt, treffen wir diese Falter, deren Braun ins Rötliche, Graue, Ockerfarbene spielen kann und mitunter von violettem Schiller übergossen ist, ebenso auf den Wegen und Schneisen und Großwildwechseln der Bergwälder am Mount Oldeani und Ngurdoto-Krater in Nord-Tansania (mit den Arten *Antarnatia abyssinica, A. hippomene, Precis terea elgiva, P. tugela)* wie im Kakamega-Wald Westkenias *(Catuna erithea, Diestogyna ribensis, Ergolis pagenstecheri, Precis stygia).*

Wiederum zeigen alle diese Falter eine starke Übereinstimmung mit den Farbtönen ihrer Umgebung, des Bodens, des braunen Fallaubes, und sie unterstreichen diese Beziehung noch zusätzlich durch ihr Verhalten: *Euphaedra neophron, Catuna erithea* fliegen stets nur wenige Zentimeter über dem Boden und alle ruhen sie mit Vorliebe immer wieder für lange Zeit mit flach ausgebreiteten Schwingen auf der Erde oder auf einem bodennahen Blatt.

Die hell-leuchtenden Männchen von *Papilio dardanus tibullus* (Abb. 3)

99

endlich zeigen im Küstenwald, aber auch im Gebiet des Ngurdoto-Kraters und am Fuß des Mount Meru stets die gleiche Vorliebe für die stark besonnten Stellen des Waldes. Hier patrouillieren sie die breiten Schneisen und Busch- gruppen des Waldrandes entlang und meiden den Schatten. Sie umfliegen die niedrigen Stauden und erheben sich selten mehr als zwei Meter über den Boden, ihren Flatterflug immer wieder durch kurze Rast auf einer Blüte unterbrechend. Sie verhalten sich ganz anders als ihre versteckten Weibchen, die das Waldes- dunkel lieben und immer nur vorübergehend auf den Lichtungen auftauchen, und gleichen statt dessen den vielen Weißlingen, die ebenfalls auf die besonnten Stellen konzentriert sind. Besonders weit geht die Übereinstimmung mit einer großen Pieride, mit *Eronia cleodora* (Abb. 3), die sich durch die gleiche Gewohnheit auszeichnet, eiligen Fluges die Waldrandvegetation abzupatrouil- lieren und genauso über die Büsche zu hüpfen wie die *dardanus*-Männchen. Gerade im Flug geht die Ähnlichkeit zwischen den beiden Arten, die in der schwefelgelben Färbung und dem breiten schwarzen Randsaum völlig überein- stimmen, besonders weit – *Eronia cleodora* wirkt dann wie eine etwas kleinere ungeschwänzte Ausgabe des *Papilio*, dessen Flügelfortsätze im Fluge ohnehin nur schlecht zu sehen und oftmals völlig abgestoßen sind. Diese Ähnlichkeit ist

Abb. 4: Lichtung im Kü- stenwald. *Eronia cleodora* und die Männchen von *Pa- pilio dardanus* bleiben stets im Bereich der besonnten Büsche des Vordergrundes, während sich die schwarz- weißen *dardanus*-Weibchen und die *Amauris*-Arten be- vorzugt im schattigen Be- reich des Hintergrundes auf- halten und nur vorüberge- hend auf den besonnten Par- tien auftauchen.

so stark, daß sie Heikertinger (1954) beim bloßen Durchblättern des Seitzschen Werkes auffiel. Und sie ist auch nicht auf die Tracht der Oberseite und das Flugverhalten beschränkt, sondern gilt ebenso für die Zeichnung der Flügelunterseite und das Ruheverhalten. Die Unterseite ist bei beiden Arten kryptisch braungelb gemustert und erinnert an ein vergilbendes Blatt, die Flügelsäume sind dort, wo sie in der Ruhehaltung sichtbar werden, fahlbraun aufgehellt, und nur die verdeckten Partien der Vorderflügel besitzen, völlig übereinstimmend bei beiden Arten, die gleiche schwarz-gelbe Kontrastmusterung wie die Oberseite. Beide scheinen auch die gleichen Ruheplätze aufzusuchen: braungelb gestreifte Gräser und gelbe, braunfleckige Blätter, an denen sie mit nach unten herabhängenden Flügeln sitzen (Longstaff 1906, Dixey 1906). Schließlich gehört noch eine dritte Art demselben Musterungstyp an – eine kleine Satyride, *Physcaneura leda* (Abb. 3), die im Arobuko-Wald nahe der Küste an denselben Stellen flog wie *Eronia cleodora* und die Männchen von *Papilio dardanus*. Ich hielt sie, der cremegelben Farbe und des schwarz-braunen Randsaumes wegen, zuerst für einen kleinen Weißling. Der Falter gehört aber in die Verwandtschaft unserer Heufalter und Wiesenvögelchen *(Coenonympha)*.

Auch in diesem Fall besteht eine deutliche Übereinstimmung zwischen Tracht und Biotop. Das vorherrschende leuchtende Hellgelb kennzeichnet die Falter als Liebhaber besonnter Stellen mit niedriger Buschvegetation. Ihre

Abb. 5: Dunkle Falter des schattigen, dichten Waldes des Inlandes. Linke Reihe v. o. n. u.: *Papilio echerioides* ♀. *Aterica galene* ♂. *A. galene* ♀. Mittlere Reihe: *Acraea johnstoni f. confusa. A. lycoa fallax. A. oreas.* Rechte Reihe: *Amauris echeria meruensis. A. albimaculata interposita. A. ansorgei altumi.*

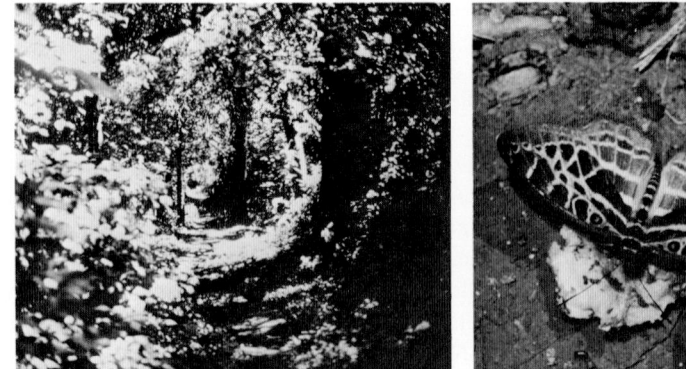

Abb. 6: Licht- und Schattengewirr auf einem Pfad im Kakamegawald in Westkenia.
Abb. 7: Die hellbraune, gelb gemusterte *Catuna erithea* verläßt den Pfad niemals.

Abb. 8: Grelle Lichttupfen auf der Bodenvegetation im Innern des Kakamegawaldes, bevorzugter Aufenthaltsort von *Aterica galene*.
Abb. 9: *Aterica galene*: helle Lichtflecken auf schwarzbraunem Grund.

Tracht stimmt in den Grundzügen mit dem Musterungstyp der Weißlinge überein, die denn auch die charakteristische, arten- und individuenreichste Tagfaltergruppe dieses Biotopes ist. Zahlreiche Arten sind gelb oder weiß mit mehr oder weniger breitem schwarzen Randsaum, besonders die Gattungen *Belenois*, *Colotis* und *Eurema* (in unserer europäischen Fauna gehören die *Colias*-Arten dazu).

Ein Parallelfall zu *P. dardanus* ist *Papilio echerioides*. Die Weibchen gehören wie die Morphe *cenea* der *dardanus*-Weibchen in den Kreis um die düster gefärbten Danaiden *Amauris albimaculata* und *A. echeria* (Abb. 5): das Schwarz ist auf den Vorderflügeln durch weiße Flecken und auf den Hinterflügeln durch ein ockerfarbenes Feld aufgehellt. Ich traf die Vertreter dieser Gruppierung im Bergwald am Mount Oldeani, am Fuß des Mount Meru und am Ngurdoto-Krater, in niederen Lagen der Aberdares, *Aterica galene* im Kakamega-Wald in Westkenia. Alle sind sie Falter des dichten, dunklen Hochwaldes und wiederholen in ihrer Musterung die Licht- und Schattenverteilung dieser Landschaft: die wenigen Sonnenstrahlen, die durch das dichte Blätterdach auf den Waldboden gelangen, erzeugen dort ein ähnliches Muster von Lichtflecken und -tupfen, wie es sich auf den Flügeln der Falter findet (Abb. 8, 9). Alle Vertreter dieses Kreises halten sich bevorzugt im Dämmer des Waldesinnern auf und kommen zwar regelmäßig auf die schattigen Waldpfade heraus, verschwinden aber stets nach kurzer Zeit wieder in der Dickung. Auf den Waldpfaden, erst recht aber im Innern des Waldes entziehen sich diese Falter schon auf kürzeste Distanz dem Blick und verschwimmen mit den dunklen Schattentönen ihrer Umgebung. Bezeichnend war das Verhalten von *Aterica galene* (Abb. 9), die zusammen mit *Catuna erithea* (Abb. 7) auf den schmalen Pfaden im Kakamega-Wald anzutreffen war: während sich die fahlbraune, gelb gestreifte *Catuna* nie von den offenen Stellen fortbewegte, tauchte *Aterica* immer wieder für kürzere oder längere Zeit im Unterholz neben dem Pfad unter. Scheuchte man die Falter hoch, so flüchtete *Aterica* stets ins Dunkel des Waldes, während sich *Catuna* nicht vom Weg jagen ließ und sich stets nach wenigen Metern wieder auf ihm niederließ.

Die Männchen von *Papilio echerioides* (Abb. 10) sind viel auffälligere Gestalten als die Weibchen und machen sich weithin durch den hellen Lichtstreif bemerkbar, der ihre samtschwarzen Flügel ziert. Sie sind auch viel häufiger auf den sonnenbeschienenen Waldlichtungen und Pfaden anzutreffen als die Weibchen, sie fliegen auf ihnen eilig entlang oder verweilen in eigentümlich hüpfen-

Abb. 10: Papilio echerioides ♂ (links), *Charaxes brutus* (rechts), *Eurytela hiarbas* (unten). Bergwald am Fuß des Mount Meru, Tansania.

dem Flug lange Zeit an eng umschriebenen Stellen niedrig über dem Boden. Sie bleiben aber immer auf Lichtungen und Blößen des Waldesinnern, wo hohe Bäume in der Nähe sind und wo immer wieder breite Schattenbahnen über den Boden gebreitet sind. Die weit geöffneten Lichtungen, die große besonnte Räume schaffen, die Waldränder mit ihren niedrigen Stauden, Orte also, die von den *dardanus*-Männchen bevorzugt werden, die meiden diese Falter. Sie teilen das Revier mit der Nymphalide *Eurytela hiarbas*, die mit ihrem schwimmenden Flug einer *Neptis* gleicht und die schmalen Sonnenstreifen der Bergwaldpfade nie verläßt. Der dritte im Bunde ist *Charaxes brutus*, der sich 1970 und 1973 als häufige Art im gleichen Biotop zeigte. Er trägt ein Muster, das in seiner – sehr artenreichen – Gattung häufig ist, aber er ist der einzige unter seinesgleichen, der es zum konstrastierenden Schwarz-Weiß steigert wie die *echerioides*-Männchen und wie *Eurytela hiarbas*. Diese letztere besitzt nur eine einzige Gattungsverwandte, *E. dryope* – eine Bewohnerin der offenen Savanne, die auf bräunlichem Grund eine rostgelbe Binde trägt.

Biotoptracht und Gattungstracht als Antagonisten

Aus den angeführten Beispielen wird die starke Tendenz zu konvergenten Mustern bei jenen afrikanischen Tagfaltern deutlich, die den gleichen Biotop bzw. innerhalb eines Biotopes die Orte gleicher Licht- und Schattenverteilung bevorzugen. In der Verteilung der dunklen und der hellen Komponenten ihrer Tracht wiederholt sich das Verhältnis von Licht und Schatten in ihrem Lebensraum. Andere zeigen Beziehungen zu den Farben des Bodens und des Fallaubes. Würden wir noch die Arten der offenen, nur locker von Gebüsch bestandenen Grasflächen der Savannen hinzunehmen, dann würden wir bei diesen eine starke Tendenz zu rostbrauner Färbung bemerken – z. B. bei der einzigen afrikanischen Danaide, die den Wald meidet und nur im offenen Gelände anzutreffen ist *(Danaus chrysippus)*, bei der bereits erwähnten *Eurytela dryope* und vielen anderen.

Das Bild wird vervollständigt durch die Erscheinung des Saison-Dimorphismus, des Trachtwechsels, wenn sich die Farben der Landschaft verändern. Eine erhebliche Anzahl von Arten besitzt eine Trockenzeit- und eine Regenzeitform. Die stärksten Unterschiede zwischen den beiden Jahreszeitformen zeigen jene Arten, deren Lebensstätten den stärksten Wechsel zwischen den beiden Perioden aufweisen, also die Bewohner der offenen Landschaften, der Savannen und des Trockenbusches. Hier ist der Gegensatz zwischen dem Grün der Regenzeit und dem fahlen Gelb und Braun der Trockenzeit am ausgeprägtesten. In den Küsten- und Gebirgswäldern, die auch in der (dort nie sehr stark ausgeprägten) Trockenzeit grün bleiben, verwischen sich die Jahreszeitenunterschiede in der Landschaft wie in den Trachten der Falter viel stärker. Sehr schön zeigt das die Nymphalidengattung *Precis*, in der sich die Arten mit dem extremsten Saison-

Dimorphismus auf afrikanischem Boden finden: die Arten des geschlossenen Hochwaldes *(tugela, terea)* unterscheiden sich jahreszeitlich kaum, während *P. archesia* und *octavia* als Bewohner des offenen Landes in den beiden Generationen so verschieden sind, daß diese lange Zeit für verschiedene Arten gehalten wurden (Abb. 11). Dasselbe trifft auf die *Acraea*-Arten zu, und, in abgeschwächtem Maße, auf viele andere Gruppen. Ganz allgemein gilt, daß die Regenzeitformen zu stärkerer Ausbildung dunklen Pigmentes, zur Schwärzung und zu Blau- und Grüntönen neigen, während die Trockenzeitformen heller sind und zu rötlich brauner Farbgebung tendieren. Besonders verbreitet ist diese Erscheinung unter den Weißlingen, diesen typischen Bewohnern offener Landschaften: bei vielen Arten zeigt die Flügelbasis auf der Unterseite eine mehr oder weniger weit in den Flügel ausstrahlende intensive Rostfärbung, die bei der Trockenzeitform deutlich verstärkt ist. Es ist die Farbe des rostroten afrikanischen Bodens, die hier im Falterkleid auftaucht. Nur im Fall von *Precis octavia* ist die Regel umgekehrt: die Regenzeitform *natalensis* ist hell rötlich-sandbraun, die Trockenzeitgeneration *sesamus* hingegen dunkelblau mit einem roten Flügelband (Abb. 11). Der scheinbare Widerspruch löst sich durch die unterschiedlichen Gewohnheiten der beiden Formen: die dunkle Trockenzeitform fliegt im Wald und die Regenzeitgeneration in der offenen Savanne (Aurivillius 1925, Dixey 1906, Marshall 1902).

Die Mimikrytheorie greift nun aus der großen Fülle übereinstimmender Erscheinungen nur diejenigen heraus, bei denen die durch die gemeinsame Biotoptracht bedingte Angleichung auf die Spitze getrieben ist, und läßt die Mehrzahl der nicht minder erstaunlichen Annäherungen beiseite. Sie zieht eine künstliche Grenze zwischen «Mimetikern» und «Nichtmimetikern», wo in der

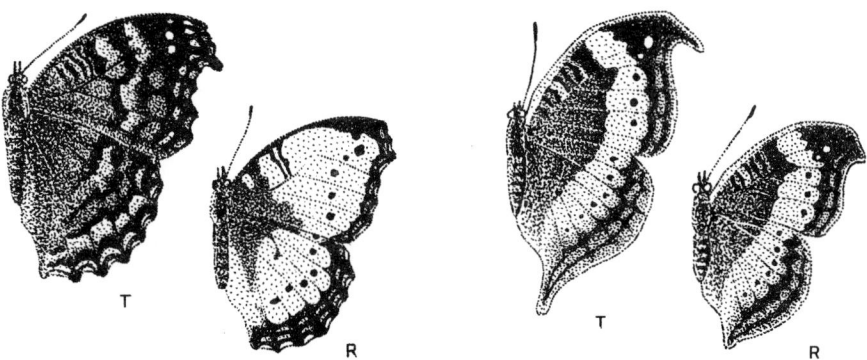

Abb. 11: Saison-Dimorphismus bei zwei ostafrikanischen Tagfaltern. T = Trocken-, R = Regenzeitformen. Links *Precis octavia:* die dunkelblaue, mit einem roten Band gezierte Trockenzeitform *sesamus* und die hell rostfarbene Regenzeitform *natalensis*. Rechts *Precis tugela,* deren Trockenzeitform lediglich etwas größer ist und längere Flügelfortsätze aufweist als die Regenzeitform.

Natur gar keine ist, sondern gleitende Übergänge und graduelle Unterschiede auftreten. Die Übereinstimmung zwischen den *dardanus*-Männchen und *Eronia cleodora*, zwischen *Charaxes brutus* und den Männchen von *Papilio echerioides* ist kaum weniger perfekt als diejenige der betreffenden *Papilio*-Weibchen mit den Danaiden gleichen Mustertyps.

Vor diesem Hintergrund wird auch die Rolle der Selektion eine zweitrangige. Wenn überhaupt, dann muß sie nur noch, bildlich gesprochen, Unebenheiten abschleifen und Übereinstimmungen erhöhen. Sie schafft nichts Neues, da die grundsätzliche, die grobe Übereinstimmung bereits vorliegt, bevor sie angreift. Gesteht man ihr eine immerhin denkmögliche Rolle bei der Ausformung jener letzten Feinheiten in der Übereinstimmung zu, die bei den «Mimetikern» auftritt, dann erhebt sich sofort die Frage, welchen Selektionsvorteil die doch nicht minder starke Übereinstimmung zwischen dem «ungeschützten» Männchen von *Papilio echerioides* und dem nicht minder «ungeschützten» *Charaxes brutus* haben soll. Unmöglich aber kann der Selektion das breite Spektrum der Biotoptrachten zugeschrieben werden – die Abweichungen sind in den Details doch oftmals so beträchtlich, daß eine Verwechslung nicht möglich ist und von einem auf «Imitation» zielenden Selektionseffekt nichts zu bemerken ist.

Und die richtungslosen Mutationen, die zu den (zufälligen) Übereinstimmungen zwischen den Arten aus verschiedenen Verwandtschaftskreisen führen sollen – die «Variationen» Bates' und Darwins? Stellt man wiederum nur die Extremfälle der Angleichung den anderen Arten gegenüber, dann erscheint das Phänomen vereinzelt und isoliert genug, um auf diese Weise erklärt zu werden. Sieht man es jedoch in seinen tatsächlichen Dimensionen, dann kann von Zufälligkeit keine Rede mehr sein – das Phänomen der zwischenartlichen Annäherung und der Biotopbindung der Tracht ist in seinen jeweiligen Ausformungen so verbreitet, daß man im Gegenteil von einem Regelfall sprechen muß. Auch die große Artenzahl mancher dieser Musterkreise spricht gegen den Zufall. Das Argument, die Selektion habe alle abweichenden Formen bereits eliminiert, geht an der Sache vorbei – wie wir oben sahen, sind zahlreiche Mitglieder der Fluggemeinschaften in vielen Details ihrer Tracht und in der Größe so abweichend, daß sie mit den giftigen Danaiden nicht zu verwechseln sind und eine Selektion, die auf Übereinstimmung hin züchtet, noch gar nicht angesetzt haben kann.

Sowenig die Mimikrytheorie das Wesen der Erscheinung erfaßt, sowenig kann das Fundament, auf dem sie ruht, die Mutations-Selektionstheorie, zur Erhellung beitragen. Wollen wir weiterkommen, dann dürfen wir die Erscheinungen eben nicht auf eine andere, der Wahrnehmung nicht zugängliche und nur indirekt zu erschließende Ebene reduzieren – schon gar nicht auf eine solche, deren Zusammenhang mit dem Bereich wahrnehmbarer Phänomene von so vielen ungelösten Fragen umstellt ist wie die genetische. Wir müssen vielmehr im Bereich der primären, der Beobachtung zugänglichen Phänomene bleiben und diese als Bedeutungsträger ernst nehmen, ihren Ausdruckscharakter aufsuchen und durch die goetheanistische Methode des Vergleichens (Steiner 1886) die Bilderschrift der Erscheinungen lesen lernen. Eine Methode, der übrigens bereits einer der ersten Autoren folgte, dem wir eine Beschreibung des Phänomens verdanken: «Die Erscheinungen der Annäherung der Arten selbst entlegener Familien – und Ordnungen – aneinander mehren sich in den warmen Ländern und es bilden sich dort meist bestimmte Färbungs- und Gestaltungsgruppen an jeder einzelnen Lokalität, die dann jedesmal sozusagen eine gemeinsame Idee zum Ausdruck bringen» (Thieme 1884).

Diese «Annäherung der Arten» und ihre Übereinstimmung mit den Licht- und Farbqualitäten ihrer Umgebung ist in anderen Tiergruppen, insbesondere unter den Wirbeltieren, eine verbreitete und charakteristische Erscheinung. Vögel und Säuger zeigen in der Weißfärbung der arktischen Formen oder im Wüstenkolorit ähnliche Übereinstimmungen. Der jahreszeitliche Farbwechsel vieler Arten ist dem Saison-Dimorphismus der Tagfalter durchaus vergleichbar. Natürlich wird auch für diese Erscheinung die Selektion verantwortlich gemacht, mit der gleichen zweifelhaften Begründung. Zwar ist der Schutzeffekt der Umgebungstracht einer wüstenfarbenen Lerche, die niemals jene Bodenpartien verläßt, die mit den Farbtönen ihres Gefieders genau übereinstimmen, unbestritten. Aber die zahlreichen Fälle, in denen umgebungsfarbene Kleider keinerlei Tarnwirkung haben, zeigen aufs Neue, daß der Selektion keine bedingende Rolle für ihre weite Verbreitung zukommt. So nützt die Wüstentracht den Flugjägern, die sich als dunkle Silhouetten gegen den Himmel abheben – Wüstenfalken *Falco pelegrinoides, F. biarmicus* – ebensowenig wie ihren Beutetieren, den Wüstenschwalben *Ptyonoprogne obsoleta*. Wüstenfarbene Eulen (z. B. *Bubo bubo desertorum)* sind höchst auffällige Erscheinungen, wenn sie in mondhellen Nächten unterwegs sind, und Säuger, die so gut wie ständig unterirdisch leben (Blindmaus *Spalax*, Beutelmull *Notoryctes)*, haben von ihrer sandfarbenen Tracht überhaupt keine Vorteile (vgl. Meinertzhagen 1954).

Zumindest eine der afrikanischen Biotoptrachten scheint nicht nur auf Tagfalter beschränkt zu sein, sondern auch einzelne Vogel- und Säugerarten mit einzubeziehen: die großflächige Schwarz-weiß-Musterung der *hippocoonides*-Weibchen von *Papilio dardanus, Amauris niavius* u. a. findet sich auch bei den großen Nashornvögeln (z. B. *Bycanistes bucinator, B. brevis*) und Guereza-Affen *(Colobus polykomos, C. abyssinicus)*, die nicht nur in den gleichen Wäldern vorkommen, sondern als Bewohner der Baumkronen zwischen versteckter Lebensweise im Innern der Wipfel und auffälliger Exposition auf dem freien Kronendach wechseln (Abb. 12).

Um so erstaunlicher ist, daß die Biotoptracht der Tagfalter, sieht man von wenigen, isoliert gebliebenen Hinweisen in der Art Thiemes oder Heikertingers («Genius loci») ab, bisher keine Beachtung gefunden hat. Möglicherweise ist das eine Wirkung der Mimikry-Theorie, die – das haben Theorien so an sich – zur Blindheit gegenüber den Phänomenen verleitet. Andererseits ist die Erscheinung, anders als in den Tropen, bei uns nur in schwachen Ansätzen vorhanden

Abb. 12: Schwarz-weiß-Tracht bei afrikanischen Waldbewohnern der offenen Wipfelregion: *Bycanistes subcylindricus* (Kakamegawald, Westkenia) und *Colobus abyssinicus caudatus* (Ngurdoto, Tansania); im Küstenwald leben nah verwandte, ebenfalls schwarzweiß gefärbte Nashornvögel und Guereza-Affen.

und verliert sich so gut wie ganz, wenn wir die nördlichsten Bereiche des Falterlebens oder die Gebirgslagen (die ja im biologischen Bereich mit den nördlichen Regionen viel gemeinsam haben) aufsuchen. Hier herrscht in der Musterbildung das Gattungs- oder Familientypische vor: die Tracht ist Ausdruck der biologischen Verwandtschaft, und jeder Tagfalter ist auf den ersten Blick als typischer Weißling, Bläuling usw. zu erkennen. Dieser «Gattungstyp» ist so beherrschend, daß es kaum zur Ausbildung eines arttypischen Kleides kommt und bei manchen Gruppen die Bestimmung der Spezies große Schwierigkeiten bereitet. Dieser Gegensatz kann an vielen Faltergruppen abgelesen werden. So neigen unter den Nymphaliden typisch tropische Gruppen wie die Gattung *Charaxes,* die nur mit zwei Arten gerade noch die Paläarktis erreicht, zu einer verwirrenden Fülle von Trachten; die nördlichste Gruppe dagegen, die kleinen Perlmutter- und Scheckenfalter des Subtribus *Argynnidi,* besteht aus Arten, die sich in den allermeisten Fällen nur in untergeordneten und für das Erscheinungsbild völlig bedeutungslosen Details unterscheiden (Abb. 13). Die *Colias*-Arten unter den Weißlingen, die Erebien unter den Satyriden, Gruppen, die ihre Schwerpunkte ebenfalls im Norden und in den Gebirgen haben, verhalten sich ähnlich.

In den Tropen besteht dagegen die Tendenz, den Gattungstyp zurückzudrängen und zu überdecken durch die Biotoptracht, wodurch Arten, die in keinerlei Verwandtschaftsverhältnis stehen, einen gemeinsamen «Biotoptypus» oder «Genius loci» zum Ausdruck bringen. Auch dieser Typus verhindert die Ausbil-

Abb. 13: Vertreter einer nordpaläarktischen (oben) und einer äthiopischen (unten) Nymphalidengattung. Obere Reihe: rostbraune, schwarz gemusterte Perlmutterfalter, v. l. n. r.: *Clossiana frigga, C. freija, C. polaris, C. chariclea, C. thore borealis.* Untere Reihe: *Charaxes dilutus* (hellgrün, Weißling-ähnlich), *Ch. zoolina* (hellgrün und schwarz, *Papilio*-ähnlich), *Ch. acraeoides* (schwarz-rot-weiß, *Acraea*-Habitus), *Ch. zingha* (rostbraun-schwarz), *Ch. hadrianus* (gelb-schwarz-rostbraun).

dung einer artgemäßen Tracht. Besteht im Norden für die Art gleichsam zuwenig Spielraum, sich innerhalb des Gattungstypus klar zu «individualisieren» und abzugrenzen, so zeigt sich in den Tropen eine ähnlich wirkende Tendenz unter entgegengesetztem Vorzeichen: Die Jahreszeitenformen, der Geschlechtsdimorphismus, regional wechselnde oder nebeneinander fliegende Morphen zerlegen die Art in die verschiedensten, mit ihrer Umgebung und mit Vertretern ganz anderer Verwandtschaftskreise harmonisierenden Formen.

Die gemäßigten Regionen bilden eine Art Übergangszone, in der sich beide, Biotop- wie Gattungstyp, in gemilderter Form begegnen. So treffen wir die Biotoptracht etwa bei den dunklen, mit einem breiten Lichtstreif gezierten Waldfaltern aus den Familien der Satyriden («Waldportier» *Brintesia circe, Hipparchia fagi, H. alcyone)* und Nymphaliden («Eisvögel» *Limenitis* – vgl. Abb. 14). Die gelbe, schwarz gesäumte Tracht der *Colias*-Arten erwähnten wir bereits im Zusammenhang mit dem Männchen-Kleid von *Papilio dardanus.* Ein Pendant zu der kleinen afrikanischen Satyride *Physcaneura leda* sind unsere heimischen *Coenonympha*- und *Pyronia*-Arten (Heufalter, Wiesenvögelchen), die den gleichen Biotop – offene Wiesen – bewohnen wie die *Colias*, in ihrer Tracht-

Abb. 14: Biotoptrachten mitteleuropäischer Tagfalter: (links) die beiden schwarzbraunen, mit hellem Lichtstreif gezierten Waldfalter *Brintesia circe* (oben) und *Limenitis reducta* (unten); (rechts) die Wiesenbewohner *Colias croceus* (orange-schwarz, oben) und *Pyronia tithonius* (hell- und dunkelbraun, unten).

Angleichung allerdings nicht so weit gehen wie ihr afrikanischer Verwandter: die Trennung der dunklen und der hellen Musterkomponenten bleibt Andeutung (Abb. 14). Obwohl sich einige weitere Beispiele finden ließen – etwa die Weißlingsähnlichkeit der Apollofalter, besonders von *Parnassius mnemosyne* mit *Aporia crataegi,* dem Baumweißling – so ist die Erscheinung in den gemäßigten Breiten doch wenig ausgeprägt, sowohl in bezug auf die Perfektion wie auf die Anzahl der dabei beteiligten Arten. Das gleiche gilt für den – im Norden, wo alle Arten nur eine Generation hervorbringen, unbekannten – Saison-Dimorphismus; nur eine einzige unserer Falter-Arten, das «Landkärtchen» *Araschnia levana,* besitzt zwei deutlich verschiedene Jahreszeitformen, die mit den Verhältnissen bei den tropischen *Precis*-Arten vergleichbar sind. Die wenigen übrigen unserer saisondimorphen Schmetterlinge zeigen nur schwache Unterschiede zwischen den verschiedenen Generationen.

Gattungs- und Biotoptyp der Trachten sind Antagonisten. Repräsentiert der erste die gemeinsame Abkunft, das übereinstimmende Erbgut, also «endogene» Strukturen, so bringt der letzte in seinen der Umgebung entliehenen Elementen in gewissem Sinne «exogene» Komponenten zum Ausdruck (natürlich ist auch die Biotoptracht genetisch verankert – aber gibt es nicht auch auf dieser Ebene antagonistische Tendenzen, konservatives Beharren wie sprunghafte Änderung?).

110

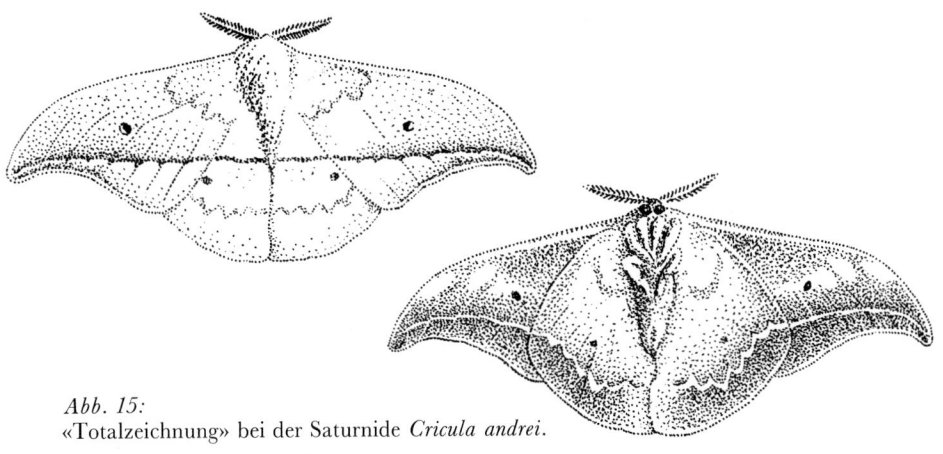

Abb. 15:
«Totalzeichnung» bei der Saturnide *Cricula andrei*.

In der Tracht jeder Art, jeder Morphe ließe sich ohne Schwierigkeit der jeweilige Anteil der beiden Musterbildungstypen bestimmen – so überwiegt bei den «Mimetikern» der Biotoptypus so stark, daß die Gattungsmerkmale ganz zurücktreten wie etwa bei den *hippocoonides*-Weibchen von *Papilio dardanus*, wo sie nur noch in den paarigen weißen Flecken und in den Buchten des Hinterflügelsaumes anzutreffen sind (Abb. 1, 2a). Die *Neptis*-Arten der gleichen Fluggemeinschaft zeigen hingegen überwiegend die Gattungstracht, so im Flügelschnitt und in der durchgehenden weißen Flügelbinde. Diese ist allerdings deutlich breiter als bei den verwandten Arten der gemäßigten Zone – eine Äußerung des Biotoptypus.

Der Ausdruckscharakter der Schmetterlingstracht

Der Zusammenhang mit den Lichtverhältnissen in der Umgebung des Insekts ist nun nicht nur eine Eigentümlichkeit der Biotoptracht, sondern ein grundlegendes Kennzeichen der Schmetterlings-Musterbildung überhaupt. In besonders deutlicher Weise tritt dieser Zusammenhang in der «Totalzeichnung» auf, bei welcher Hinter- und Vorderflügel – getrennte und bei ihrer Bildung völlig unabhängige Organe – in ihrer Mustergestaltung zu einer geschlossenen Einheit zusammengefaßt werden. Dabei ist der Bau der Organe völlig bedeutungslos, die Muster setzen sich unbekümmert über ihn hinweg und verwischen ihn, so daß der Eindruck entsteht, als seien sie von außen aufgemalt. Ursprünglich in jedem Flügel isoliert veranlagte Binden und Streifen fügen sich sekundär zusammen, und es müssen durchaus nicht homologe Elemente sein, die miteinander verschmelzen. Die dunkle Linie, die auf der Oberseite der Flügel von *Cricula andrei* (Abb. 15) an die Mittelrippe eines Blattes gemahnt, wird auf dem

111

Vorderflügel von der distalen, auf dem Hinterflügel von der proximalen Binde gebildet. Auf der Unterseite besteht ihre helle Entsprechung dagegen durchgehend und einheitlich aus der Randbinde von Hinter- und Vorderflügel. Hier ist sie auch viel weniger auffällig und nicht wie auf der Oberseite durch Kontrasteffekt optisch hervorgehoben. Das ist sehr bezeichnend für diese Musterbildungsart: sie ist nur auf jenen Teilen zu finden, die dem Licht zugewendet sind – wie im Fall von *Cricula* die Oberseite – und läßt dabei grundsätzlich alle Teile unbehandelt, die durch Überlappen der Vorder- über die Hinterflügelränder verdeckt werden (vgl. hierzu Oudemans 1903, Suchantke 1965).

Totalzeichnung und Biotoptracht stimmen darin überein, daß sie nicht Körperstrukturen, Organfunktionen oder Artmerkmale, «endogene» Bildungen also, zum Ausdruck bringen oder unterstreichen, sondern mit «exogenen» Erscheinungen im umgebenden Lichtraum in engem Zusammenhang stehen. Es sind optisch wirksame Gestaltungen, und ihre Existenz liegt ausschließlich im Wahrnehmungsraum. Dabei zeigen sich deutlich zwei gegensätzliche Aspekte: Die Wahrnehmung wird entweder abgelenkt – die Gestaltstrukturen sind so auf die Gesetzmäßigkeiten des Sehens zugeschnitten, daß die Körperlichkeit des Tieres durch Gegenschattierung, durch somatolytisch wirkende Musterkomponenten und durch detailgetreue laubähnliche Zeichnung und Färbung optisch aufgelöst wird (Süffert 1932, Cott 1940). Diesen kryptischen stehen die «Warntrachten» gegenüber, die ihre Träger durch grelle Färbungs- und Zeichnungskontraste aus der Umgebung hervortreten lassen und den Blick auf sich ziehen.

Hier drängt sich dem vergleichenden Blick nun ein Zusammenhang auf, der zunächst befremden mag – mit Bildungserscheinungen bei Pflanzen, die bemerkenswerte Analogien aufweisen (der Nachweis, daß Konvergenzbildungen nicht nur als «Anpassungsähnlichkeiten» im Sinne der Selektionstheorie aufzufassen sind, sondern Ausdruck übereinstimmender Bildetendenzen sind, soll an anderer Stelle dargestellt werden; vgl. auch Suchantke 1966). So liegt ein charakteristischer Unterschied im Bau der Blütenkrone gegenüber der Region der Laubblätter in der – mit der Totalzeichnung vergleichbaren – Unterordnung der Teile unter eine übergreifende, im Lichtraum visuell wirksame Gesamtgestalt (Abb. 16). Wiederum ist es nicht die Beziehung zum Licht allein, die sich in der Tracht der Blüte ausdrückt – schließlich sind die auf andere Weise nicht minder lichtorientierten Laubblätter unauffällig; die Blüten sind vielmehr ebenfalls Gestalten, die an die Wahrnehmung, an ein Bewußtsein also, appellieren. In beiden Fällen, bei der Blüten- wie bei der Schmetterlingstracht, ist es aber nicht die seelische Innerlichkeit des Trachtträgers selber, mit der die visuelle Gestalt in Zusammenhang steht, *sondern ein Seelisches, das im Umkreis lebt.* Darauf verweist einmal die Tatsache, daß nur diejenigen Blüten, die von Tieren aufgesucht werden, farblich und gestaltlich auffällige Bildungen sind. Noch deutlicher sprechen jene Blüten, die in ihrer Formgebung als Abbilder jener Instinkte gedeutet werden müssen, die das Tier zur Blüte leiten. Dazu gehören

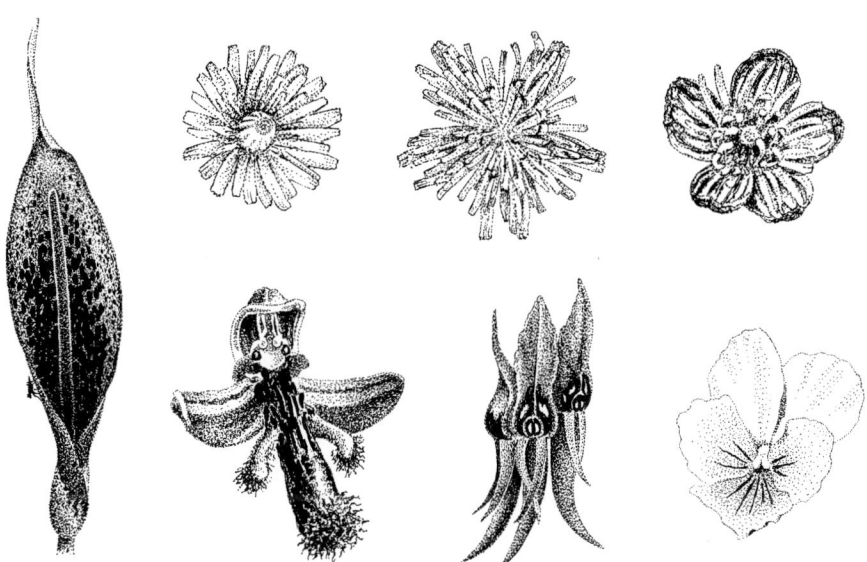

Abb. 16: Blütengestalten. Obere Reihe: ein normales Köpfchen und zwei Anomalien bei *Crepis nemausensis.* Die einzelnen Zungenblüten treten in Gruppen zusammen und ordnen sich dem Gestaltungsprinzip der fünfstrahligen Blüte unter, so daß im Extremfall fast der Eindruck einer *Ranunculus*-Blüte entsteht. – Blüten als Ausdrucksträger: links die schmutzig-rote, schwarz gefleckte Spatha von *Arum dioscorides;* untere Reihe: v. l. n. r., *Ophrys speculum regis-ferdinandii.* Dreiblütige Infloreszenz von *Clianthus* (scharlachrot-schwarz). Die Blüte von *Viola lutea* zeigt eine «Wahrnehmungsgestalt» auf hoher Stufe durch gleichzeitige Differenzierung und Subordination der Einzelteile unter die Gesamt-gestalt. Die schwarzen, auf das Zentrum zulaufenden Linien unterstreichen durch ihre Signalwirkung den Ausdruck der Blüte zusätzlich.

die Saftmale vieler Blüten, aber wohl auch die Gestaltanklänge, wie sie bei ornithophilen Blüten (z. B. *Clianthus,* Abb. 16) an ihre Bestäuber festzustellen sind. Gerade diese Blüten lassen sich schlecht als Ergebnis einer Selektionsrich-tung verstehen, die auf Vogelähnlichkeit hin züchtet; die nektarsuchenden Vögel beachten nicht die Form, sondern die auffallenden, in der Regel roten Farben. Auch die schmutzigrote, an faulendes Fleisch erinnernde Spatha man-cher Araceen (Abb. 16) und der Verwesungsgeruch, den diese Pflanzen verströ-men, sind nicht Ausdruck des Pflanzenwesens, sondern bildhafter Abdruck der auf Verwesendes gerichteten Nahrungsinstinkte der Aasinsekten. Am überzeu-gendsten sind in dieser Hinsicht vielleicht die *Ophrys*-Blüten (Abb. 16), deren Lippe bis in die feine Behaarung und den ausströmenden Duft die Merkmale bestimmter Hymenopteren-Arten annehmen, so daß sie von deren Männchen mit ihren eigenen Weibchen verwechselt und begattet werden (Kullenberg 1961).

Bei den Trachten der Falter sind die Zusammenhänge nicht so leicht zu durchschauen. Mag es auch noch so schlicht und von instinktgebundener Starrheit sein, so ist doch ein seelisches Innen da, das der Blüte fehlt. Manche Trachtstrukturen sind denn auch deutliche Ausdrucksorgane, allerdings auf eine Art, die keine differenziertere Innerlichkeit, keine Stimmungsnuancen kundzugeben vermag. Grelle Muster werden enthüllt, wenn das Tier gestört wird oder wenn es sich in Bewegung versetzt. Besonders aufschlußreich sind die dabei häufig auftauchenden Augenmotive. Mit echten Augen stimmen sie darin überein, daß sie Ausdrucksorgane sind. Allerdings – und das ist wiederum ein pflanzenverwandter Zug – entspricht der «Warnung» und dem Schreck, den sie (nachweislich!) hervorrufen, keine dahinterstehende reale Drohung oder Angriffsbereitschaft, also keine mit dem Signal korrelierte innere Gestimmtheit. Will man diese Muster nicht auf anthropomorphe Weise, eine Absicht voraussetzend, als «Täuschung» interpretieren, so muß man in ihnen *den bildhaften Ausdruck des Erschreckens sehen, das im Gegenüber, im Tier oder Mensch, bei ihrem plötzlichen Anblick auflebt* (man vergleiche damit die völlig analoge Verwendung von Augenmotiven zur Abwehr des bösen Blicks in vielen Kulturen; siehe Koenig 1970).

Bezeichnend ist, daß die auffallenden Muster in der Regel nur dann in Erscheinung treten, wenn sich ihr Träger bewegt, während sie in der Ruhe von anderen Körperteilen verborgen werden. Im Dunkel der Umhüllung verlöschen die Farben dann ebenso wie die Aktivität des Tieres. Gleichzeitig löst sich dabei auch optisch die Gestalt des Tieres auf und wird durch seine kryptischen Motive Teil seiner (in erster Linie pflanzlichen) Umgebung. Wiederum ist der optische Effekt mit einer seelischen Komponente korreliert: die eigene Aktivität wird eingestellt und die eigene Gestalt aufgelöst. Das Seelische des Falters lebt also in einem fluktuierenden Wechselspiel zwischen einer allerdings nur andeutungshaft bleibenden Verinnerlichung und einer der pflanzlichen Existenz analogen Umkreishaftigkeit; es schafft sich seinen Bildausdruck in den zwei gegensätzlichen Mustertypen, die so viele Schmetterlinge besitzen: in der Ruhe- oder Umgebungstracht und im «Bewegungskleid».

Es ist das im Grunde der Gegensatz, der für alle Äußerungen des Seelischen gilt: sie treten immer als sympathisch und antipathisch getönte Polaritäten auf. Es gibt keine Seelenstimmung, die nicht ihren spezifischen Gegenpart hätte. Zielt die eine auf Verbindung mit dem Objekt ihrer Zuwendung bis hin zur Selbstaufgabe, so lebt die andere in der Sonderung, in der Hervorhebung ihres eigenen Wesens. Nicht auf der Stufe bewußter, individualisierter Seelenregungen, sondern auf überindividuelle und vorwiegend umkreishafte Art tritt uns Seelisches in seinen beiden Grundrichtungen in den Trachten im Abbild entgegen. Der «sympathische» Grundzug der Umgebungstrachten äußert sich im Zurücktreten der eigenen Körperstrukturen und in der Übernahme von Gestaltungselementen aus der Umgebung; die auffälligen Warn- und Bewegungstrachten führen hingegen nicht nur zu einer bloßen visuellen Sonderung und Herauslösung ihres Trägers aus ihrer Umgebung, sondern, in der Demonstration der Augenmuster, zu unmittelbar antipathischen Reaktionen.

Bei den Biotoptrachten des tropischen Afrika dominiert das in der Umgebung lebende Seelenelement der Sympathie in besonders starker Weise. Während wir es sonst in der Faltertracht auf die Partien beschränkt finden, die in der Ruhehaltung zutage treten und das Tier in seine Umgebung hinein auflösen, erstreckt es sich hier auch auf jene Teile, die in der Aktivität, im Flug und bei anderen Bewegungen zur Geltung kommen. So sind es denn auch keine (ruhenden) Pflanzenmotive, die sich in der Tracht ausdrücken, sondern das bewegte, sich wandelnde Farbenspiel, die Lichter und Schatten des Luftraumes. Stärker noch als bei anderen Faltern findet sich bei den Vertretern der Biotoptrachten das Seelische somit nicht individualisiert und verinnerlicht, sondern unindividuell und überartlich formend im umgebenden Lichtraum. In seinem Licht- und Farbenspiel lebt das Seelische dieser Schmetterlinge, er ist, so paradox das klingt, ihre «Innerlichkeit».

Im Gegenstück der Biotoptracht, dem gattungstypischen Muster, drückt sich nichts aus, das auf eine Beziehung zum umgebenden Lichtraum hinweist, sondern allein das «endogene» Element des gemeinsamen Erbgutes. Seine Wirkung ist eine deutliche Sonderung der nicht miteinander verwandten Arten und Familien durch ihre Trachten. Wenn auch auf eine viel dezentere Weise als in den auffallenden Mustern der Warntrachten, so weist doch auch diese Tendenz der Sonderung und Abgrenzung einen antipathisch getönten Grundzug auf.

Somit lassen sich zwei polare Tendenzen feststellen, denen die Art in bezug auf ihre Tracht unterworfen ist:

Visuelle Auflösung des Individuums in die Umgebung durch Übernahme von Gestaltelementen: Kryptische Ruhetracht.	Visuelle Sonderung des Individuums von der Umgebung, Überbetonung der Gestalt: Bewegungstracht.
Artbild überformt durch Angleichung an den Licht- und Farbenraum der Umgebung: Biotoptracht.	Artbild unterdrückt durch Vorherrschen der gattungstypischen Tracht, die umgebungsunabhänig ist: Gattungs-Tracht

Gegenüber der Umwelt dominiert in der Tracht, bildlich gesprochen:

Zuwendung	Abwendung

Beide Trachttendenzen sind – genauer besehen – begriffliche Extreme, welche im realen Organismus letztlich immer zusammen vorhanden sind. Sonst gäbe es Fälle von Biotoptracht, deren Gattungen oder gar Familien nicht mehr bestimmbar wären; und bei einer reinen Gattungs-Tracht wäre der betreffende Schmetterling ein völliger Fremdling in seiner Umwelt. Beides gibt es nicht.

Damit aber wird deutlich, daß im realen Lebewesen etwas existiert, was zwischen der genetisch verankerten Typologie seines Verwandtschaftskreises und der evolutiv angenommenen Umwelt faktisch die Vermittlung leistet. Das ist das Vermögen der Art.

Jedes Lebewesen ist als individuelles Exemplar ein Beispiel sowohl seiner Rasse und Art als auch seiner Gattung, Familie, Ordnung, Klasse und seines Stammes, ja es ist auch als Lebewesen überhaupt betrachtbar – je nachdem mit welcher Fragestellung wir an es herantreten. Jeder Organismus trägt also in sich immer alle systematischen Kategorien, in die wir ihn einordnen können; sonst wäre eine natürliche Systematik nicht möglich.

Diese Kategorien sind jeweils kaum begrifflich klar zu kennzeichnen. Auch der Artbegriff ist schwer gegenüber den benachbarten Taxonen (Rasse und Gattung) zu definieren (Schilder 1952). Mit der obigen Übersicht erhalten wir aber, wenn schon keine definitorische, so doch eine inhaltliche Aussage über den Artbegriff. Der Artcharakter ist durch die überindividuelle Fähigkeit, zwischen Verwandtschaftskreis und Lebensraum die konkrete Verbindung herzustellen, gegeben. Damit ist der Artbegriff dasjenige beim Tier in gruppenhafter Weise, was der Mensch in individueller Weise selbsttätig zu leisten hat: beide Bedingungskomplexe anzunehmen und aktiv ins verbindende Leben zu bringen. Der Art im Tierreich entspricht das einzelne Ich des Menschen.

Literatur

AURIVILLIUS, C. (1925): Tagfalter, Afrikanische Fauna, in A. Seitz (Herausg.): Die Groß-Schmetterlinge der Erde.

BROWER, L. P. (1969): Ecological Chemistry. Scientific American 200, 22-29.

– u. W. N. RYERSON, L. L. COPPINGER, S. S. GLAZIER, (1968): Ecological Chemistry and the Palatability Spectrum. Science 161, 1349–1350.

CARCASSON, R. H. (1960): The Swallowtail butterflies of East Africa *(Lepidoptera, Papilionidae)*. Journ. of the East Africa Nat. Hist. Soc., Spec. Suppl. No. 6.

– (1963): The Milkweed butterflies of East Africa *(Lepidoptera, Danaidae)*, Id. 24, 19–32.

CLARKE, C. A. u. P. M. SHEPPARD, (1960 a): The evolution of mimicry in the butterfly *Papilio dardanus*. Heredity 14, 163–173.

– (1960): Supergenes and mimicry, Id, 14, 175–185.

– (1963): Interactions between major genes and polygenes in the determination of the mimetic patterns of *Papilio dardanus*. Evolution 17, 404–413.

COTT, H. B. (1940): Adaptive Coloration in Animals. London.

D'ABRERA, B. (1980): Butterflies of the Afrotropical Region. Melbourne.

DARWIN, C. (1859): The Origin of Species. London.

DIXEY, F. A. (1906): Umgebungsfärbung und Saison-Dimorphismus; Diskussionsbeiträge in den «Proceedings» S. XV, XXIX, XCI, CIV der Trans. Ent. Soc. London.

ELTRINGHAM, H. (1910): African Mimetic Butterflies. Oxford.

FORD, E. B. (1936): The genetics of *Papilio dardanus* Brown. Trans. Roy. Entom. Soc. London 85, 435–466.
HEIKERTINGER, F. (1954): Das Rätsel der Mimikry und seine Lösung. Jena.
KETTLEWELL, H. B. D. (1965): Insect survival and selection for pattern. Science 148, 1290–1296.
KOENIG, O. (1970): Kultur und Verhaltensforschung. München.
KULLENBERG, B. (1961): Studien in *Ophrys* pollination. Zool. Bidrag Uppsala 34, 1–340.
LONGSTAFF, G. B. (1906): Some Rest Attitudes of Butterflies. Trans. Entom. Soc. London, 97–118.
MARSHALL, G. A. K. (1902): Five Years' Observations and Experiments (1896–1901) on the Bionomics of South African Insects, chiefly directed to the Investigation of Mimicry and Warning Colours (Abschn. D–G über Saison-Dimorphismus und Umgebungsfärbung in der Gattung *Precis*). Trans. Entom. Soc. London, 420–449.
MAYR, R. (1965): Selektion und gerichtete Evolution. Naturwiss. 52, 173–180.
MEINZERTZHAGEN, R. (1954): Birds of Arabia. Edinburgh/London.
OUDEMANS, J. Th. (1903): Etude sur la position de repos chez les Lépidoptères. Verh. Konigl. Akad. Wetensch. Amsterdam 10, II. Section.
POULTON, E. B. (1906): Mimetic Forms of *Papilio dardanus* and *Acraea johnstoni*. Trans. Entom. Soc. London, 281–321.
ROGERS, K. S. A. (1908): Some bionomic notes on British East African Butterflies; with further notes and descriptions by Professor E. B. Poulton. Trans. Entom. Soc. London, 489–557.
SCHILDER, F. A. (1952): Einführung in die Biotaxonomie. Jena.
STEINER, R. (1886): Grundlinien einer Erkenntnistheorie der Goetheschen Weltanschauung. Stuttgart 1961.
SUCHANTKE, A. (1965): Metamorphosen im Insektenreich. Stuttgart.
– (1966): Die Metamorphose bei Blütenpflanze und Schmetterling. Elemente der Naturwissenschaft 4. Abgedruckt im Band 1 dieser Reihe, S. 42 ff.
SÜFFERT, F. (1932): Phänomene visueller Anpassung. Zschr. Morph. Oekol. 26, 147–316.
THIEME, O. (1884): Fragmentarisches über Analogien im Habitus zwischen Coleopterenspecies verschiedener Gattungen und Familien. Berlin. Entom. Zschr. 28, 191–202.
TURNER, J. R. G. (1963): Geographical variation and evolution in the males of the butterfly *Papilio dardanus* Brown. Trans. Roy. Entom. Soc. London, 115, 239–259.
WICKLER, W. (1968): Mimikry. München.

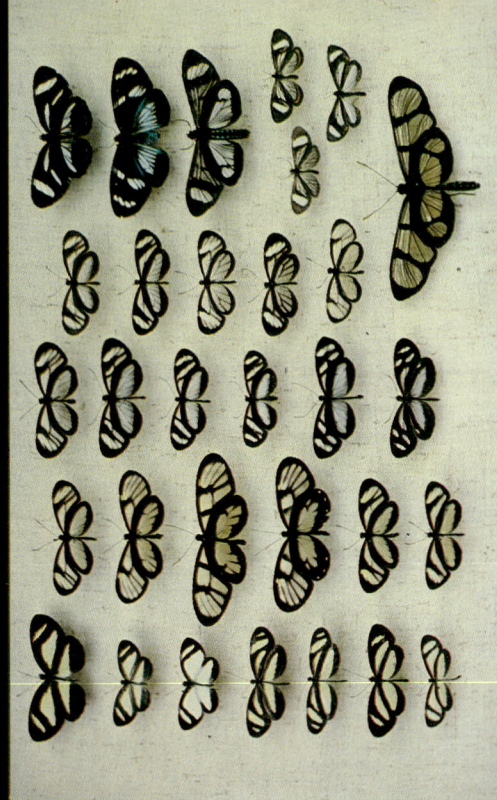

ANDREAS SUCHANTKE

Biotoptracht bei südamerikanischen Schmetterlingen

Im vorangehenden Beitrag wurde die Erscheinung der «Biotoptracht» vorgestellt – die Übereinstimmung der im Flug exponierten Muster auf den Schwingen afrikanischer Tagfalter mit der Verteilung von Licht und Schatten in ihrem Lebensraum. Diese Tracht prägt zahlreiche Arten desselben Biotopes so stark, daß eine große Einförmigkeit im Erscheinungsbild die Folge ist, obwohl die Falter ganz verschiedenen Verwandtschaftskreisen angehören. Gleichzeitig und unabhängig davon wurde das Phänomen von C. Papageorgis auch in Südamerika entdeckt, an mehreren Stellen der Regenwälder der Anden-Osthänge und im Tiefland des östlichen Peru (Papageorgis 1974, 1975). 1975 konnte ich selber die artenreichste dieser Lokalitäten am Rio Llullapichis, einem Nebenflüßchen des Pachitea im Einzugsgebiet des Ucayali, besuchen.

Verglichen mit den afrikanischen Wäldern – besonders den Reliktgebieten Ostafrikas – sind die südamerikanischen Regenwälder erheblich artenreicher. Diese Erscheinung fügt sich in das bekannte Bild größerer Armut des afrikanischen Regenwaldes sowohl an systematischen Gruppen – z. B. Palmen, Vögeln – wie an Lebensformen, etwa Lianen und Epiphyten (vgl. Richards 1973). Die Fluggemeinschaften übereinstimmend gemusterter Falter sind in Südamerika einerseits viel größer, zum anderen können im selben Gebiet mehrere, in der Tracht scharf geschiedene Artenringe nebeneinander vorkommen. Dennoch

---

◁ *Abb. 1: Mechanitis isthmia,* eine Ithomiide aus dem «Tiger-Komplex». Man beachte, wie sich die rotbraunen Töne der Umgebung auf den Flügeln wiederholen.
Abb. 2: Ithomiide aus dem «Transparent-Komplex».
Abb. 3: «Tiger-Komplex» (unvollständig), mehrheitlich aus Ithomiiden bestehend. Links oben eine Danaide, in der 3. Reihe unten eine Nemeobiide, außerdem vier *Heliconius*-Arten (rechte Reihe mit Ausnahme des untersten Falters).
Abb. 4: «Transparent-Komplex» (unvollständig), ebenfalls überwiegend aus Ithomiiden bestehend. Die vier obersten Falter in der linken und der unterste in der dritten Reihe sind Weißlinge *(Pieridae).* Rechts oben ein Eckenfalter *(Nymphalidae).* Darunter in der rechten Reihe fünf Vertreter der Nachtfalterfamilie *Pericopidae,* von denen besonders die drei (im Dreieck gruppierten) *Hyalurga*-Arten von kleineren Ithomiiden fast nicht zu unterscheiden sind.
Sämtliche abgebildeten Falter, mit alleiniger Ausnahme von Abb. 2 (brasilianischer Küstenregenwald bei Ubatuba), vom gleichen Fundort im Tiefland-Regenwald am Rio Llullapichis im Ucayali-Stromsystem, Peru (Aufn. A. Suchantke).

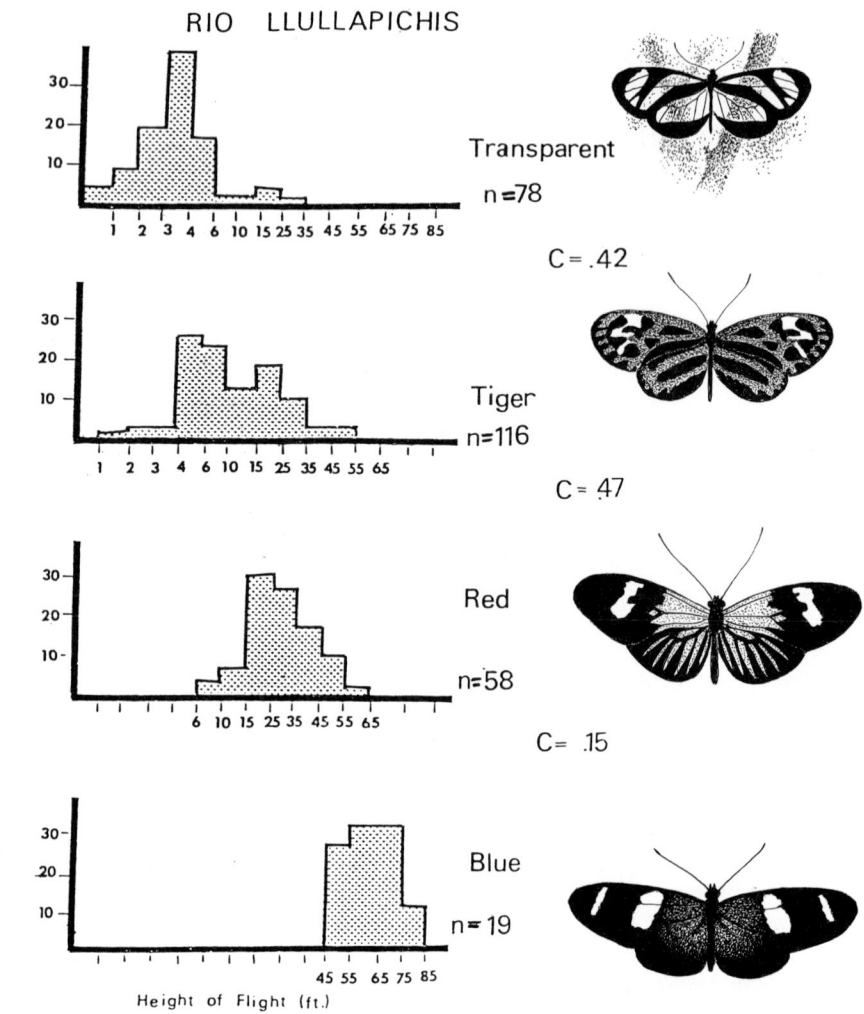

RIO LLULLAPICHIS

Transparent
n=78

C = .42

Tiger
n=116

C = .47

Red
n=58

C = .15

Blue
n= 19

% Observations

Height of Flight (ft.)

Abb. 5: Verteilung der einzelnen Fluggemeinschaften auf verschiedene Höhenbereiche des peruanischen Tieflandregenwaldes am Rio Llullapichis. Auf der Ordinate ist der prozentuale Anteil der Beobachtungen, auf der Abszisse ihre vertikale Verteilung angegeben. Höhenangaben in Fuß. n = Gesamtzahl der Beobachtung, C = sog. Morisita-Wert der Überlappung, d. h. das Verhältnis von Komplex-Zusammenhalt zu Komplex-Überschneidung, errechnet nach der Formel:

$$C = \left(2 \sum_{i=1}^{n} x_i y_i\right) \Big/ \left(\sum_{i=1}^{n} x_i + \sum_{i=1}^{n} y_i\right),$$

in der x und y der Prozentsatz von Mitgliedern zweier benachbarter Komplexe ist, und n die Anzahl der Flugbereiche (nach H. S. Horn 1968, The measurement of «overlap» in ecological studies; Amer. Nat. 100, 419–424, aus Papageorgis 1975).

120

ergibt sich, stärker noch als in Ostafrika, im Innern der ungestörten, jungfräulichen Wälder und ganz in Übereinstimmung mit dem monotonen Landschaftsbild, eine große Einförmigkeit: die Artenfülle versteckt sich hinter vier oder fünf Mustertypen. Außerhalb des Waldes, in der Sekundärvegetation und entlang der Gewässer, fliegt dagegen alles bunt durcheinander – Falter der unterschiedlichsten Flugbiotope kommen hier zusammen.

Durch Notierung der Flughöhe gelang der Nachweis, daß die einzelnen Musterungsgruppen in unterschiedlichen Höhenbereichen des Waldes fliegen. Trotz einer breiten Überlappungszone ist die Verteilung auf verschiedene Strata doch so markant, daß sie statistisch gesichert ist (Abb. 5). In Bodennähe, mit hauptsächlichem Flugbereich bis 5 Fuß (1½ Meter) Höhe, fliegt der sehr artenreiche «Transparente Komplex», der überwiegend aus kleinen Faltern besteht, deren durchsichtige Flügelfelder schwarz eingerahmt und mit mehr oder weniger ausgedehnten weißen Flecken geziert sind (Abb. 2, 4). Er setzt sich vor allem aus Ithomiiden zusammen, Angehörigen einer rein neotropischen Familie. Dazu gesellen sich Weißlinge *(Pieridae)*, Fleckenfalter *(Nymphalidae)* und, in mitunter verblüffender Übereinstimmung, eine beträchtliche Anzahl tagfliegender «Nachtfalter» vor allem aus der Familie *Pericopidae* (den Bärenspinnern *Arctiidae* nahestehend). Die meisten Vertreter dieser Gruppierung sind im Flug schon auf kurze Distanz nicht mehr zu entdecken – da der Hintergrund durch ihre Flügel schimmert, erscheinen sie überwiegend dunkel bzw. lösen sich in die Umgebung hinein auf. Nicht untersucht wurde eine weitere Faltergemeinschaft, in die der «Transparent-Komplex» nach unten übergeht: völlig durchsichtige oder einheitlich schwarzbraune Schmetterlinge, ausnahmslos Augenfalter *(Satyridae,* z. B. *Cithaerias-* und *Pierella-*Arten), die sich in hüpfendem, gleitendem und hakenschlagendem Flug kaum jemals mehr als fünf bis zehn Zentimeter über den Boden erheben und äußerst schwer und im Sitzen überhaupt nicht zu sehen sind; ihrer Vorliebe für die dunkelsten Stellen des Waldbodens entsprechend, zeigen sie nur noch gelegentlich kleinere helle Flecken, dafür aber mitunter tief dunkelrote Flügelfelder, die im Schatten unsichtbar bleiben, beim Durchfliegen einer Sonnenbahn aber grell aufleuchten; eine Erscheinung, deren Wesen noch zu enträtseln bleibt.

Oberhalb der «Transparenten», bis in eine Höhe von 20 Fuß (7 Meter), schließt sich der ebenfalls aus einer großen Anzahl von Arten bestehende «Tiger-Komplex» an, wiederum zur Hauptsache aus Ithomiiden zusammengesetzt, aber auch Vertreter anderer Familien umfassend *(Heliconidae, Nymphalidae, Pieridae, Danaidae, Nemeobiidae).* Die Ithomiiden dieser Gemeinschaft gehören teilweise den gleichen Gattungen an wie diejenigen des «Transparenten Komplexes», sehen aber völlig anders aus: auf dem rostbraunen Grund ihrer Flügel sind schwarze Querlinien und Fleckenreihen verteilt, die Vorderflügelspitzen tragen nicht selten weiße oder gelbliche Aufhellungen (Abb. 1, 3).

Noch höher tritt eine dritte, nur wenige Arten umfassende Gemeinschaft auf, die vor allem von Vertretern der Gattung *Heliconius* gebildet wird und durch auffällige Farbkontraste gekennzeichnet ist – feurig orangerote Flächen und Streifen heben sich von tiefschwarzer Umgebung ab, die Flügelspitzen sind von hellgelben Feldern geschmückt. Diese Falter fliegen im unteren Kronenbereich der Bäume, von 20 bis 40 Fuß (7–14 Meter) Höhe.

Als vierte Gruppierung, noch artenärmer, zeigen sich in der oberen, offenen Wipfelzone *Heliconius*-Arten und der zum Verwechseln ähnliche Segelfalter *Eurytides pausanias*, die anstelle der roten Elemente der nächstniedrigen Fluggemeinschaft tiefblaue Färbung tragen und im Samtschwarz der Flügelspitzen grelle weiße Male zeigen.

Abb. 6: Färbungsmuster repräsentativer Vogelarten in drei übereinanderliegenden Schichten des nordwestperuanischen Regenwaldes von Taulis. Oben kontrastreich gefärbte Formen des Wipfelbereiches, in der Mitte braune bis rotbraune Arten der Stammzone und des höheren Unterholzes, unten schwarze Bewohner des Bodens und des bodennahen Gebüsches. (1) und (2) Tangaren: *Euphonia (Tanagra) laniirostris* (stahlblau und goldgelb), *Tangara viridicollis* (schwarz und kupferig golden), (3) Keilschwanzsittich *Aratinga erythrogenys* (grün und scharlachrot), (4) der Kolibri *Boissoneaua matthewsi*, (5) die Tyrannide *Pyrrhomyias cinnamomea*, (6) ein Baumsteiger (Dendrocolaptide), *Lepidocolaptes affinis*, (7) der Bürzelstelzer (Rhinocryptide) *Scytalopus unicolor*, (8) eine Drossel, *Catharus fuscater* (Zeichnung M. Koepcke, aus H.-W. Koepcke 1973).

Tropische Regenwälder weisen eine deutliche vertikale Zonierung in verschiedene Etagen auf, und in jedem Stratum herrschen, entsprechend der unterschiedlichen Dichte der Vegetation, andere Lichtverhältnisse. Es war naheliegend, hier nach einem Zusammenhang zu suchen. Biotopaufnahmen, alle zur Hauptflugzeit der Falter am Mittag fotografiert, wurden von Frau Papageorgis mit Hilfe eines «Densitometers» ausgewertet, eines Apparates, der sowohl die Intensität (in vier Stufen A, B, C, D) wie die prozentuale Häufigkeit der besonnten, aufgehellten Stellen bestimmt.

Dabei ergaben sich verblüffende Übereinstimmungen: Im bodennahen Bereich des «Transparenten Komplexes» herrschen große Flächen von geringer Lichtintensität (A, B) vor, in die einige wenige kleine Lichtflecken von größerer Helligkeit (C, D) eingestreut sind – genauso, wie auf den Flügeln der Falter dieses Bereiches. Im darüberliegenden Flugraum der «Tiger»-Gruppierung ist zwar die Durchschnittshelligkeit nicht erhöht – die braunen und schwarzen Flächen auf den Flügeln der hier beheimateten Falter lösen deren Bild in die dämmrig-unruhige Umgebung hinein auf, in der das Grün, anders als in unseren Breiten, überall durchsetzt ist vom Braunrot und Braungelb des ständigen Laubfalles wie der stetigen Laubentfaltung; dafür ist aber die Anzahl kleiner heller (C) und die Häufigkeit und Größe sehr heller (D) Lichtflecke erhöht – die sich in den leuchtenden blaßgelben oder weißen Feldern auf den Vorderflügelspitzen vieler Mitglieder des «Tiger-Komplexes» spiegeln. Beim Übergang zum Flugbereich des Roten Komplexes findet eine weitere Größenzunahme sehr heller (D) besonnter Flächen statt, und die stärksten Hell-Dunkel-Kontraste finden sich dann erwartungsgemäß im Kronenbereich, zwischen den tief schattigen Partien und den oftmals gleißenden Lichtreflexen auf den ledrig glatten Blättern.

Neben den Unterschieden gibt es aber auch auffallende Übereinstimmungen mit den Verhältnissen in Ostafrika. Der in Bodennähe fliegende «Transparent-Komplex» Südamerikas ähnelt den beiden Gruppierungen der afrikanischen Küsten- und Bergwälder und scheint dabei eine Mittelstellung zwischen beiden einzunehmen: die Arten sind nicht so grell schwarz-weiß wie die Küstenwald-Falter gemustert, aber auch nicht so düster wie die Formen aus dem Innern des Bergwaldes. Das gleiche trifft auf ihren Flugbiotop zu – der Regenwald am Rio Llullapichis ist in Bodennähe lichter als der sehr dichte afrikanische Bergwald, aber dämmriger als die aufgelockerten ostafrikanischen Küstengehölze.*

---

* Daß diese Ausprägung der Biotoptracht keineswegs auf das Gebiet des Rio Llullapichis beschränkt ist, ergaben nicht nur die Untersuchungen von Papageorgis an drei weit auseinanderliegenden Orten des andennahen Regenwaldes in Peru, sondern auch eigene Beobachtungen an einem ganz anderen Punkt Südamerikas – in den Resten der Atlantischen Feuchtwälder im Einzugsgebiet des Paranà im äußersten Süden von Mato Grosso in Brasilien (Ivinheima), wo ich 1976 den transparenten wie den Tiger-Komplex in typischer und sehr reicher Ausprägung, aber mit völlig anderer Artenzusammensetzung antraf.

Ganz übereinstimmend mit den Verhältnissen in Afrika ist auch der Umstand, daß es innerhalb der Fluggemeinschaften alle Abstufungen der Ähnlichkeit gibt. Neben Fällen, wo die Angleichung auf den allgemeinen Grundtyp des Musters beschränkt bleibt und die Details hochgradig abweichen, gibt es so erstaunliche Übereinstimmungen – sogar zwischen Tag- und Nachtfaltern –, daß man die Falter in der Hand haben muß, um die Unterschiede zwischen den einander mitunter denkbar fern stehenden Arten festzustellen. In den Lehrbüchern werden aber stets nur die Fälle starker Übereinstimmung als Beispiele für die Mimikrytheorie vorgeführt.

Geht man von der landläufigen Vorstellung aus, die in der «Biotoptracht» einen Beleg für die Wirkung der Selektion durch insektenfressende Vögel sieht, so stellt sich die Frage, auf was die Vögel eigentlich achten: auf detailgetreue Ähnlichkeit oder auf einfache Signaleffekte wie bestimmte Hell-Dunkel- oder Farbkontraste. Im letzteren Falle käme es nur auf das allen Mitgliedern eines Komplexes eigene Grundmuster an, und das Entstehen der «Kopien», der detailgetreuen minutiösen Übereinstimmung, bliebe rätselhaft; im ersten Falle wäre nur das nachträgliche, abschließende Ausfeilen der Einzelheiten ein Ergebnis der Selektion, das einheitliche, übereinstimmende Grundmuster wäre dagegen bereits vor dem Ansetzen der Selektion da und folglich auf andere Weise bewirkt.

Wie schon an anderer Stelle gezeigt wurde (Suchantke 1974) weist manches darauf hin, daß der Selektion bestenfalls ein sekundärer Effekt bei der Verfeinerung der Erscheinung zukommt, daß das Grundphänomen der Biotoptracht damit nichts zu tun hat – so sind z. B. die Arten, die offene Landschaften bewohnen, durch ihre weißen und gelben Biotoptrachten alles andere als geschützt. Einer weiteren Erforschung des Phänomens förderlicher wäre es, sich einzugestehen, daß über die Art und Weise, *wie* die Biotoptrachten zustande kommen, vorläufig nichts bekannt ist. Sicher ist dagegen, daß das ausschließliche Suchen nach selektionistischen Erklärungen den Zugang zu den Erscheinungen eher verbaut als öffnet. Auf einer anderen, dem Lebendigen angemesseneren Betrachtungsebene erweisen sich die Falter als integrierte Bestandteile ihres Ökosystems, nicht nur in ihrer Lebensweise, sondern auch in ihren Trachten. Die Erscheinung der mit der Umgebung harmonierenden Tracht ist wohl bei den Insekten besonders markant und vielseitig ausgebildet, aber doch keineswegs auf diese beschränkt. Bei den Vögeln des peruanischen Regenwaldes etwa wies Koepcke (1973, S. 634) eine vertikale Zonierung auf die einzelnen Etagen nach und, parallel dazu, eine Differenzierung in verschiedene Trachtgruppen, die mit den beschriebenen Schmetterlings-Fluggemeinschaften in frappanter Weise übereinstimmen (Abb. 6). So dominieren in der Wipfelregion grelle Kontrastmuster bei den Vögeln ebenso wie im blauen und roten Falter-Komplex. Das vorherrschende Rotbraun der mittleren Zone findet sich nicht nur bei den Vögeln, sondern ist auch die Grundfarbe des Tiger-Komplexes; und die schwärzliche Tönung der bodennahen Vögel dominiert genauso bei den

124

durchsichtigen Vertretern der transparenten Gemeinschaft und bei den nach unten an sie anschließenden Waldbodenfaltern.

Ein Ökosystem dürfte mit anderen Erscheinungsformen des Lebendigen – mit Organismen – auch darin übereinstimmen, *daß die Bildung und Entwicklung seiner Teile vom Ganzen her bestimmt und determiniert wird.* Es muß also damit gerechnet werden, daß nicht erst durch selektives Aussortieren nach erfolgter richtungsloser Bildung, sondern umgekehrt, *bereits vor ihrem Beginn, richtende und die Formbildung lenkende Kräfte am Werk sind, die aus dem Ganzen des Lebensgemeinschafts-Organismus auf das einzelne Tier, die einzelne Pflanze als Teil, als «Organ» dieses Ganzen prägend einwirken und ihm seinen Stempel aufdrücken.*

Literatur

KOEPCKE, H.-W. (1973): Die Lebensformen, Bd. I. Krefeld.
PAPAGEORGIS, C. (1974): The adaptive significance of wing coloration of mimetic Neotropical butterflies. Diss. Princeton University (Manuscript).
– (1975): Mimicry in Neotropical butterflies – why are there so many complexes in one place? American Scientist 63, 5, 522–532.
RICHARDS, P. W. (1973): Africa, the «Odd Man Out», in: Tropical Forest Ecosystems in Africa and South America: A comparative Review, ed. by B. J. Meggers, E. S. Ayensu, W. D. Duckworth. Washington D. C.
SUCHANTKE, A. (1974): Biotoptracht und Mimikry bei afrikanischen Tagfaltern. Elemente der Naturwissenschaft 21. Abgedruckt in diesem Band S. 91 ff.

FRIEDRICH A. KIPP

Über die Pfahlstellung der Rohrdommeln und verwandte Erscheinungen

Unter den zahlreichen Eigentümlichkeiten, die sich bei den Sumpfvögeln finden, gehört die sog. Pfahlstellung der Rohrdommeln sicher mit zu den seltsamsten. Durch irgendein Geräusch, eine Störung im Schilf geängstigt, nehmen Große Rohrdommel *(Botaurus)* und Zwergrohrdommel *(Ixobrychus)* diese Stellung ein, indem sie Hals und Schnabel senkrecht nach oben recken. Sie fügen sich dadurch ganz dem steif gestreckten Habitus des Röhrichts ein (s. Abb.). In der Gefiederzeichnung tritt dabei die Längsstreifung der Halsfedern charakteristisch hervor und läßt die Rohrdommel auch dadurch als ein dem Schilf ähnliches Wesen erscheinen. Wie wenig Erzwungenes diese Haltung hat und wie sehr sie zum Naturell der Dommeln gehört, zeigt sich besonders darin, daß sie häufig noch beibehalten wird, wenn die Beängstigung vorüber ist, und oft erst nach einer Stunde geändert wird (vgl. W. v. Sanden 1935). Auch nimmt sie der Vogel öfters ohne ersichtlichen Grund ein.

Wir wollen uns im folgenden mit der Frage beschäftigen, wie das merkwürdige Verhalten der Rohrdommeln entstanden sein mag. Da die Rohrdommeln in der Pfahlstellung sich völlig in ihren Lebensraum, die schilfbestandene Sumpflandschaft hineinfügen, spricht man üblicherweise von einer «Schutzstellung» und sucht dieselbe im darwinistischen Sinne durch Selektion im Kampf ums Dasein zu erklären. Diese Erklärung befriedigt aber schon aus dem Grunde nicht, weil gerade die Rohrdommel kaum irgendwelche «Feinde» hat. Die bodenlebenden Raubtiere scheiden als Verfolger aus, weil die über dem Wasser stehenden Aufenthaltsorte der Rohrdommel für sie unzugänglich sind; und für die sumpfbewohnenden Greifvögel (die Weihen) scheint die Rohrdommel zu groß zu sein oder wird wegen ihres gefährlich spitzen Schnabels gemieden; jedenfalls liegt bisher keine Beobachtung darüber vor, daß Rohrdommeln von Weihen geschlagen würden.

Es genügt nicht, zur Erklärung der Eigenschaften eines Tieres nur auf die äußeren Gegebenheiten zu schauen. Es wird heute zu wenig berücksichtigt, daß in dem Verhältnis des Tieres zu seiner Umwelt die Aktivität zweifellos auf seiten des Tieres liegt. Es hat Bedürfnisse und Ansprüche, die es in seiner Umgebung zu befriedigen sucht. Unter den verschiedenen Möglichkeiten, die die Umwelt bietet, wählt das Tier das aus, was zu seinen eigenen inneren Ansprüchen am

Abb.: Rohrdommel (amerikanische Art) im Röhricht kletternd, in Pfahlstellung (Photo B. C. Hiatt).

besten paßt. – Für einen Vogel gibt es mannigfaltige Möglichkeiten, auf Störungen zu reagieren. Er kann abfliegen, weglaufen, sich ins Dickicht drücken usw. Daß die Rohrdommeln von diesen Möglichkeiten kaum Gebrauch machen, sondern es vorziehen, in der Pfahlstellung zu «erstarren», hat nicht äußerliche Ursachen, sondern muß einerseits aus der Eigenart der Verwandtschafts-gruppe, der sie angehören, andererseits aus dem psychischen Verhältnis des Vogels zu seinem Lebensbereich verstanden werden.

Die Rohrdommeln gehören der Familie der Reiher an. Bezeichnend für die Reiher ist die schlanke, gestreckte Gestalt, die der Körperbau sowohl im ganzen wie im einzelnen aufweist. Der «schlanke Baustil» zeigt sich nicht nur im langen, weit vorstreckbaren Hals, sondern auch im flachen spitzen Kopf und Schnabel, den hohen Ständern und den langen Zehen. Bemerkenswert ist, daß sich die Tendenz zur Verlängerung auch im Gefieder geltend macht. Bei den meisten Arten trägt der Kopf lange schmale Schmuckfedern. Bei Grau- und Purpurreiher sind außerdem die unteren Hals- und die Schulterfedern, bei Silberreiher, Seidenreiher und Rallenreiher das Rückengefieder in hohem Maße verlängert. Beim Silberreiher sind die Rückenfedern bis zu 50 cm lang und in haarfeine Federstrahlen aufgelöst. Auch das Zeichnungsmuster der Federn, besonders in der Halsregion, zeigt oft Längsmotive (Grau- und Purpurreiher). So macht sich in den Schmuckbildungen des Gefieders dasselbe Gestaltungs-prinzip geltend wie in der Körperform.

Die Tendenz zur Verlängerung und Streckung kommt aber auch in den Bewegungen und Gebärden der Reiher zum Ausdruck. Die hochaufgerichtete Haltung des sichernden oder irgendwie erregten Reihers, bei welcher auch der Schnabel erhoben ist, läßt den Reihercharakter besonders zur Geltung gelangen und unterscheidet sich typisch von entsprechenden Stellungen etwa bei Storch oder Kranich. Besonders während der der Paarungszeit werden z. B. vom Fischreiher, ebenso vom Purpurreiher, sehr heftige Reck-Gebärden ausgeführt. Ich möchte mich hier auf die Wiedergabe der eindrucksvollen Schilderung einer solchen Reck-Gebärde beim Purpurreiher von O. Steinfatt (1939) beschränken:

«Auf einem Horst steht ein alter Purpurreiher, der dazugehörige Ehegatte schon seit 5 Minuten im Rohr. Da reckt sich der Horstvogel mit einem Male zu seiner vollen Länge aus. Er streckt den ganzen Körper: Rumpf, Hals und Schnabel senkrecht nach oben, so daß er doppelt so groß erscheint wie gewöhn-lich, sträubt das ganze Gefieder, so daß besonders die langen Schmuckfedern des Unterhalses zur Geltung kommen, spreizt dazu die Flügel ab und ruft ein gurgelndes ‹korrorrorr› . . .»

Es handelt sich um eine Begrüßungszeremonie zwischen den beiden Partnern, und es ist recht interessant, daß die Reiher dabei das Besondere ihrer Gestalt zum Ausdruck bringen.

Die Rohrdommeln sind keine sehr geselligen Wesen. Eine besondere Begrü-ßungsgebärde scheint bei ihnen zu fehlen, was freilich bei ihrer vorwiegend nächtlichen Lebensweise schwer feststellbar ist. In der Paarungs- und Brutzeit erzeugt das Männchen der Großen Rohrdommel weit hörbare, dumpf pumpende Laute, was ihr auch die Bezeichnung «Moosochs» eingebracht hat. Bei den Rohrdommeln findet sich auch eine Reckgebärde – eben in Form der Pfahlstellung –, sie ist aber bei ihnen mit ängstlicher Erregung verbunden. Jedenfalls ist es evident, daß sich die Pfahlstellung auf der Grundlage der für die Familie der Reiher typischen Gestalteigenschaften entwickelt hat.

Für die Herausbildung der Pfahlstellung ist aber auch die Umwelt, in der die Rohrdommeln leben, von Bedeutung. Nur sollten wir dabei nicht an irgendwelche Nutzeffekte, sondern mehr an eine Harmoniebeziehung zwischen dem Tier und seiner Umgebung denken.

Um zu zeigen, was mit einer harmonischen Beziehung gemeint ist, müssen wir etwas weiter ausholen. Viele Vögel führen bei Erregung ruckende oder zuckende Bewegungen mit dem Schwanz oder auch mit den Flügeln aus. Bei Amseln, Rotschwänzen, Elstern, Kuckuck und vielen anderen kann man diese Gebärden, die zum alltäglichsten Ausdrucksinventar gehören, häufig beobachten. Sie werden schon bei den belanglosesten Eindrücken und Ereignissen ausgeführt; bei stärkerer Erregung nehmen sie an Heftigkeit zu.

Auch bei Vögeln, die an Gewässern leben, findet man solche Erregungs- oder Ausdrucksbewegungen, jedoch in einer interessanten Abwandlung. Dem Schwanzwippen der Bachstelzen, das diese fast unentwegt bei all ihrem Tun ausführen, fehlt alles Ruckartige. Es ist eine wunderbar weiche, wiegende Bewegung, die den Körper des Vogels gleichsam wellenartig durchpulst und am langen Schwanz am deutlichsten hervortritt. Die Beziehung zum wäßrigen Element, mit dem die Stelzen verbunden sind, ist offensichtlich. Von den drei Stelzenarten, die bei uns vorkommen, zeigt die Schafstelze als Bewohner von feuchtem Wiesengelände und Teichrändern die Wippbewegungen am schwächsten, wogegen die mehr an fließenden Gewässern lebenden Arten (weiße Bachstelze und Gebirgsbachstelze) die wiegend-wippenden Bewegungen mit außerordentlicher Intensität zur Schau tragen.

Die Wasseramsel *(Cinclus)*, ebenfalls ein Vogel der Bergbäche, hat einen rundlichen Körper mit kurzem Schwanz; aber auch sie hat als häufige Gebärde ein weiches, wiegendes Knicksen. – Wellenartige Ausdrucksbewegungen finden wir auch – weitab von den Singvögeln – bei einigen Watvögeln, dem Flußuferläufer *(Tringa hypoleuca)* und dem Flußregenpfeifer *(Charadrius dubius)*. Dieses weiche Wiegen und Wippen, das der Dynamik des Wassers entspricht, ist für die am fließenden Wasser wohnenden Kleinvögel typisch, während es den Arten anderer Lebensräume fehlt.

Wie sich die Bewegungsgebärden der Bachstelzen und Uferläufer dem wäßrigen Element angeglichen haben, so entwickelte sich bei den Rohrdommeln eine dem Schilf entsprechende Erregungshaltung, die Pfahlstellung. Wenn den Reihern schon allgemein ein «melancholisches» Wesen eigen ist, so tritt dieser Charakter bei den Rohrdommeln, die der Sumpfwelt angehören und außerdem mehr nächtlich leben[1], am stärksten hervor. Dieser hat in der Pfahlstellung einen typischen Ausdruck gewonnen: kein flinkes Verstecken, kein rasches Flüchten (obwohl sich die Rohrdommeln behende durchs Röhricht bewegen können), nur ungern ein Abfliegen, nein – ein Erstarren in einer dem Habitus des Schilfes entsprechenden Haltung. Nicht äußere Bedingungen haben den Rohrdommeln die Pfahlstellung aufgeprägt; sondern aus der psychischen Affinität der Tierart zu ihrem Lebensbereich kann dieses Angleichen an die Gestaltung des Röhrichts verstanden werden.

Solche Harmoniebeziehungen des Tieres zu seiner Umgebung kann man nicht selten finden, aber man muß den Blick dafür offen halten.

Literatur

v. SANDEN, W. (1935): Auf stillen Pfaden. Königsberg.
STEINFATT, O. (1939): Beiträge zur Fortpflanzungsbiologie der Vögel, S. 248.

1   Es sei bei dieser Gelegenheit darauf hingewiesen, daß das Nachtleben bei den Rohrdommeln, namentlich bei Botaurus, zu einer Reihe von überraschenden Parallelen zu den Eulen geführt hat, trotzdem sie verwandtschaftlich weit voneinander entfernt sind: 1. Geräuschloser Flug, trotz der fehlenden Vorteile bei der Beutesuche, 2. ähnliche Abwehrstellung mit abgespreizten Flügeln, 3. Vokal «U» im Balzruf, 4. gelbrote Iris. Vielleicht ist auch der ziemlich kunstlose Nestbau der Großen Rohrdommel als Beginn einer Vereinfachung des Bautriebes aufzufassen, der bei den Eulen ganz fehlt.

130

FRIEDRICH A. KIPP

Das Kompensationsprinzip
in der Brutbiologie der Vögel

I.

Im Aufbau eines Lebewesens steht das Einzelne, sei es ein Teil oder Glied des Organismus oder irgendeine Tätigkeit, immer in einer Beziehung zum Ganzen. Mit dem Aufsuchen und Beobachten der verschiedenen Eigenschaften eines Tieres muß daher immer auch eine Untersuchung darüber Hand in Hand gehen, in welchem Verhältnis die einzelne Eigenschaft zum Lebensganzen steht, welche Stellung sie innerhalb desselben einnimmt.

Wichtige Grundlagen für eine solche Untersuchung finden sich in Goethes naturwissenschaftlichen Schriften, vor allem in dem «Entwurf einer Einleitung in die vergleichende Anatomie» (1795). Goethe führt dort aus, wie die vielfältigen Bildungsmöglichkeiten eines bestimmten Typus im Tierreich vor allem daraus entspringen, daß einzelne Organbezirke, Teile oder Tätigkeiten eine einseitige Ausbildung und Vervollkommnung erfahren können. Das hat ein Zurücktreten anderer Teile zur Folge, die dann oft nur angedeutet sind oder fehlen.

«Wenn wir die Teile genau kennen und betrachten, so werden wir finden, daß die Mannigfaltigkeit der Gestalt daher entspringt, daß diesem oder jenem Teil ein Übergewicht über die anderen zugestanden ist.»

So sind zum Beispiel Hals und Extremitäten auf Kosten des Körpers bei der Giraffe begünstigt, dahingegen beim Maulwurf das Umgekehrte stattfindet.

Bei dieser Betrachtung tritt uns nun gleich das Gesetz entgegen, daß keinem Teil etwas zugelegt werden könne, ohne daß einem anderen dagegen etwas abgezogen werde, und umgekehrt» (Goethe 1795).

Beispiele, an welchen Goethe die innere Beziehung der Teile zueinander gezeigt hat, betreffen vor allem die Skelettbildung. Die außerordentliche Vervielfältigung der metameren Teile des Rumpfskeletts (Wirbel und Rippen), wie sie sich bei den Schlangen und Blindwühlen findet, läßt die Gliedmaßen zurücktreten (man beachte die Zwischenformen, die es auf diesem Gebiet gibt, wo bei mäßiger Wirbelzahl noch wenigstens rudimentäre Gliedmaßen vorhanden sind). Umgekehrt findet bei starker Verkürzung des Rumpfes (Schildkröten, Froschlurche) eine Vergrößerung der Gliedmaßen statt.

Am Wirbeltierkopf stehen Gehirnteil und Gebißteil in einem Ausgleichsverhältnis in dem Sinne zueinander, daß bei zunehmender Vergrößerung der

Schnauzenpartie der Gehirnteil zurückbleibt (im Extrem bei den fossilen Dinosauriern, deren winziges Gehirn nicht einmal den Durchmesser des Rückenmarks erreicht). Sehr anschaulich zeigt sich das gekennzeichnete Verhältnis in der Jugendentwicklung der Affen. Hirnregion und Kieferpartie zeigen bei den Jungtieren zunächst eine ausgewogene und dadurch einigermaßen menschenähnliche Proportionierung. Hernach setzt ein gewaltiges Kieferwachstum ein, der Hirnschädel bleibt dagegen zurück, und das harmonische Verhältnis der beiden Schädelregionen geht nun gänzlich verloren.

In dem »Metamorphose der Tiere» genannten Gedicht weist Goethe darauf hin, wie die Stirnbeinaufsätze (Geweih und Gehörn) der Wiederkäuer mit einem Fehlen der Vorderzähne im Gebiß verknüpft sind.

Man hat dieses Prinzip des Ausgleichs im gegenseitigen Verhältnis der Teile zueinander als Kompensationsgesetz bezeichnet (französische Zoologen auch als «balancement des organes»). Daß es dann in seiner Bedeutung für das Verständnis der Bildungsvorgänge im Tierreich später fast ganz unbeachtet blieb, war nicht etwa in Tatsachen, die dagegen gesprochen hätten, begründet, sondern in den andersartigen Denkformen der aufkommenden darwinschen Selektionslehre. An die Stelle des Studiums der inneren Beziehungen der Organe und Tätigkeiten zueinander, welchem Goethe und die ihm verwandten Forscher aus einem anschauenden Denken oder denkenden Anschauen heraus nachgingen, trat das äußerliche theoretische Erklären der Eigenschaften des Tieres nach Nützlichkeitsgesichtspunkten. Im Grunde war damit einfach das für das Zeitalter charakteristische, aber eben doch nur subjektiv-menschliche Nützlichkeitsdenken auf die Natur übertragen worden, während Goethe in allen seinen Bestrebungen das Besondere und Typische im Aufbau der Lebewesen herauszuarbeiten versuchte.

II.

In der Brutbiologie der Vögel gruppieren sich verschiedenste Eigenschaften und Tätigkeiten um den Fortpflanzungsvorgang, teils in engerer, teils in entfernterer Beziehung zu ihm stehend, wie Balz, Färbung, Nestbau, Brüten, Füttern, Familienverteidigung usw. Das Verhältnis dieser einzelnen Funktionen zueinander wird weitgehend durch das Kompensationsprinzip geregelt, vor allem dort, wo sich Einseitigkeiten bemerkbar machen.

Goethe selbst hat in dem genannten Aufsatz schon die geringere Schönheit der weiblichen Tiere als eine Ausgleichserscheinung aufgefaßt. «Auf die Eierstöcke ist so viel zu verwenden, daß äußerer Schein nicht mehr stattfinden konnte.» In der Vogelwelt sind es allerdings weniger der Eierstock und die Hervorbringung der Eier als solche, sondern vor allem das Brüten und die Aufzucht der Jungen, welche der Entwicklung der Prachtkleider als Ausgleich gegenüberstehen.

Gehen wir zunächst von einem mittleren Zustand aus, auf welchem beide Geschlechter mehr oder weniger *gleichmäßig* am Brutgeschäft teilnehmen. Wir finden ihn bei folgenden Gruppen:

Taucher	Möwen	Segler
Scharben (Kormorane)	Seeschwalben	Blauracke
Sturmvögel	zahlreiche Limicolen	Bienenfresser
Reiher	Tauben	Eisvogel
Störche		Wendehals (u. Spechte)
		manche Singvögel

Bei allen diesen Vögeln tragen beide Geschlechter gleiche oder ähnliche Farbkleider. Die Färbung ist teils schlicht (Limicolen), teils auffällig (Möwen, Seeschwalben), nicht selten aber auch verhältnismäßig bunt, wie bei Blauracke, Eichelhäher und Tauben.

Bei den Tauchern *(Podiceps)*, auch beim Kormoran, wo Männchen und Weibchen ein gleiches und ausgeprägtes Balzspiel zeigen, legen auch beide im Frühjahr ganz ähnliche, wenn auch durchaus gemäßigte Hochzeitskleider an. Ein so hochentwickeltes Prunkgefieder, wie es die Fasanen oder der Pfau haben, findet sich hier, wo beide Geschlechter brüten, niemals.

Die luxuriösen Prachtkleider, verbunden mit einer entsprechend gesteigerten Balz, wie sie den Rauhfußhühnern, Fasanen, Kolibris, Paradiesvögeln und in schwächerem Maße auch den Enten eigen sind, *kommen nur den Männchen zu, die sich vom Brutgeschäft losgelöst haben.* Diesen Vogelmännchen fehlen der Bruttrieb sowie auch die Nestbau- und Fütterungsinstinkte völlig. Uneingeschränkt strömen ihre Kräfte in die Entfaltung der Balztätigkeit sowie der Farben- und Formenpracht des Gefieders, welche dadurch eine so einseitige Vollkommenheit erreichen.

Es gibt natürlich auch Zwischenstufen, wo die Verhältnisse noch nicht ganz so einseitig liegen. – Unter den Rauhfußhühnern hält sich der Haselhahn noch in der Nähe des brütenden Weibchens auf und beteiligt sich später an der Führung der Jungen. Die auf die Nachkommenschaft bezüglichen Instinkte sind beim Hahn nicht ganz ausgefallen. Die Entwicklung der Balztätigkeit und des Prachtkleides ist daher auch weniger vorgeschritten und das Gefieder von dem des Weibchens nicht so verschieden wie bei verwandten Arten, bei welchen die Loslösung der Männchen so weit gediehen ist, daß nicht einmal mehr vorübergehend ein eheähnlicher Zusammenhalt der beiden Geschlechter besteht (Auer- und Birkwild). Es ist kein Zufall, sondern liegt in der Folgerichtigkeit des Kompensationsgesetzes, daß das Fehlen der Ehigkeit gerade dort auftritt, wo sich die Männchen ganz einseitig der Balztätigkeit hingeben.

Ihre Kehrseite hat diese Entwicklung darin, daß die Lebensweise des weiblichen Vogels *ebenso uneingeschränkt auf die Brut- und Jungenfürsorge hingerichtet ist.* Das Weibchen ist durch diese Verrichtungen voll in Anspruch genommen und kann nicht zugleich noch einen besonderen Gefiederschmuck ausbilden.

Sein Federkleid bleibt deshalb auf einer schlichten und schmucklosen Färbungsstufe stehen.

Im Sinne des Kompensationsprinzips werden diese gegenseitigen Verhältnisse unter den Geschlechtern, wobei ja sowohl morphologische wie psychologische Eigenschaften in Ausgleich kommen, gut verständlich und überschaubar. Die darwinistische Erklärung, nach der die Prachtkleider der Männchen durch einen Ausleseprozeß (Selektion) von seiten der Weibchen entstanden seien, erscheint paradox, sobald man berücksichtigt, daß die Prachtentfaltung auf Kosten der Brutfürsorge geht.

Eine schöne Bestätigung findet unsere Auffassung in der Tatsache, daß bei einigen Vogelarten die Beteiligung der Geschlechter am Brutgeschäft sich umgekehrt hat. Beim Mornellregenpfeifer *(Charadrius morinellus)*, noch deutlicher bei den Wassertretern *(Phalaropus)* und den australischen Kampfwachteln *(Turnix)* übernimmt das Männchen das Gelege, bebrütet es und versorgt später die Jungen. Hier weisen die männlichen Vögel eine schlichtere Färbung auf, während die Weibchen, die sich nur wenig oder gar nicht um die Brut kümmern, Balzspiele ausführen und Prachtkleider anlegen.

III.

Nicht immer finden sich bei fehlender Brutbeteiligung des Männchens größere Färbungsunterschiede. Das Kompensationsprinzip erleidet hier dennoch keine Ausnahme, denn meist sind andere Tätigkeiten an die Stelle der Brutbeteiligung getreten.

Die Männchen der Bekassine *(Gallinago gallinago)* und der Waldschnepfe *(Scolopax rusticola)* nehmen im Gegensatz zu der überwiegenden Mehrzahl der Limicolen an der Brutfürsorge nicht teil; sie sind in der Färbung nicht differenziert, dagegen führen sie charakteristische Balzflüge aus. Die Bekassine bringt bei ihren Balzsturzflügen mit Hilfe der besonderen Gestaltung ihrer Schwanzfedern einen dumpf vibrierenden Laut hervor, das sogenannte Meckern. Auch die amerikanische Schnepfe *(Philohela minor)* erzeugt beim Balzflug einen instrumentalen Ton. – In einfacherer Form findet sich eine Flugbalz auch schon bei anderen Limicolen; bei den beiden genannten Arten ist sie aber zum hervorstechenden Charakteristikum geworden. – Bei den Kampfläufern und der Großen Sumpfschnepfe haben die Männchen sich ebenfalls von der Brutpflege losgelöst. Die Kampfläufer führen gesellschaftliche Kampfspiele mit Sträuben ihres auffälligen Halskragens aus, die Sumpfschnepfen haben Rituale mit eigentümlichem Schnabelklappern («Knebbern») entwickelt. Auch hier ist das gesteigerte Balzgehabe mit unehiger Lebensweise verbunden.

In der Familie der Reiher ist nur das Männchen der Großen Rohrdommel nicht am Brüten beteiligt. Es bringt aber während der ganzen Fortpflanzungszeit die weit hörbaren pumpenden Balzrufe hervor.

Bei den meisten Rabenvögeln brütet das Männchen zwar nicht, aber es hält Wache in der Nähe des Nestes und es füttert den brütenden weiblichen Vogel. – Ganz ähnlich sind die Verhältnisse bei den Eulen sowie bei einem Teil der Raubvögel. Unter den letzteren finden wir Brutbeteiligung des Männchens hauptsächlich bei den Falken, den Adlern, bei Mäusebussard und Wespenbussard. Dagegen tragen die Männchen der Weihen, des Sperbers (Habicht nur teilweise), dem brütenden Vogel die Beute zu. Auch nach dem Ausfallen der Jungen beschaffen sie hauptsächlich die Beute und übergeben sie dem weiblichen Vogel, der sie zerkleinert und verfüttert. – In den genannten Familien dominieren also bei den Männchen die Instinkte für die Beute- bzw. Futterbeschaffung.

Unter den Meisen bilden Bartmeise *(Panurus biarmicus)*, Schwanzmeise *(Aegithalos caudatus)* und Beutelmeise *(Remiz pendulinus)* eine besondere Gruppe, die sich u. a. durch kunstvolle Nestbauten auszeichnet. Das Nest der Beutelmeise ist ein Gipfelpunkt der Baukunst in der Vogelwelt überhaupt. Eigenartigerweise übernimmt das Männchen hier die Bautätigkeit allein, und es errichtet, wenn das erste Nest von einem Weibchen belegt ist, weitere Bauten als «Spielnester». Gleich einer Manie beherrscht der Nestbauinstinkt das Leben dieses Vogels und wird gewissermaßen Selbstzweck. Im Gegensatz zu den beiden anderen Arten hat sich das Männchen der Beutelmeise nicht nur vom Brutgeschäft gelöst, sondern auch der Eheverband ist hier wiederum gelockert! – Auch beim Zaunkönig *(Troglodytes)* führt das Männchen den Nestbau aus und legt hernach weitere Spielnester an, doch ist die Loslösung hier weniger weit gediehen: das Männchen scheint später die ausgeflogenen Jungen zu führen.

Bei den Singvögeln scheinen sich die brutbiologischen Verhältnisse und dementsprechend auch die Kompensationserscheinungen noch bis zu einem gewissen Grad im Flusse zu befinden, und die verschiedenen Tätigkeiten schließen sich nicht mit der gleichen Strenge aus, wie es in anderen Vogelgruppen meist der Fall ist. – Die Männchen von Nachtigall, Sprosser, Rotkehlchen und von den Drosseln, welche nicht brüten, haben hochentwickelte Gesangsformen, die Lerchen und Pieper neben dem Gesang noch Balzflüge. Andererseits nehmen aber Grasmücken trotz guter Gesangsentwicklung am Brutgeschäft teil. – Während beim Baumläufer, Kleiber und den beiden Graumeisen die Weibchen von den nicht brütenden Männchen gefüttert werden, scheint das bei der Kohlmeise u. a. trotz fehlender Brutbeteiligung des männlichen Vogels nicht der Fall zu sein. Ähnliche Unterschiede zwischen nahestehenden Arten sind bei den Fliegenschnäppern zu finden.

Die folgende Übersicht faßt die dargestellten Verhältnisse nochmals zusammen und zeigt, wie beim nichtbrütenden Geschlecht die verschiedensten Funktionen eine Vervollkommnung erfahren können.

I. ♂ und ♀ haben einen ± gleichmäßigen Anteil an allen sich um den Fortpflanzungsvorgang gruppierenden Tätigkeiten, namentlich an der

Brutfürsorge; beide sind gleich oder ähnlich gefärbt (hierher gehörige Arten siehe S. 133).

II. ♂ hat sich vom Brutgeschäft bzw. von der ganzen Nachkommenfürsorge losgelöst. An dessen Stelle werden folgende Eigenschaften zu einseitiger Entwicklung gebracht:

Prunkbalz und Prachtfärbung: Rauhfußhühner, Fasanen, Pfau, Enten, Paradiesvögel u. a.

Prahlkämpfe: Große Sumpfschnepfe, Kampfläufer.

Balzflüge: Waldschnepfe, Bekassine, Pieper, Lerchen.

Balzrufe: Rohrdommel.

Gesang: Nachtigall, Rotkehlchen, Drosseln.

Nestbau: Beutelmeise, Zaunkönig.

Fütterung des brütenden Weibchens: Rabenvögel, Eulen, ein Teil der Raubvögel.

Familienverteidigung: Gänse.

♀ übernimmt die Brutfürsorge allein: es hat keinen Anteil an der Balz und trägt ein Schlichtgefieder.

III. ♂ übernimmt die Brutfürsorge,

♀ entfaltet Balztätigkeit und Prachtfärbung (Mornellregenpfeifer, Wassertreter, Kampfwachteln).

IV.

Aus der Übersicht geht hervor, daß ein Ausgleich nicht nur zwischen den Tätigkeiten der beiden Geschlechter besteht, sondern auch für die an Stelle der Brutbeteiligung des Männchens getretenen Eigenschaften untereinander gilt. Eine einseitig geübte Tätigkeit schließt die anderen weitgehend aus. Wo das Männchen ein Prunkgefieder entwickelt, wird es nicht zugleich rohrdommelartige Balzrufe oder einen hochentwickelten Balzflug hervorbringen, noch kunstvolle Nester bauen oder die Futterbeschaffung übernehmen usw.

Wo bei den Männchen mehrere von den oben genannten Eigenschaften und Tätigkeiten auftreten, werden sich diese stets in gewissen Grenzen halten. Hierher gehört z. B. der Buchfink, der vieles in ausgeglichener Weise vereinigt: schönes, jedoch nicht luxuriös gefärbtes Gefieder, schmetternder Gesang, gelegentliche Beteiligung am Nestbau sowie teilweise Fütterung des brütenden Vogels. Auch für einige andere Singvögel gilt ein solcher mehr harmonischer Ausgleich der verschiedenen Eigenschaften.

Vermerkt sei auch, daß die Unterschiede von einer Vogelart zur anderen innerhalb einer bestimmten Verwandtschaftsgruppe ebenfalls in einem kompensatorischen Verhältnis stehen können. So verfügt der Schwarzstorch sowohl über vokale Stimmäußerungen als auch über ein bescheidenes Schnabelklappern. Der Weißstorch hat die Klapperstrophe viel weiter entwickelt und äußert sie bei den verschiedenartigsten Erregungen; im übrigen ist er stumm, die vokalen Stimmöglichkeiten sind bei ihm ganz geschwunden.

In der Gruppe der Schwäne verfügen die meisten Arten über Stimmlaute. Eine Art jedoch, der Höckerschwan *(Cygnus olor)*, ist stumm. Statt dessen aber bringt er bei seinen Flugbewegungen ein sirrendes, wohlklingendes und oft weithin hörbares Flügelgeräusch hervor, das den Kontakt mit den Artgenossen herstellt.

Für den Vogelkenner ist es deutlich, daß die Eigenschaften, die bei den Männchen an die Stelle der Brutbeteiligung getreten sind, in bescheidenerem Ausmaß oft schon bei anderen Vertretern der betreffenden Verwandtschaftsgruppen festzustellen sind. So finden sich Balzflüge und Balzkämpfe auch bei anderen Limicolen, z. B. den Strandläufern, wenn auch lange nicht so ausgeprägt wie bei Bekassine und Kampfläufern. – Ein kunstvoller Nestbau wird nicht nur von der Beutelmeise selbst, sondern auch schon von der ihr nahestehenden Schwanzmeise ausgeführt. – Auch die Zwergrohrdommel *(Ixobrychus)*, hat besondere Balzrufe, die aber weniger auffallend klingen als bei der Großen Rohrdommel, wo sich das Männchen von der Brutfürsorge gelöst hat. – Eine Vorstufe zu dem extrem prunkvollen Gefieder der männlichen Paradiesvögel findet sich unter den ihnen nahestehenden Rabenvögeln, die ohne wesentliche brutbiologische Verschiedenheiten schon eine Reihe prächtiger Gestalten aufweisen wie Elster, Blauelster und Häher. – In der Paradiesvogelgruppe haben die Männchen der Laubenvögel *(Ptilomorhynchus, Amblyornis, Chlamydera)* nur eine verhältnismäßig bescheidene Gefiederfärbung. Statt dessen bauen sie umfangreiche Spiellauben, die sie mit allerhand bunten oder glänzenden Dingen, Steinchen, Muscheln, farbigen Federn oder Lappen ausschmücken. Auch hier wieder eine Eigenschaft, die sich in weniger ausgeprägter Form in der Vorliebe der Elster für glänzende Gegenstände findet.

Wir sehen daraus, daß der Ausgleich, der an Stelle der Brutfürsorge tritt, nicht zufälliger Art ist, sondern daß Eigenschaften, die in den betreffenden Familien schon allgemein veranlagt sind, zu einer besonderen Vervollkommnung gelangen. Solche Gipfelbildungen können gerade dadurch entstehen, daß das weibliche Geschlecht die Brutfürsorge allein übernimmt, also gleichsam einen Verzicht leistet und auf einer primitiveren Stufe der Gefiederentwicklung stehen bleibt.

Die Vervollkommnung bestimmter Eigenschaften muß, auch wenn sie sich nur beim männlichen Vogel zeigt, durchaus als Arteigentum gewertet werden und ist mit der «Verzichtleistung» der Weibchen aufs engste verknüpft. Von diesem Gesichtspunkt aus ist nun auch die Tatsache zu verstehen, daß die kastrierten Weibchen bei Hühnern, Kupferfasan u. a. ein Hahnengefieder anlegen. Die auf die Fortpflanzung hingerichteten Funktionen und Instinkte fallen weg und geben damit jenen anderen Arteigenschaften Raum.

Literatur

GOETHE, J. W. (1795): Erster Entwurf einer allgemeinen Einleitung in die vergleichende Anatomie, ausgehend von der Osteologie. In: Goethes Naturwissenschaftliche Schriften. Hrsg. R. Steiner. Dornach 1975.

ANDREAS SUCHANTKE

Was spricht sich in den Prachtkleidern der Vögel aus?

Welch eine Frage! Und doch – das scheinbar Abseitige kann mitunter überraschende Einsichten vermitteln, nimmt man sich nur die Mühe, ein wenig dabei zu verweilen. Es vermag einen nicht selten, forscht man seinen Ursprüngen nach, zu Zentralem hinzuführen.

So auch hier. Die vorliegenden Zeilen wollen ein Versuch sein, an die Wurzel der Erscheinungen vorzustoßen, das Rätsel all der Formenfülle und Farbenpracht, wie es uns im Tierreich gerade die Vögel vorführen, wenn nicht zu lösen, so doch einer Lösung näherzuführen. Um die Erscheinung selber geht es uns, die Vögel sind uns nur Führer auf dem Wege dorthin; sie sind dabei die besten Wegbegleiter, gehören sie doch zu den Tiergruppen, über die wir heute am meisten wissen.

In unseren Breiten sind die Vögel schlicht und ohne exotische Prachtentfaltung, so wird man einwenden und auf Spatz und Kohlmeise verweisen. Natürlich besitzen wir in unseren Gärten keine schillernden Kolibris und in den Wäldern keine Paradiesvögel. Das ist richtig; und doch kennen wir in gemäßigter, gedämpfter Form auch bei uns dasselbe Phänomen. Man sehe sich nur einmal im Frühjahr die Erpel unserer Wildenten an oder einen Eisvogel, funkelnd wie ein Edelstein.

Uns soll aber hier nicht allein die Erscheinung prachtvoller Färbung beschäftigen. Wir wollen uns – zunächst wenigstens – auf die Beispiele extremster Ausgestaltung beschränken, wo nicht nur die Farbe triumphiert, sondern auch die Gefiederbildung zu Prunk und Prachtentfaltung neigt, wo *Form und Farbigkeit gemeinsam* einen Höhepunkt erreichen.

Dazu müssen wir vorläufig allerdings doch in die Tropen gehen, zumindest zu dem, was diese Länder auf unsere Bauernhöfe entsandt haben: zu Hahn und Pfau. Der Letztere insbesonders zeigt uns in Höchstform diese Einheit von Farbe und Form. Und er demonstriert noch ein weiteres: er ist nicht nur passiver Träger seiner Schönheit, sondern weiß sie, in feierlich-pompöser Zeremonie, so imponierend zur Schau zu stellen, daß der Eindruck nicht von der Hand zu weisen ist, das «eitle Tier» gehe ganz im Genießen seines eigenen Prunkes auf. Ein wichtiges Moment: Prachtbesitz und Prachtdarstellung gehören untrennbar zusammen. Um die Erscheinung aber nicht voreilig zu beurteilen, seien zunächst einige weitere Fälle etwas gründlicher angesehen. Da ganz

Abb. 1: Dem Kleinen im Aussehen und in der Form der Balz nahestehend ist der Große Paradiesvogel *(Paradisaea apoda,* Männchen und Weibchen).

oder teildomestizierte Tiere wegen ihres Verlustes an Ursprünglichkeit und der fehlenden natürlichen Umwelt ungeeignete Objekte sind, so lassen wir uns endgültig in die Tropen versetzen: «Nur wenigen ist es beschieden, das unvergeßliche Schauspiel balzender Paradiesvögel in deren Tropenheimat miterleben zu dürfen, aber wenigstens im Geiste wollen wir uns einem dieser Glücklichen als Begleiter anschließen und uns in einen Urwald an der Küste Neuguineas versetzt denken. Am frühen Morgen, wenn die ersten Sonnenstrahlen glitzernd im taufeuchten Laube sich brechen und dampfend die Nässe über den Kronen aufsteigt, verlassen wir das Nachtlager. Hinter dem papuanischen Führer, der mit leichtem, geschmeidigem Schritte, wie er den Naturmenschen eigen ist, auf dem schmalen Pfad voraneilt, geht es durch das tropfende Dickicht. Unser Ziel ist ein mächtiger Baum mit weittragendem, doch locker gefügtem Astwerk, auffallend vor allem durch die fast gänzliche Kahlheit im unteren Teil der

Krone. Seit Jahren oder gar Jahrzehnten ist er den Eingeborenen bekannt als Sammelplatz der Männchen des Kleinen Paradiesvogels *(Paradisaea minor)*, die zur Balzzeit hier ihre ‹sacaleli›, ihren berühmten Liebestanz aufführen. Kaum haben wir Zeit, unser Versteck aufzusuchen, so erscheinen schon die ersten Vögel. Bald sind es ein Dutzend, aber immer noch fallen weitere ein, bis zum Schluß über zwanzig Männchen im vollen Schmuck beisammen sind. Sogleich erhebt sich ein allgemeiner Lärm, indem jedes schrille, krächzende uook-uook-uook-Rufe ausstößt und diese mit schwirrenden Flügelschlägen begleitet. Gegenseitig steigern sie sich damit in eine wachsende Erregung hinein, bis plötzlich, als seien die Vögel von einem unsichtbaren Zauberstabe berührt worden, eine wunderbare Verwandlung sich vollzieht: die braunen Flügel heben sich, der Schwanz wird gesenkt und nach vorne gepreßt, unter leisem Rascheln richten sich die goldglänzenden, seidenfeinen Büschel der Schmuckfedern auf und steigen im Nacken gleich einer glitzernden Fontäne empor, um dann in weichem Bogen über den Rücken hinabzufallen. In dieser Stellung verharrt der steif aufgerichtete Körper einige Zeit, während die Flügel in schwirrender Bewegung sind und ein leichtes Zittern durch den wallenden Federschweif geht. Dann hüpfen alle wie von Sinnen hin und her, laute, abgebrochene Rufe ausstoßend, und führen in voll entfaltetem Federschmuck einen wilden, unwirklich schönen Tanz auf. Bald erreicht das Feuer der Erregung den Höhepunkt, und eine abermalige Verwandlung tritt ein. Mit einem Ruck wird der Körper vornüber geworfen, die Flügel entfächern sich zu einem geschlossenen Schilde vor dem herabgebeugten Kopfe und die Schmuckfedern erheben sich steil in die Höhe. Jeder Muskel des gebogenen Körpers ist aufs äußerste angespannt, und so fest pressen sich die Krallen in die Unterlage ein, daß sie Abdrücke hinterlassen und ein kratzendes Geräusch entsteht. In ekstatischer Hingabe breitet der balzende Paradiesvogel noch einmal seine ganze Pracht aus, erstarrt einige Sekunden in diesem letzten, wirkungsvollen Bilde und richtet sich danach wieder auf, um das ganze Spiel mit unermüdlichem Eifer wieder von vorne zu beginnen» (Sutter und Linsenmaier 1958).

Die australische Region scheint, was die Entfaltung von Pracht und Schönheit beim Balzzeremoniell betrifft, die Krone zu verdienen. Noch berühmter nämlich als ihre Paradiesvögel ist der Leierschwanz *Menura* geworden, ein zartgliedriger, in seiner Langschwänzigkeit etwas an einen Fasan gemahnender Sperlingsvogel. Er ist gleichzeitig ein Beispiel dafür, daß die Darbietung sichtbarer Schönheit keineswegs auf Kosten des Gesanges zu gehen braucht, ist dieser doch bei ihm von wundervoller Reichhaltigkeit, untermischt mit Elementen anderer Vogelgesänge, die sich der Leierschwanz zu eigen macht. Seine Stimme dringt weithin durch den Urwald, wenn er völlig alleine auf einem seiner zahlreichen Tanzplätze paradiert, sauber ausgekratzten, von allen Blättern und Zweigstückchen gereinigten kleinen Lichtungen im Dunkel des Dikkichts. Die Verwandlung, die sich dabei mit seinem Äußeren vollzieht, ist womöglich noch um einige Grade unwirklicher, als wir es vorher bei den

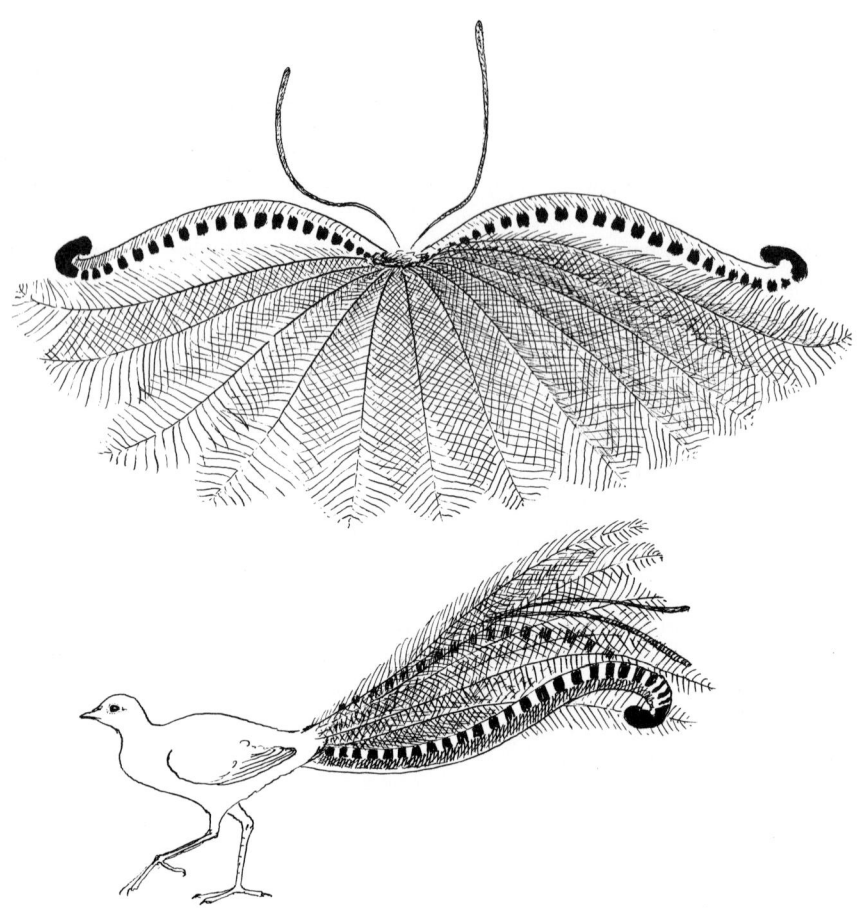

Abb. 2: Männlicher Leierschwanz *(Menura novaehollandiae).* Das obere Bild gibt den Höhepunkt der Balz wieder, der Vogel ist unter dem ausgebreiteten Schleier seiner Schwanzfedern völlig dem Auge verborgen.

Paradiesvögeln erlebten: der Schwanz fächert sich weit auseinander und sinkt, eine weiße Kuppel aus Schleiern oder Spitzen nach vorne über den Vogel und verbirgt ihn vollständig.

Warum aber nach Australien fahren, wenn wir ähnliche Darbietungen fast vor der Haustüre haben! In der Umgebung von Berlin und auf den Flächen des östlichen Burgenlandes kann man sie noch heute sehen, die großen Trappen *(Otis tarda),* den Straußen im Aussehen nicht unähnliche Riesenvögel, die größten Europas. Wenn der Hahn in der Morgendämmerung eines Frühlingstages balzt, so verwandelt sich seine vordem sandfarbene schlanke Gestalt auf überraschende Weise in einen weithin leuchtenden «Schneehaufen», in dem sich kein Körperteil mehr mit Sicherheit feststellen läßt. Erreicht wird diese Ver-

Abb. 3: Hahn und Henne der Großtrappe, daneben der Hahn in Balzstellung.

wandlung durch kaum mehr glaubhaftes Umkrempeln der Gestalt. Die Flügel
sind so stark verrenkt, daß die Unterseite nach oben und das Innerste nach
außen zeigt. Der Schwanz liegt, hochgeklappt, dem Rücken an und berührt mit
seinem Ende den Hinterkopf. Wo früher der Hals war, bläht sich jetzt ein prall
aufgepumpter Ballon, hinter dem der Kopf völlig in einer Vertiefung verschwindet, umgeben vom Strahlenkranz der nun senkrecht gen Himmel weisenden
Borsten des Bartes. Große Bewegungsmöglichkeiten hat das merkwürdige
Gebilde nicht; hastiges Trampeln und jähe Schwenkungen nach der einen oder
anderen Seite sind das einzige, was sich der weiße Federberg erlauben kann.
Von Zeit zu Zeit erschallt ein tiefes Pumpen, wenn der Hals wieder aufgeblasen
wird (Gewalt 1959).

Mit diesen Beispielen wollen wir den Reigen fremdartiger Pracht und barok-
ker Schaustellung verlassen, wenn wir auch an gegebener Stelle auf diesen oder
jenen anderen Balzspezialisten noch zurückkommen müssen, den Birkhahn
(Lyrurus tetrix) etwa, den Kampfläufer *(Philomachus pugnax)* oder den Pfau.
Statt dessen wollen wir den Blick auf eine etwas andere Form des Balzens
richten, uns dabei auf zwei Vertreter der heimischen Vogelwelt konzentrierend:

Steht man im zeitigen Frühjahr am Ufer eines unserer Seen, so kann man weit
draußen ein tiefes, unheimliches Bellen vernehmen, dessen Urheberschaft man
bestimmt keinem Vogel zuschreibt. Blickt man auf die Wasserfläche hinaus, so
kann man mit einiger Mühe zwei dunkle, an Hals und Brust indes auffallend
helle Gestalten erkennen, die durch den merkwürdig dicken Kopf ein etwas
komisches Aussehen erhalten: zwei Haubentaucher *(Podiceps cristatus)*. Unbe-
zwinglich aber zum Lachen reizt das, was sich zwischen ihnen abspielt: wie zwei

Besucher, die aus einer gegenseitigen Vorstellungs- und Verbeugungszeremonie nicht mehr herausfinden und nun unentwegt damit fortfahren, so knicken die beiden Hälse abwechselnd ein und fahren wieder in die Höhe; dazwischen heftiges Hin- und Herschütteln des Kopfes. Irgendwann einmal verschwindet plötzlich der eine unter Wasser oder beide kurz hintereinander. Wenig später tauchen sie wieder auf und haben nun den Schnabel voller Wasserpflanzen, die sie einander präsentieren. Gelegentlich richten sie sich dabei steil aneinander auf und bilden so ein fremdartiges, streng symmetrisches Doppelgebilde. Was sie einander bei diesem Zeremoniell darbieten, ist das gleiche, womit sie später ihre Nester bauen; Nistmaterial ist es, was sie sich präsentieren.

Etwas später, im Mai, besuchen wir an der Meeresküste eine der großen Seeschwalbenkolonien (Fluß- und Küstenseeschwalbe, *Sterna hirundo* und *macrura*). Die schlanken weißen Vögel mit den roten Schnäbeln sind gerade aus Afrika zurückgekehrt und kreisen noch, wild durcheinanderschreiend, über ihren angestammten Nistgründen. Die Brutreviere der einzelnen Vögel sind noch nicht abgegrenzt, aber schon sieht man da und dort die eine oder andere der eleganten Gestalten mit einem Fisch im Schnabel herumfliegen, wobei sie schreiend von anderen verfolgt wird. Bleiben wir einige Tage an Ort und Stelle, so bemerken wir, wie diese Flüge allmählich zielgerichteter werden. Immer

Abb. 4: Männchen und Weibchen des Haubentauchers, einander gegenseitig Nistmaterial anbietend.

144

Abb. 5: Hochaufgerichtet überreicht das Seeschwalbenmännchen den mitgebrachten Fisch einem Weibchen, das seine Bereitschaft durch unterwürfige Haltung zum Ausdruck bringt.

mehr gelten sie einem bestimmten Partner, dem der Fisch dargeboten oder in der Luft zugeworfen wird. Geschieht es am Boden, wird diese Geste vom Gegenüber nicht mit Drohen und mit Schnabelhieben beantwortet, sondern mit zitternden Flügeln und bettelndem Jungvogel-Wispern, und wird der Fisch angenommen, so ist die Paarbildung vollzogen. Das Geschenk wird nun nicht etwa gefressen, sondern dient der endlosen Wiederholung des gleichen Spieles, das ab und zu von stürmischen Verfolgungsjagden unterbrochen wird.

Was sich hier erleben läßt, bei den Spielen der Haubentaucher und der Seeschwalben, unterscheidet sich in einigen sehr wesentlichen Punkten von den Schaustellungen der Paradiesvögel, des Leierschwanzes und der Trappe. Dort haben wir bisher überhaupt noch nichts gehört von einem Partner, von der Rolle der Weibchen. Die Parade der Haubentaucher hingegen läßt sich gar nicht beobachten, wenn nicht beide Partner, Männchen und Weibchen, beteiligt sind. Auch die Übergabe des Fisches wäre ja ohne denjenigen, der ihn entgegennimmt, völlig sinnlos. Ein Trapphahn indes balzt auf seiner Wiese völlig einsam über Stunden hinweg (Gewalt 1959), und Birkhähne kann man in unseren letzten, leergeschossenen Revieren vereinsamt und ganz alleine kollern und ihre Luftsprünge ausführen sehen, den ganzen Morgen über, tagelang und Wochen hindurch. Und wie oft schon haben wir Pfauen in vollentfalteter Pracht einherrauschen sehen, mit den Flügeln den Boden scharrend, ohne daß weit und breit eine Henne zu erblicken war.

Ziel- oder *partnerabhängig* könnte man das Verhalten von Haubentaucher und Seeschwalbe nennen, *partner-unabhängig* das andere, wenn auch nicht übersehen werden darf, daß sowohl die Birkhahn- wie die Trappenbalz Elemente aufweisen, die der Geschlechterfindung dienlich sind: das Kollern des Birkhahnes ist im unübersichtlichen Gelände der Waldblößen und Hochmoore kilometerweit zu hören, während die Trappe, ein Bewohner weit überblickbarer

Steppen, als weißer Schneehaufen vor allem optisch wirkt. Der Leierschwanz zeigt uns aber deutlich, wie vorsichtig wir mit Zweck- und Nützlichkeitsdeutungen sein müssen: er ist Meister auf optischem und auf akustischem Felde. Bei ihm ist es offenbar der Gesang, der wie bei den ihm nahestehenden Singvögeln die Auch-Bedeutung der Partnerfindung hat. Wozu also noch die Pracht seines Tanzes, seines ausgebreiteten Schleiers? Heben wir uns die Frage auf!

Und die Weibchen dieser Balzartisten? Sie sind kurz gesagt das Schlichteste, was sich denken läßt. Eine Singdrossel, ein Rotkehlchen ist prächtiger als jedes der unscheinbar erdbraunen Paradiesvogelweibchen, von denen sich oft nur schwer sagen läßt, zu welcher Art sie gehören – sehr im Gegensatz zu ihren markanten, unverwechselbaren Männchen. Das Weibchen von Menura ist so schlicht wie ein weiblicher Pfau. Und die Trapphenne: in der normalen Haltung sieht sie ganz ähnlich aus wie das Männchen, rostfarben, schwarz und weiß gesprenkelt. Dafür ist sie aber nur etwa halb so groß und erreicht nicht einmal ein Drittel seines Gewichtes; sie hat keinen Bart und auch nicht den enorm aufblasbaren Luftsack im Hals (Gewalt 1959). Vor allem aber kann sie nicht zum «Schneehaufen» werden.

Es bestehen also extreme Unterschiede der Geschlechter. Auch die Hennen von Birk- und Auerhahn *(Tetrao urogallis)* sind erheblich viel kleiner und völlig anders gefärbt. Ihnen fehlt die einheitlich schwarze Livree mit den Bronzeeffekten, das dazu kontrastierende Weiß und die verlängerten Schwanzfedern. Sie sind schlicht und unscheinbar wie das braune Laub des Waldbodens.

Ganz anders steht es um Haubentaucher und Seeschwalbe; aber auch um den Fischreiher, der ebenfalls partnergerichtet balzt, und bei dem sich Männchen und Weibchen gegenseitig kleine Zweige, wiederum also Nistmaterial, überreichen: die beiden Geschlechter sind ununterscheidbar in ihrem Aussehen.

Damit sind wir aber erst am Anfang der Unterschiede. Sie sind in Wirklichkeit noch viel tiefgreifenderer Natur. Die Partnergerichtetheit und ihr Gegenstück, die Partner-Unabhängigkeit, sind keineswegs nur auf die Balz beschränkt, *sondern kennzeichnend für das gesamte Fortpflanzungsverhalten* der betreffenden Vögel.

Beim Haubentaucher, bei der Seeschwalbe und beim Fischreiher *(Ardea cinerea)* herrscht völlige Arbeitsteilung. Gemeinsam wird gebrütet und gemeinsam werden die Jungen aufgezogen. In manchen Fällen ist die Bindung von Weibchen und Männchen mit dem Ausfliegen der Jungen immer noch nicht beendet und vermag, wahrlich eine Ehegemeinschaft, das ganze Leben hindurch zu halten. Von der Wildgans *(Anser anser)* und von den Schwänen *(Cygnus)* kennen wir sie; bei Kolkrabe *(Corvus corax)* und Steinadler *(Aquila chrysaetus)* wird sie vermutet. Das alles sind wiederum Vögel, bei denen Männchen und Weibchen sich nicht oder nur ganz geringfügig unterscheiden, weder in ihrem Aussehen, noch in ihrer Rollenverteilung.

Die Männchen und Weibchen der Trappe begegnen sich nur während der Fortpflanzungszeit und für kurze Augenblicke am Balzplatz. Das gleiche gilt für das Birkwild und für den Auerhahn. Auch die Kampfläufermännchen paradieren, im Schmuck ihrer verschiedenfarbigen barocken Halskrausen, auf den Hochmoorhügeln und erhalten dabei nur gelegentlich den Besuch der kleineren und schlichteren Weibchen, um die dann sofort ein heftiges Gebalge einsetzt. Wenig später verschwindet das Weibchen wieder und bleibt von nun an völlig für sich. Es legt allein seine Nestmulde im Riedgras an, bebrütet seine Eier in gänzlicher Einsamkeit und zieht seine Jungen ebenfalls allein auf. Sogar auf dem Zug schart es sich nur mit anderen Weibchen zusammen; die Männchen ziehen in eigenen Verbänden (Lindemann 1951). Allesamt sind diese letzterwähnten Formen Nestflüchter, und man kann es noch verstehen, daß hier ein Partner genügt, da die Jungen ja nur in den allerersten Tagen gefüttert werden müssen. Sie sind ja bereits recht selbständig, wenn sie auf die Welt kommen. Daß aber auch Nesthocker wie die Paradiesvögel und der Leierschwanz ähnlich partnerlos zu leben vermögen, ist doch überraschend. Tatsächlich bauen auch hier die Weibchen das Nest völlig alleine; sie brüten und füttern ihre bis zum Ausfliegen gänzlich hilflosen Jungen ohne die Unterstützung des Männchens.

Wir konnten die Feststellung machen, daß eine auf die Spitze getriebene Zurschaustellung der Männchenpracht verbunden ist mit der Herauslösung aus der Fortpflanzungsgemeinschaft.

Nun gibt es unter den zahlreichen Paradiesvögeln aber nicht nur Prunk und Prachtentfaltung, es gibt auch Formen, deren Männchen einförmig dunkel sind, keinerlei Schmuckbildungen in ihrem Gefieder hervorgebracht haben und von

Abb. 6: Zwei Kampfläufer-Männchen, im Hintergrunde ein Weibchen. Wichtiger Bestandteil der Spiele ist das Lüften der Flügel, wodurch die leuchtende Unterseite sichtbar wird.

Abb. 7: Nur in wenigen unbedeutenden Einzelheiten unterscheiden sich Männchen und Weibchen von *Paradigallia carunculata*, dem Samtschwarzen Paradiesvogel.

ihren Weibchen kaum zu unterscheiden sind. Ein Beispiel dafür ist der abgebildete Samtschwarze Lappenparadiesvogel *(Paradigallia carunculata)* aus den Wäldern Neuguineas, der, wie auch die ihm nahestehenden Paradieskrähen *(Lycocorax)* und Schalldrosseln *(Phonygammus)*, kein besonderes Balzzeremoniell entwickelt. Außerdem leben die beiden Partner zusammen und die Männchen beteiligen sich am Familienleben (Berndt und Meise 1961).

Wir erwähnten schon einige Hühnervögel als Balzspezialisten, den Birkhahn und insbesondere den Pfau, der in seiner Prachtentfaltung den Paradiesvögeln wahrhaftig nicht nachsteht. Wir hätten ebensogut den Argusfasan nehmen können, bei dem nicht nur der Schwanz, sondern vor allem die verbreiterten Flügel mit herrlichen Augenflecken bemalt sind; oder das feurig rote Satyrhuhn *(Tragopan)*, oder die metallfarbenen Glanzfasane *(Lophophorus)* aus den Rhododendrenwäldern des Himalaya. Bei all diesen Formen erschöpfen sich die Männchen in äußerlicher Prachtentfaltung und haben am Brüten und am Führen der Jungen keinen Anteil. Sowie wir uns aber schlichten, durch keine aufwendigen Formgestaltungen von ihren Weibchen unterschiedenen Hahnenarten zuwenden, begegnen wir der gleichen Erscheinung wie bei den schmucklosen Paradiesvögeln. So etwa bei den Perlhühnern *(Numida)*, wo Männchen und Weibchen fest verpaart sind, wenn wir das auch aus ihrem geselligen Leben im Schwarm nicht unbedingt ersehen. Erst recht ununterscheidbar sind Hahn und Henne bei dem Rothuhn *(Alectoris rufa)* (einzig ein höckerartiger Spornansatz kennzeichnet das Männchen), bei dem die «Gleichberechtigung» besonders originelle Formen angenommen hat: das Weibchen produziert zwei Gelege, in zwei verschiedene Nester. Eines davon bebrütet sie selbst, das andere hingegen der Hahn, der auch später, nach dem Ausschlüpfen, «seine» Jungen selber führt (Glutz von Blotzheim, Bauer und Bezzel 1973; Géroudet 1947–1957).

Noch eigentümlicher wird es dort, wo sich die Rollen gänzlich vertauschen und – es klingt nach Erfindung, entspricht jedoch den Tatsachen – die Männchen alleine der Brutpflege obliegen. Bei diesen Vögeln, dem Odins- und dem Thorshühnchen *(Phalaropus lobatus* und *fulicarius)* der arktischen Tundren ist auch das Weibchen nicht nur größer und prächtiger gefärbt als das Männchen, sondern auch bei der Paarbildung der aktivere Teil. Wütend können sich zehn und mehr Weibchen auf dem Wasser um ein einziges Männchen balgen, wobei sie einander auf den Rücken fliegen, unter Wasser drücken und zu ertränken versuchen (Kowalski 1962). Später lockt das Weibchen durch Gesang sein Männchen zum vorgesehenen Nistplatz und legt vor dessen Augen demonstrativ seine Eier. Anschließend macht es sich aus dem Staube (Tinbergen 1935).

Ganz offenkundig ist also ein so enger, ursächlicher Zusammenhang zwischen der körperlichen Ausgestaltung des Tieres und seiner Lebensweise vorhanden,

Abb. 8: Zwei an ihrer kontrastreichen Färbung kenntlichen Weibchen des Odinshühnchens streiten sich um eines der unscheinbaren Männchen auf dem Myvatn-See in Island.

daß wir bereits allein nach dem Aussehen, ohne etwas von den Lebensgewohn-heiten zu wissen, über die Rolle des Männchens in der Fortpflanzungsgemein-schaft aussagen können. Sehr starke Geschlechterunterschiede, insbesondere dann, wenn sie sich auf eine Anzahl von Merkmalen beziehen – auf Größe, Färbung, besonders aber auf Abweichungen im Gestaltbild –, deuten immer darauf hin, daß der bevorzugt ausgestattete Partner in der Gemeinschaft keine Rolle spielt. Handelt es sich hingegen nur um einzelne Merkmale – abweichende Färbung etwa –, so können wir zwar daraus schließen, daß in diesem Fall das schmuckvollere Männchen weniger aktiv im Innern des Familienzusammen-hanges tätig ist und sich bei Nestbau und Bebrütung zurückhaltend oder passiv verhält; daß es statt dessen mit gesanglicher Markierung und Verteidigung des Brutreviers beschäftigt ist, wie wir es bei den Rotschwänzchen, beim Blaukehl-chen, der Amsel, bei Buchfink und Gimpel finden. Dasselbe gilt aber auch für Nachtigall, Rotkehlchen und Singdrossel und noch manch andere (wie für den Zaunkönig), bei denen sich die Geschlechter äußerlich in nichts unterscheiden.

Die Färbung allein ist es nicht. Nur dort, wo wir darüber hinaus noch eine besondere plastische Ausschmückung des Gefieders vorfinden, können wir unserer Sache sicher sein. So etwa bei den Kolibris, wo wir lange Schwanzflag-gen, schillernde Hauben und funkelnde Halskrausen nur bei den Männchen antreffen, während die Weibchen nicht nur stumpf bräunlich gefärbt sind, sondern auch dieser plastischen Zierden völlig ermangeln. Bei ihnen herrscht denn auch Ehelosigkeit und das Männchen geht völlig in seinen Balzflügen auf (Berndt und Meise 1961–62).

Wir möchen aber noch einen tieferen Einblick erhalten. Mit der Darlegung der Alternative, wonach das Männchen entweder glänzend und prächtig ausge-staltet ist oder in der Brutgemeinschaft eine Rolle spielt, sind wir noch an der Oberfläche. An das *Wesen* dessen, was sich da ausspricht und sich einmal in dieser, das andere Mal in jener Form äußert, wollen wir herandringen.

Dazu müssen wir wieder zu den Paradiesvögeln und ihrer engeren Verwandt-schaft zurückkehren. Ganz am Anfang erfuhren wir, wie der große Baum, der den Kleinen Paradiesvögeln als Balzplatz diente, in seinem Innern, dort, wo sich die Vögel zur Schau stellen, fast völlig entlaubt ist. Das ist kein Zufall. Auch beim Leierschwanz erfuhren wir ja, daß er sich eine kleine Rodung im Urwald herstellt, die er von allen herumliegenden Pflanzenteilen reinigt.

Aber nicht nur der Leierschwanz, auch einige Paradiesvogelarten balzen am Boden oder dicht darüber und richten sich eine sauber gehaltene Tenne her. Der Gelbkragen-Paradiesvogel *(Diphyllodes magnificus)* wählt sich dafür einen Platz aus, an dem einige kleine Baumschößlinge stehen, die er entblättert und sogar entrindet. Bei der Balz, die bei ihm fast bewegungslos abläuft, stemmt er sich waagrecht von seiner Kletterstange ab (Berndt und Meise 1961–62).

Weit über diese einfache Umgestaltung des Balzplatzes geht aber nun die Gruppe der Laubenvögel, die den Paradiesvögeln eng verwandt ist. Sie haben in ihrer australischen Heimat wegen ihrer Kunstfertigkeit die gleiche Berühmtheit

erlangt wie der Leierschwanz durch seine Schönheit. Auch bei ihnen steht – in
einigen Fällen wenigstens, es gibt auch andere Möglichkeiten – in der Mitte der
Lichtung ein kleines, entblättertes Bäumchen. An ihm werden um das Stämm-
chen herum allerhand Zweige so aufgestellt, daß zum Schluß eine spitze, etwas
unordentliche Reisigpyramide entsteht. Nicht genug damit, wird nun darüber
mit durcheinandergeflochtenen, nach allen Seiten hervorstarrenden Zweigen
ein besenförmiges Gebilde produziert und anschließend mit einigen hellen
Orchideenblüten geschmückt. Bevor jedoch mit diesem Bau überhaupt begon-
nen wird, verwandelt der Vogel die Bühne selber, umzieht sie mit einem
kreisförmigen Ringwall und legt sie säuberlich mit einem Teppich aus Moos
aus, das er sich von den Bäumen herunterholt (Berndt und Meise 1961–62).

Man sollte meinen, großartiger ginge es nun sicher nicht mehr. Weit gefehlt!
Eine andere Art verzichtet nun zwar auf den nach oben weisenden Besen; dafür
baut sie aber oberhalb der Reisigpyramide in ganz anderer Weise. Ein weit
ausladendes Hüttendach entsteht da, das sich in flacher Neigung zu Boden

Abb. 10: Männlicher Goldschopf-Laubenvogel auf seinem Bauwerk.

senkt und vorne eine breite niedrige Öffnung freiläßt. Wie von Kinderhand erbaut erschiene dieses Spielzeughäuschen, wäre es nicht so überaus kunstvoll errichtet. Und davor wieder der gleiche Moosrasen, da und dort belebt von einem Häufchen Orchideenblüten, blauer Beeren und lose gruppierter Schnekkenhäuser.

. Vor und auf diesen Bauwerken wird eifrig gebalzt – nicht etwa gebrütet! Von Zeit zu Zeit werden sie eingerissen und wieder neu errichtet. Die angesammelten Blumen und Früchte werden teils in wütendem Angriff attackiert, bei anderen Arten hingegen sorgfältig um den Bau herum gestapelt. Dabei zeigen die einzelnen Arten Vorlieben für bestimmte Farben, über deren Bedeutung man aber noch nicht recht etwas weiß. Nur in einem Falle, beim Seidenlaubenvogel *(Ptilonorhynchos violaceus),* wo blaue und gelbe Gegenstände angesammelt werden, ist die Beziehung klar, denn hier ist das Männchen blauschwarz und das Weibchen grünlichgelb gefärbt (Marshall 1954).

Vergleichen wir nun diese drei verschiedenen begabten Künstler ihrem Aussehen nach! Der Gelbkragen-Paradiesvogel ist wahrlich nicht mehr zu übertreffen in seiner grotesken Buntheit und bizarren Tracht: ein tiefgrüner riesiger Brustlatz kontrastiert lebhaft mit den orangegoldenen, auf der Schulter korallenroten Flügeln. Dazwischen schiebt sich eine schwefelgelbe Halskrause, deren weiter Schwung den schwarzen und feuerroten, größtenteils nackten Kopf umrahmt; der derbe Schnabel leuchtet blaßblau, die Füße sind ultramarin. Zartbläulich gefärbt sind auch die beiden großen Schwanzreifen, die zusammen eine Acht formen.

Der Erbauer des Maibaumes, der Goldschopf-Laubenvogel *(Amblyornis macgregoriae)* kann mit solch orientalischem Prunk nicht wetteifern. Der einzige Schmuck seiner erdbraunen Gestalt ist eine große goldgelbe, an der Basis feuerrote Haube, das einzige, allerdings noch recht auffallende Merkmal, das ihn von seinem Weibchen unterscheidet. Und der dritte, der Erbauer des Spielzeughäuschens? Sein Name sagt es schon: der Schmucklose Laubenvogel *(Amblyornis inornatus)* ist einfarbig braun, ohne jede Zierde, und gleicht seinem Weibchen zum Verwechseln. Zwischen ihm und dem Goldschopf gibt es übrigens eine Zwischenform, in jeder Beziehung die Mitte haltend: das Haus ist einfacher, kleiner und ein wenig primitiver, aber doch weit kunstvoller als der Besenbau. Sein Urheber, der Kurzschopf-Laubenvogel *(Amblyornis subulatus)*

Abb. 11: Die geräumige Hütte des Schmucklosen Laubenvogels. Das Männchen ist mit einer Sammlung von Orchideenblüten auf seinem Moosrasen beschäftigt.

besitzt in einigen Fällen eine Haube, die hinter der des Goldschopfes an Größe und Farbigkeit zurücktritt und einigen Männchen sogar völlig fehlen kann.

Die Parallelen mit dem schon vorher Festgestellten sind deutlich. Dort waren die Männchen um so schlichter, je mehr sie in der Brutgemeinschaft aufgingen – hier, je mehr sie sich dem Baue kunstvoller Lauben widmen. Im Grunde ist beides dasselbe, wenn auch bei den Laubenvögeln wie auf Abwege geraten. Was das Männchen da betreibt, ist Nestbau, ein Nestbau allerdings, der nicht mehr der ursprünglichen Aufgabe innerhalb der Brutgemeinschaft dient. Geblieben aber ist die Gültigkeit der Regel, nach der das Männchen um so schlichter und weibchenähnlicher ist, je mehr es *mittätig* ist. Wie wir sehen, gilt die Regel selbst dann, wenn diese Tätigkeit plötzlich aus dem ursprünglichen Funktionssystem ausklinkt; tätig bleibt der laubenbauende Vogel ja dennoch.

Übrigens besteht nicht nur die Balz der Laubenvögel aus solchen funktionsentfremdeten und ausgeschmückten Triebhandlungen. Neuere Untersuchungen (Schenkel 1956) haben gezeigt, daß auch die Balz der Hühnervögel solche Wurzeln hat – mit einem bezeichnenden Unterschied jedoch: im Paradieren des Pfaues, der Fasane und des Birkhahns sind nicht Nestbauhandlungen «zweckentfremdet», sondern Futterübergabezeremonielle, wie wir sie noch in der Rebhuhnbalz im Darreichen der Körnchen an die Henne oder in der Fischübergabe der Seeschwalben erleben, allerdings bis zur Unkenntlichkeit ritualisiert; desgleichen aber auch Droh- und Abwehrreaktionen gegen Feinde, Gesten des gegenseitigen Aneinanderdrängens usw. *Niemals handelt es sich dabei jedoch um Handlungen, die dem Bereich des Nistens, Brütens und der Sorge für die Nachkommenschaft entlehnt sind,* sondern stets um Elemente der Kontaktnahme zwischen Männchen und Weibchen oder um Gesten der Verteidigung. Bei den Entenerpeln sind in der Balz sogar Gefiederpflege- und Putzbewegungen ritualisiert (Lorenz 1941). Nur die Laubenvögel bilden eine Ausnahme mit ihrem l'art-pour-l'art-Nisten; und sie sind schmucklos, «wie sich's gehört».

Was alle Balzhandlungen grundlegend unterscheidet von der Fürsorge für die Nachkommenschaft, ist ihr offensichtlicher Selbstzweck. In ihnen lebt sich der Vogel in all seiner überschäumenden Kraft dar, die nun einmal nicht bestimmten «praktischen» Aufgaben zu dienen hat. Daher der verschwenderische Überschuß in all diesen funktionsfrei gewordenen und ja auch bis zur Unkenntlichkeit verwandelten Gesten des Drohens, Futterdarreichens, Putzens.

Der nestbauende, brütende, fütternde Vogel geht dagegen völlig in einer Tätigkeit auf, die sinnbezogen und zielgerichtet ist. All seine Kraft lebt er nicht in sich selbst aus, sie fließt der Nachkommenschaft zu. Vermenschlicht würde man es Selbstlosigkeit nennen, die Brutpflege der sorgenden Vogelmutter. Würde der Vogel bewußt handeln, wäre das auch berechtigt; er folgt aber in allem erblich festgelegten Verhaltensmustern, die ihn zwingen, auf artspezifische Weise sein Nest so und nicht anders zu bauen, auf den Anblick der leuchtend gefärbten Rachen seiner Jungen hin Futter herbeizuschleppen usw. Wohl dagegen können wir es als *Abbild* selbstlosen Handelns bezeichnen, um es zu charakterisieren und es von dem Geschehen in der partner-unabhängigen Balz zu unterscheiden.

Denn dort steht keine einzige Handlung mehr unter dem Zeichen der Fürsorge. Revier- und Nistplatzverteidigung, die noch bei Seeschwalbe und Rebhuhn dem gegenseitigen «Warmwerden» dienende Futterübergabe, sind bei Pfau und Birkhahn von ihrer ursprünglichen Bestimmung losgelöst; sogar die Putzbewegungen der Enten sind leere Gesten. Bezeichnend auch, wie stark dabei der Kontakt mit dem Partner verlorengeht und auf das äußerste Mindestmaß beschränkt ist. Das kann bis hart an die Grenze gehen, wo die Fortpflanzung selber gefährdet wird. Gerade bei den Paradiesvögeln ist eine unverhältnismäßig hohe Zahl von Bastarden bekannt geworden, Kreuzungen zwischen Weibchen und Männchen gänzlich verschiedener und im Grunde völlig unverwechselbarer Arten – ein Zeichen, wie stark sich Männchen und Weibchen entfremdet haben. Auch die Trappe gibt ihre Balzstellung nicht gerne auf, um sich einem Weibchen zu nähern; «Vögel mit ausgesprochener Schaubalz neigen zur Tretfaulheit» (Gewalt 1959). Bezeichnenderweise finden solche Balzspiele sehr oft auf Plätzen statt, an denen sich noch andere Männchen einfinden. Das Element des Rivalisierens gehört denn auch dazu, ein gegenseitiges Hineinsteigern, das oft in kämpferische Auseinandersetzung einmünden kann. Die Bezeichnung «Gemeinschaftsbalz» für derartige Massenturniere – der Birkhähne oder Kampfläufer etwa – ist wohl nicht ganz glücklich. Eine Gemeinschaft jener Art, wie wir sie am Nest oder beim Fischzeremoniell der Seeschwalben antreffen, ist es jedenfalls nicht. Die balzenden Hähne stoßen sich voneinander ab. Was hier herrscht, sind, bildhaft gesprochen, Antipathien.

Zweckentfremdet oder zielbezogen, beides, Schaubalz und Brutpflegehandlungen entstammen der gleichen Quelle und sind *Äußerungen des Seelenlebens*. Das eine Mal kommen die Seelenkräfte der Nachkommenschaft zugute und werden hingegeben, hingeschenkt. Das andere Mal ergießen sie sich *in die eigene Körperlichkeit* und wirken hier *bildend und ausgestaltend*. Je weniger sie Brutpflegehandlungen zugute kommen, desto mehr können sie sich an der Plastizierung der eigenen Gestalt betätigen.

Das klingt heute für viele Ohren befremdend. Das Seelenleben des Tieres soll verantwortlich sein für sein Aussehen, seine Gestalt?

Portmann wies darauf hin, wie mit zunehmender Organisationshöhe ein reicheres seelisches Leben sich entfaltet und im gleichen Maße auch «Organe der Kundgabe» sich entfalten, die den jeweiligen Gestimmtheiten des Tieres mimischen Ausdruck verleihen (Portmann 1960). Dennoch kann es Schwierigkeiten verursachen, in den festgeformten Bildungen am Vogelkörper Gestaltungen des Innenlebens, der Tierseele zu erblicken. Sie sind ja erblich fixiert, von Anfang an vorhanden, werden nur benützt zur Kundgabe und Mimik und nicht bei jeder Stimmung neu geschaffen, um danach wieder zu verschwinden. Eine vorsichtigere Deutung wird sich vielleicht damit begnügen, von einer Inanspruchnahme vorhandener Möglichkeiten zu sprechen, die auch ohne diese

Verwendung existieren. Als Beispiel ließe sich der drohende, kampfbereite Geier anführen, der seine in der Rangordnung tieferstehenden Artgenossen vom Aase fernhalten will: er benützt seine geöffneten Flügel, seinen schlagbereiten Fuß in höchst überzeugender Weise als Organe der Stimmungskundgabe. Und nicht weniger eindrücklich sind seine demütig abwartenden Genossen, die mit gesenktem Hals und gesträubten Schulternfittichen ergeben dasitzen (Valverde 1959). Sicher. Aber hier handelt es sich doch um Organe, die in höchst zweitrangiger Weise der Kundgabe dienen. Wir brauchen dagegen nur die Haube des Goldschopf-Laubenvogels zu betrachten, die Halskrause des Kampf-läufers, das Flankengefieder des Kleinen und Großen Paradiesvogels, aber auch die Ausgestaltung des Schwanzes von Menura, um Gebilde vor uns zu haben, die einem rein funktionellen Deutungsversuch völlig unzugänglich sind. Ihm müssen sie geradezu widersinnig, überflüssig erscheinen; und sie werden denn auch mit der abwertenden Bezeichnung «luxurierende Bildungen» beiseite geschoben.

Nun ist ja der Vogel in seinem Federkleide umhüllt von einem erstarrten Mantel toter Körpersubstanz, in die sich gar keine Regungen des darunter lebenden Organismus unmittelbar hinein fortsetzen können. Nehmen wir hingegen ein Wesen, bei dem das nicht der Fall ist, die *Sepia,* so sehen wir die lebende Oberfläche des Körpers selber jede Stimmungsnuance augenblicklich mit einer entsprechenden Gestaltbildung beantworten; wenn sich auch alles im Bereich des Farbig-Flächenhaften abspielt, es entstehen doch deutlich umgrenzte Formen und Strukturen. Gerade die «Balzfärbung» dieses Tintenfisches, die er bei Paarungsbereitschaft annimmt, hat eine besonders stark optische Wirkung (Tinbergen 1939). Was diese temporären Bildungen in der Sepiahaut unterscheidet von den bleibenden in den Vogelfedern, ist lediglich die Wahl der Mittel; im Prinzip ist es jedoch dasselbe. Auch bei den Vögeln können ja an Stellen, an denen nackte Haut zutage tritt, Stimmungen unmittelbar verän-

Abb. 12: Links ein ranghoher Gänsegeier *(Gyps fulvus)*, der sein Vortrittsrecht am Aas drohend zum Ausdruck bringt. Rechts ein untergeordneter Artgenosse, der in demütiger Haltung abwartet, bis der andere den Platz freigibt.

dernd eingreifen (Kopfanhänge des Truthahns). Beim Tintenfisch zeigt sich aber nun in sehr klarer Weise, wie die Tierseele im Körper formschaffend tätig ist. Es ist wirklich nicht zu übersehen, wie diese Ausdrucksstrukturen *die Folge* seelischer Aktivität sind.

Vielleicht liegen die ursprünglichen Verständnisschwierigkeiten auch an der kaum noch zu überbietenden Verschwommenheit des Begriffes der «Seele», den niemand heute so recht mehr in den Mund nehmen will, am wenigsten die Biologen, die lieber Verhaltensforschung als Tierpsychologie betreiben.

Lediglich bei Rudolf Steiner finden wir Hinweise auf die doppelte Wirksamkeit des Seelischen. Besser gesagt: die Trieb- und Instinktäußerungen, wie sie uns in der Balz oder im Nestbau und der Jungenfürsorge entgegentreten, sind ebenso Äußerungen des *Seelenleibes,* wie es die Ausgestaltung der körperlichen Struktur ist. Sichtbar ist er trotz seiner Bezeichnung als «Leib» nicht, er ist unsubstantieller Natur, jedoch mit dem sichtbaren materiell-physischen Leib in Deckung. Er verhält sich zu ihm, um einen konkreten Vergleich zu gebrauchen, wie der Gedanke zur Tat, wie die Idee zur Verwirklichung. Er ist also das Reale, Primäre, wie die Idee, die eine Tat erst möglich macht und ihr den Sinn gibt.

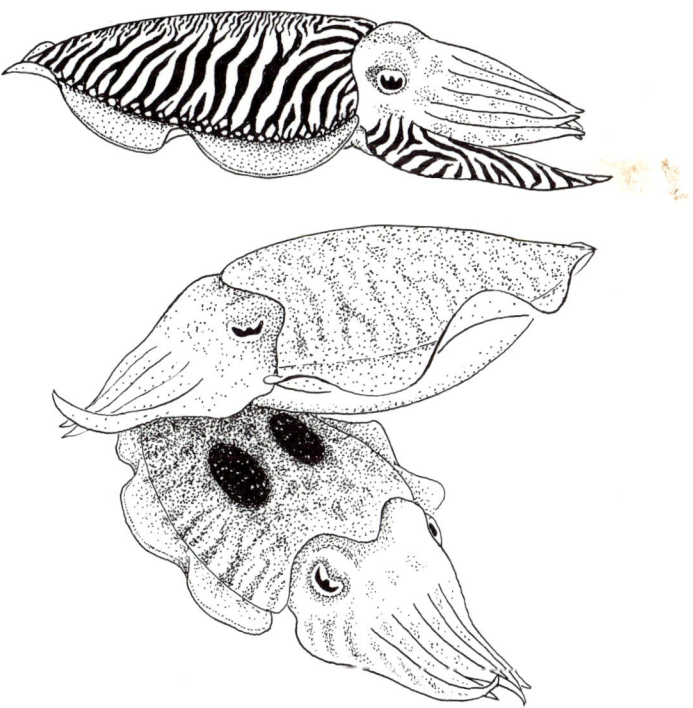

Abb. 13: Dreimal derselbe Tintenfisch *(Sepia),* einmal in Paarungsstimmung (oben), in Ruhe und in erschrecktem Zustand (unten).

Niemand wird ernstlich eine Handlung als das Ursprüngliche, den ihr zugeordneten Gedanken als das Ergebnis ansehen; denn, um es zu wiederholen: der Gedanke oder die Empfindung bedingen die Tat. Einfachste Beobachtung vermag das zu bestätigen. So ist dieser Seelenleib des Tieres vergleichbar den verursachenden Ideen und Gedanken; er ist der Träger der Motive und Urbilder, die das Triebverhalten und die körperliche Ausgestaltung ermöglichen. Auf das «Wie» dieses Wirkens kann hier schon deshalb nicht eingegangen werden, weil es den Rahmen dieser Skizze sprengen würde; dem Leser sei empfohlen, die Quellen selber aufzusuchen (Steiner 1908/9, 1910, 1914, 1928).

Hingewiesen sei jedoch noch auf ein anderes deutlich sichtbares Zeichen der Verwandtschaft von seelischen Äußerungen und körperlicher Gestaltung, wie es gerade bei den Vögeln recht deutlich hervortritt: Beides ist stark *zur Form erstarrt* und *unlebendig* geworden. Die Vogelfeder als Träger aller besprochenen Prachtbildungen ist allertoteste Körpersubstanz; die marklosen Knochen sind luftdurchzogen. Bezeichnenderweise spielt gerade bei den Vögeln das Auge, jenes erstorbenste Sinnesorgan, das am meisten die Struktur eines physikalischen Apparates aufweist, eine weitaus stärkere Rolle als bei allen anderen Wirbeltieren. Einzig vergleichbar sind nur noch die Insekten, deren leblose Schuppen in ihrem Feinbau nur noch von der Vogelfeder erreicht werden, deren geometrisch gegliederte Augen in noch weit stärkerem Maße Apparatcharakter haben und die in ihrem Verhalten in weitestem Umfang automatenhaft erscheinen.

Wie geformt und starr auch das Verhalten der Vögel gerade in den elementarsten Triebbereichen ist, konnte in der jüngsten Zeit durch viele Untersuchungen aufgedeckt werden. So braucht man einem Rotkehlchen nur einen roten Wolleknäuel in sein Revier zu legen, um alle Reaktionen gegen einen Nebenbuhler *«auszulösen»:* der Feind wird angedroht, bekämpft und zum Schluß «getötet» (Lack 1943). Legt man, um ein anderes Beispiel zu nennen, Silbermöwen oder Austernfischern Kunstgebilde neben ihr Nest, die größer und greller gefärbt sind als die eigenen Eier – sie können aussehen, wie sie wollen, vorausgesetzt, es fehlen ihnen scharfe Kanten –, so wird der Vogel um so schneller sein eigenes Gelege verlassen und die Attrappen bebrüten, je größer und bunter sie sind (Tinbergen 1958). Auf weitere Beispiele wollen wir gar nicht eingehen und uns statt dessen mit einem nochmaligen Hinweis auf all die geschilderten starren und geformten Rituale der Balz begnügen. Selbst so ursprünglich anmutende Handlungen wie das Fischzeremoniell der Seeschwalben sind zur bloßen Geste geworden, da der Fisch gar nicht wirklich gefressen wird.

Die gewonnenen Einsichten erlauben uns nun, ein wenig zu verstehen, weshalb im Tierreich verwunderlicherweise gerade die Männchen die Träger aller Schönheit sind. Uns scheint die hier vorgebrachte Deutung den Phänomenen gerechter zu werden als die heutige Lehrmeinung, die annimmt, die Prachtkleider der Männchen seien durch den Schönheitssinn der Weibchen herausgezüchtet worden; sie erwählten die Schönsten und Kraftvollsten! Dieser anthropomorphen Erklärung seien nur die vielen Paradiesvogelbastarde entgegengehalten, die undenkbar wären, würden die Weibchen tatsächlich die Wahl treffen.

Das Verdienst, erstmals auf den Zusammenhang zwischen der körperlichen Ausgestaltung des Vogels und seiner Beteiligung an der Brutgemeinschaft aufmerksam gemacht zu haben, gebührt Friedrich Kipp (1942). (Ein Echo hatte seine kleine Veröffentlichung bis heute nicht.) Ihm erschien diese Gesetzmäßigkeit in Einklang mit der Entdeckung Goethes (1795), wonach in einem Organismus «keinem Teil etwas zugelegt werden könne, ohne daß einem anderen dagegen etwas abgezogen werde». Goethe war ja aufgrund seiner vergleichend-anatomischen Studien bei den Huftieren auf dieses «Sparsamkeitsprinzip» gestoßen, nachdem sich entweder Geweih- und Gehörnbildungen finden oder aber eine verstärkte Ausbildung des Gebisses, wie bei den Schweinen und Flußpferden. Beim Hirscheber kommt es sogar zu einer regelrechten Geweihbildung durch die Eckzähne. Tritt jedoch echtes Geweih auf, so ist das Gebiß stark reduziert.

In unserem Fall haben wir es mit einer viel allgemeineren, umfassenderen Form dieses «Kompensationsgesetzes» zu tun. Hier betrifft es die Seelensubstanz selber, die entweder, aufgestaut, an der Durchformung und Gestaltung des eigenen Körpers tätig wird oder als Bild selbstlosen Handelns in die Brutpflege einfließt und dem Nachwuchs zugute kommt.

Die Gedanken von Kipp dürften einer der ersten wirklichen konkreten Ansätze sein, die verursachenden Kräfte der tierischen Gestaltbildung zu erforschen. Diese neuartigen, auf dem Boden der Anthroposophie erwachsenen Gesichtspunkte sollten in starkem Maße in die Wissenschaft Eingang finden, die, in oft einseitig-funktioneller Betrachtungsweise, in der Gestalt des Tieres ein bloßes Produkt von Anpassungserscheinungen sieht. Unser Wissen vom Wesen des Tieres würde dadurch umfassender, tiefer, wahrheitsgemäßer.

Aber nicht nur das. In jede Beschäftigung mit dem Tiere ist, offen oder unausgesprochen, der Blick hinüber zum Menschen einbeschlossen. Das kann seine Berechtigung haben und vermag uns in jenen Momenten weiterzuhelfen, in denen das Bild, das wir von uns selber haben, festumrissen und festgegründet ist, und nicht nur aus einer Summe von Schlüssen besteht, die bestimmte Vergleiche von Mensch und Tier im ersten Augenblick anzubieten scheinen.

So vermögen uns denn auch unsere Betrachtungen über die Prachtkleider der Vögel und der damit verbundenen Ritualisierungen des Verhaltens bedeutsame Gesichtspunkte zu liefern; sie seien zum Abschluß des kleinen Beitrages in aller Kürze skizziert.

Der Vergleich mit dem Menschen ist durchaus nicht so abwegig, wie es erscheinen mag. Er ist sogar recht naheliegend. In uns selber erleben wir, wie das Seelische in seiner ganzen Fülle frei wirken kann und von der Arbeit in der

Gestaltbildung entbunden ist – in ungleich viel stärkerem Maße immerhin als bei jedem Tier. Es braucht hier nicht besonders erinnert zu werden an die Tatsache unserer leiblichen «Primitivität», unserer Neotenie. Verglichen mit den Formen des Tierreichs ist die Ausgestaltung unserer Körperlichkeit gleichsam nur angestoßen, hat sich vom Urbildhaften noch wenig entfernt.

Und was ist bei diesen Vögeln nun das uns verwandtere Prinzip? Offenbar nicht die prunkenden Männchen; die brütenden, fütternden, jungen-aufziehenden Weibchen sind es, und ihre Männchen dort, wo sie sich mit beteiligen. Wo mithin im Dienst an der Nachkommenschaft die Tätigkeit des Seelenleibes viel freier wirksam werden kann und nicht in der Ausziselierung der eigenen Gestalt sich erschöpft.

Bezeichnenderweise ist auch bei den Vögeln nun das Schlichte, dafür aber seelisch Regsamere das Ursprüngliche. Stets ist dort, wo Männchen und Weibchen die gleichen Rollen und das gleiche Kleid tragen, auch stammesgeschichtlich der Anfang zu suchen, während Prachtformen Spätformen sind. In ihrer Jugend tragen sie noch das schlichte Kleid der Weibchen (und oft genug auch außerhalb der Paarungszeit, wie die Enten), was uns die Annahme belegt. Ein charakteristischer Zug tierischer Evolution tritt uns damit entgegen, ein Zug, der gerade nicht zum Mensch hinaufführt, sondern auf Seitenwege ohne Ausblick; in jene Regionen, wo das Verhalten sinn-leer wird, bloße Geste ohne Inhalt ist. Man kann sich eines gewissen Mitleides mit dieser Tragik nicht entziehen, denn es ist eine Entwicklung mit umgekehrten Vorzeichen, der immer mehr die Mittel und die Möglichkeiten zu freier Entfaltung abhanden kommen. Sie führt hinein in letztmögliches Ausschöpfen *physischer* Bildungsmöglichkeiten bei gleichzeitigem schrittweisen Verlust *seelischer* Lebendigkeit. Zur Form erstorbene Physis, Erstarrung des Seelischen bis ins Automatenhafte – wo führt das hin? Ins Aussterben, in den Artentod.

Oder, um es ganz konkret zu formulieren: *wirkliche Entwicklung* gibt es im Tierreich nicht, denn das Begehen des vorgezeichneten Weges in die Stoffeserstarrung und den Seelenverlust hat mit Evolution nichts zu tun. Entwicklung ist eine ausschließlich menschliche Möglichkeit, und das Ich des Menschen ist in so hohem Maße identisch mit der Idee der Entwicklung, daß es sich selber und alles andere ganz naturgemäß an dieser Eigenart mißt. Hüten muß es sich dabei jedoch, sein ihm Eigenes immer und überall wiederfinden zu wollen, denn damit würden gut gegründete Grenzen niedergerissen. Den Gedanken der Evolution gar aus den Geschehnissen im Tierreich zu formulieren, hieße der menschlichen Entwicklung entgegenarbeiten.

Literatur

BERNDT, R. und MEISE, W. (1961–62): Naturgeschichte der Vögel I, II. Stuttgart.

COOPER, W. T. u. J. M. FORSHAW (1977): The Birds of Paradise and Bower Birds. London.

GÉROUDET, P. (1947–1957): La vie des oiseaux, I-VI. Neuchatel.

GEWALT, W. (1959): Die Großtrappe. Wittenberg.

GLUTZ VON BLOTZHEIM, U., K. M. BAUER, E. BEZZEL (1973): Handbuch der Vögel Mitteleuropas Bd. 5. Frankfurt a. M.

GOETHE, J. W. (1795): Erster Entwurf einer allgemeinen Einleitung in die Anatomie, ausgehend von der Osteologie. In: Goethes Naturwissenschaftliche Schriften. Hrsg. R. Steiner. Dornach 1975.

KIPP, F. (1942): Das Kompensationsprinzip in der Brutbiologie der Vögel. Siehe in diesem Buch S. 131 ff.

KOWALSKI, S. (1962): Notes ornithologiques d'Islande. Alauda 30, S. 112–127.

LACK, D. (1943): The life of the robin. London.

LINDEMANN, W. (1951): Über die Balzerscheinungen und die Fortpflanzungsbiologie beim Kampfläufer. Zeitschrift Tierpsych. 8, S. 210–224.

LORENZ, K. (1941): Vergleichende Bewegungsstudien an Anatinen. Journal f. Ornithologie 89, S. 194–294.

MARSHALL, A. J. (1954): Bower-birds. Their display and breeding-cycles. Oxford.

– Die Laubenvögel. Endeavour XIX (1960), S. 202–208.

PORTMANN, A. (1953): Das Tier als soziales Wesen. Zürich.

– (1960): Die Tiergestalt. Basel.

SCHENKEL, R. (1958): Zur Deutung der Balzleistungen einiger Phasianiden und Tetraoniden. Ornith. Beobachter 53 (1956), S. 182, 55 (1958), S. 65–95.

STEINER, R. (1908/09): Das Geheimnis der menschlichen Temperamente. Die Menschenschule 2, Basel 1928.

– (1910): Die Geheimwissenschaft im Umriß. Dornach 1977.

– (1914): Die schöpferische Welt der Farbe. Dornach 1931.

SUTTER, E. und LINSENMAIER, W. (1958): Paradiesvögel und Kolibris. Zürich.

TINBERGEN, N. (1935): Field-observations of East-Greenland birds I. Ardea 24, S. 1–42.

– (1939): Zur Fortpflanzungsethologie von *Sepia officinalis*. Arch. néerl. Zool. 3, S. 323–364.

– (1958): Die Welt der Silbermöwe. Göttingen.

VALVERDE, J. A. (1959): Moyens d'expression et hiérarchie sociale chez le Vautour fauve *Gyps fulvus*. Alauda 28, S. 1.

FRIEDRICH A. KIPP

Über den Vogelzug

Die Vögel bilden eine Tiergruppe, welche sich aufs engste mit dem Luft- und Lichtelement verbunden hat. Nur in Zusammenhang mit diesen sind ihre Wesenseigenschaften zu verstehen.

Der Sehsinn dominiert beim Vogel in besonderem Maße über die anderen Sinne. Die erstaunliche Größe des Vogelauges ist zwar nur ein äußerlicher, aber doch sehr bezeichnender Ausdruck für die Beziehung zu der Welt des Lichtes. Das Gewicht der beiden Augen beträgt z. B. beim Turmfalken ca. $\frac{1}{35}$, bei der Schwalbe sogar $\frac{1}{20}$ des Körpergewichtes (vgl. W. Marshall 1895), während es bei einer Maus nur etwa $\frac{1}{360}$ des Körpergewichtes ausmacht; bei vielen anderen Säugetieren sind die Augen im Verhältnis noch kleiner. Von einer mehr qualitativen Seite zeigt sich die Beziehung zum Licht in der Tatsache, daß die Vögel unmittelbar in die Sonne blicken können, ohne durch sie geblendet zu werden. Bei Raubvögeln, die in Gefangenschaft gehalten werden, kann man diese Beobachtung leicht machen und auch feststellen, daß ihr Sehvermögen – wenn ihr Blick einem in der Nähe der Sonnenscheibe kreisenden Vogel folgt – nicht beeinträchtigt wird. So vermag sich der Vogel einer Lichtfülle auszusetzen, die auf das Sehorgan der an die Erde gebundenen Tiere und auch des Menschen zerstörend wirken würde. In hohem Grade hat er sich auf den Bereich der Lichtwirkungen eingestellt. Die Beziehung zum Licht ist wesensbestimmend geworden. Viele Erscheinungen, die wir in der Vogelwelt finden, wollen in diesem Sinne verstanden sein.

Wachen und Schlafen stehen beim Vogel in engem Zusammenhang mit dem Tageslauf. Der Wachzustand entspricht dem Tag, der Schlafzustand der Nacht mit einer Strenge, wie man das sonst bei keiner anderen Wirbeltiergruppe findet. Die Säugetiere neigen mehr oder weniger zu nächtlicher Lebensweise; nur verhältnismäßig wenige von ihnen sind ausgesprochene Tagtiere. Bei den Vögeln ist das Nachtleben ein Ausnahmefall. Das Erwachen am Morgen, wie auch das Einschlafen am Abend ist meist an eine bestimmte, je nach der Vogelart verschiedene Lichtintensität in den Dämmerungszeiten gebunden. Es läßt sich vielfach beobachten, wie sie ihre Schlafstätten an aufeinanderfolgenden Abenden fast auf die Minute pünktlich aufsuchen. Bewölkter Himmel bewirkt jedoch eine Verfrühung; am Morgen führt er zu verspätetem Erwachen. Während des Jahreslaufes erfahren die Wach- und Schlafzeiten eine Verschiebung, welche der Änderung der Taglänge entspricht. Im Hochsommer schläft der Vogel nur wenige Stunden, von der Abend- bis zur Morgendämmerung, im Winter hingegen sehr lange.

Die Art und Weise, wie ein großer Teil der Vögel durch ihren Wanderzug den Jahreslauf mitmachen, beruht besonders auf ihrer Lichtbeziehung und ihrem leicht beweglichen Flugleben. Wir werden sehen, wie die Natur des Vogels in allerschönster Weise in den Eigentümlichkeiten des Vogelzuges zum Ausdruck gelangt. Für eine nur äußerliche Betrachtung bleiben die Wanderungen im Grunde unverständlich. Auch sie müssen, im Sinne einer goetheschen Organik, aus den Eigenschaften des Vogeltypus hergeleitet werden.

Die Ursachen für die jahreszeitlichen Wanderungen der Vögel werden meist im Winterklima und in dem mit ihm verbundenen Nahrungsmangel gesucht. Nur für einen Teil der Zugvögel besteht diese Auffassung zu einem gewissen Recht. Stare, Lerchen, Drosseln, Bachstelze und Gebirgsstelze und manche anderen ziehen Ende Oktober und Anfang November von uns weg, also in Monaten, in welchen die Unbilden des Winters tatsächlich beginnen. Die Wanderungen der genannten Arten führen nicht sonderlich weit. Im allgemeinen ziehen sie nach den Mittelmeerländern; nicht selten trifft man aber auch in den milderen Gegenden Mitteleuropas überwinternde Exemplare dieser Arten an. Mit Recht werden diese Zugvögel als *Winterflüchter* bezeichnet. Ihre Wanderungen stehen in deutlicher Beziehung zu den Wärmeverhältnissen. Sie verlaufen bei mittel- und nordeuropäischen Vertretern dieser Arten vorwiegend in südwestlicher Richtung, der Wärmezunahme entsprechend (vgl. Klimakarte). Auch beobachtet man bei den Winterflüchtern oft, daß die spezielle Wetterbeschaffenheit eines Jahres sowohl auf die Zeiten ihres Wegziehens als auch ihres Wiedererscheinens im Februar und zu Anfang März von Einfluß sind.

Ganz andere Zugverhältnisse aber zeigt eine große Reihe weiterer Vogelarten. Der Mauersegler, die alten Kuckucke, die Seeschwalben beginnen bereits Ende Juli mit ihrem Wegzug. Im August folgen Pirol, Blauracke, Wiesenschmätzer, Rohrsänger, Strand- und Uferläufer u. a. Im September verlassen uns die Grasmücken, Schmätzer, Würger, die jungen Kuckucke u. a. Die Rauch- und Mehlschwalben ziehen erst Ende September und Anfang Oktober, während sich die Uferschwalben schon Ende August fortbegeben. Der Zug aller dieser Arten führt sehr viel weiter als derjenige der Winterflüchter. Sie überwandern das Mittelmeergebiet und Nordafrika. Ein Teil von ihnen verbringt die Wintermonate im tropischen Afrika, nicht wenige aber ziehen über den Äquator und den Tropengürtel hinaus bis ins südliche Afrika (z. B. Würger, Pirol, Kuckuck, Mauersegler, Storch, Seeschwalben, Strandläufer). Man darf sich jedoch nicht vorstellen, daß diese Reise in eiligem Flug vor sich gehe. Nur sehr allmählich, mit vielen Zwischenaufenthalten, werden die gewaltigen Strecken zurückgelegt. Die bis zum Kapland ziehenden Arten treffen gewöhnlich erst im Oktober und November dort ein, um sich dann etwa im Februar wieder nordwärts zu begeben. Im Laufe des April und zu Anfang Mai erscheinen sie dann wieder in unseren Gebieten. Dabei gilt die folgende Zeitenregel: Vogelarten, welche früh im Jahre bei uns ankommen, ziehen erst spät im Herbst wieder weg, während die spät (Ende April und Anfang Mai)·ankommenden uns schon früh wieder verlassen. Manche von den letzteren weilen kaum drei Monate in ihrem Brutgebiet.

Man sieht, daß den Wanderungen dieser eigentlichen Zugvögel etwas anderes zu Grunde liegen muß als dem Winterflüchterzug. Den Winter lernen diese Tiere nie kennen. Es ist auch nicht Nahrungsmangel, der sie vertreibt. Der Mauersegler z. B., der sich von kleinen fliegenden Insekten nährt, zieht zu einem Zeitpunkt von uns weg, in dem es die meisten Mücken gibt. Und er zieht über das Äquatorialgebiet hinweg bis ins südliche Afrika. Wie lassen sich diese Befunde verstehen?

Wenn eine bestimmte Vogelart unser Gebiet alljährlich zu Anfang August verläßt, sind die Wetterumstände, die Wärmeverhältnisse, die Ernährungsmöglichkeiten usw. in jedem Jahr etwas anders beschaffen. Was aber in den verschiedenen Jahren zu Anfang August gleich ist, ist eine *bestimmte Stellung der Sonne bzw. die Lichtintensität*. Bei dieser Sonnenstellung zieht der Vogel fort, und er taucht im Frühling wiederum bei einer bestimmten Sonnenstellung bei uns auf. Wir treffen hier also auf eine Beziehung, die wir schon vom Tageslauf her kennen.

Untersucht man die oben genannte Regel der Zugzeiten genauer, so zeigt sich, daß die *Sonnenwende in der Mitte zwischen dem Kommen und Gehen der Zugvögel steht*. Ungefähr die gleiche Zeitspanne, die ein Vogel vor Sonnenwende hier ankommt, zieht er nach derselben wieder weg. Der Pirol z. B. weilt von etwa 9 Wochen vor der Sommerkulmination der Sonne (Mitte April) bis 9 Wochen nach dieser (Ende August) bei uns; die Flußseeschwalbe von etwa 6 bis 7 Wochen vor bis 6 Wochen nach Sonnenwende. Natürlich handelt es sich bei dieser Zeitsymmetrie nicht um ein starres Gesetz. Der Ablauf des Brutgeschäftes und die anschließende Gefiedermauser treten als modifizierende Faktoren hinzu, wodurch bei manchen Vogelarten Verschiebungen nach der einen oder anderen Richtung entstehen. Im Ganzen genommen kann das aber nichts an der Erkenntnis ändern, daß die Wanderung sich auf den Sonnenlauf bezieht. Wenn die Lichtintensität nach dem Herbst zu abnimmt und auch die Tageslänge kürzer wird, verlassen uns diese Zugvögel und wandern in der Richtung der schwindenden Sonne.

Und wohin wandern sie? Nicht in nächstgelegene wärmere oder nahrungsreichere Gebiete, sondern viel weiter, bis in die Tropen, die dauernd unter Hochsommerbedingungen stehen, oder bis in die südlich-gemäßigte Zone, in der ja während unseres Winterhalbjahres Sommer herrscht. Sie verlagern also ihre Aufenthaltsorte entsprechend dem (scheinbaren) Jahreslauf der Sonne. Es ist ein bewegliches Mitgehen mit dem Sonnenlauf! Diese Zugvögel unterwerfen sich nicht dem jahreszeitlichen Geschehen an einem bestimmten Erdenort,

164

sondern verhalten sich der Erde gegenüber beweglich, um ihr Verhältnis zum Sonnenlicht zu bewahren.

Die Wanderungen setzen eine hohe Entwicklung der Flugorganisation voraus. Die weit wandernden Vogelarten besitzen durchweg einen längeren und spitzeren Flügel als die nicht ziehenden Arten. Dieser ermöglicht ihnen die Überwindung großer Strecken in aktivem Flug. Der Grad der Flugfähigkeit ist also mitbestimmend für die Entfaltung des Zuges; je mehr das Flugleben entwickelt ist, desto leichter kann der Vogel den feineren Einflüssen der Lichtwelt folgen, während «schwerfälligere» Vogelarten diesen nur in geringerem Maße entsprechen können und sich mehr auf ein Ausweichen vor dem Winter beschränken. Die am meisten spitzflügligen Vogelfamilien (Segler, Seeschwalben, viele Watvögel) stellen zugleich die vollkommensten Wanderer dar. Ihre Nahrungsansprüche sind die denkbar unterschiedlichsten; es gibt Fischfresser und Insektenfresser unter ihnen. Man sieht auch hier wieder, daß die Nahrungsverhältnisse, die so gerne in den Vordergrund gestellt werden, keinen Aufschluß über die Zugerscheinungen geben können.

Viele von den europäischen Vertretern dieser Familien ziehen bis zum Kapland, die ostsibirischen ziehen bis Australien und Neuseeland, die nordamerikanischen Arten vielfach bis Patagonien und Feuerland. Sie verlegen ihren Aufenthalt jeweils auf diejenige Erdhälfte, welche Sommer hat. Dabei läßt sich mehr oder weniger deutlich das Bestreben der Vögel erkennen, während des Südsommers eine ähnliche geographische Breite auf der Südhemisphäre aufzusuchen, wie sie ihrem Wohngebiet auf der Nordhalbkugel entspricht. Die Grenzen der Kontinente lassen diese Tendenz meist nur unvollkommen zur Auswirkung gelangen. Doch findet man bei einigen Vögeln auch den Idealfall verwirklicht. Von der Küsten- oder Polar-Seeschwalbe (Sterna paradisea), die in der Arktis brütet (sie wurde bis 7½ Grad vom Nordpol entfernt noch brütend gefunden), wird berichtet, daß sie entlang der Küste des Atlantischen Ozeans bis in die Antarktis wandert.

Während des Nordsommers lebt sie zu der Zeit des Polartages in der Arktis. Und während des Südsommers strebt sie wiederum dem Gebiet des Polartages zu. Kein anderes Geschöpf der Erde genießt so viel Licht wie dieser Vogel. In ganz extremer Weise sucht er sich nur der Tagseite des Erdendaseins auszusetzen.

Auch Vögel, welche auf der Südhalbkugel beheimatet sind, führen Wanderungen aus. Sie ziehen, wenn dort der Herbst herankommt, nordwärts. Die Zahl der Zugvögel ist allerdings wesentlich kleiner als bei uns. Dennoch gibt es in der Familie der Sturmvögel, welche hauptsächlich auf der Südhalbkugel zu Hause ist, einige, die es der Polarseeschwalbe gleichtun. Der buntfüßige Schwalbensturmvogel (Oceanites oceanicus), der auf Inseln der Antarktis brütet, zieht um die Zeit des Nordsommers bis in das Gebiet von Labrador und Grönland. Auch einige Sturmvögel der Gattung Puffinus wandern vom südlichen Weltmeer bis in die Meere um Grönland, Neufundland oder um Japan.

Die Vögel brüten nur in dem Gebiet, in dem sie selbst aus dem Ei geschlüpft sind, nicht beim Aufenthalt auf der anderen Hemisphäre. Interessant ist aber die Verteilung von Brut und Mauser. Die weniger weit ziehenden Vogelarten, die sich ja auch länger bei uns aufhalten, haben ihre Mauser meist im Anschluß an das Brutgeschäft. In den Sommermonaten, von Johanni bis Michaeli, bilden sie bei uns das Gefieder neu aus. Die weit ziehenden Wanderer verlegen ihre Mauser dagegen in den Südsommer. Auf der einen Erdhälfte findet dann die Brut, auf der anderen die Neubildung des Federkleides statt.

So sehen wir, wie die Lebensformen insbesondere der Zugvögel entsprechend den außerirdischen Einflüssen geordnet sind. Gleichsam als «bewegliche Augen» umwandern sie unseren Planeten in Zusammenhang mit dem Sonnenlauf.

Anmerkung: Die obigen Ausführungen beschränken sich darauf, die Beziehung zwischen Vogelzug und Sonnenlauf im grundsätzlichen darzustellen. Auf die vielfältigen Abwandlungen und Besonderheiten, welche es im Zugverhalten der einzelnen Arten gibt, kann hier nicht eingegangen werden.

Literatur

HOMEYER, E. F. v. (1881): Die Wanderungen der Vögel. Leipzig.
KIPP, F. A. (1936): Studien über den Vogelzug in Zusammenhang mit dem Flügelbau und Mauserzyklus. Mitteil. über die Vogelwelt 35, S. 49–80.
– (1942): Über Flügelbau und Wanderzug der Vögel. Biol. Zentralblatt 62, S. 289–299.
MARSHALL, W. (1895): Der Bau der Vögel. Leipzig.
STIMMELMEYER, A. (1930): Verhandlungen der ornithologischen Gesellschaft Bayerns, Bd. 19.
STRESEMANN, E. (1931–34): Aves. Handbuch der Zoologie.

FRIEDRICH A. KIPP

Bezahnung und Bildungsidee des Organismus

Die Rolle der Zähne als Kauwerkzeuge ist so augenfällig, daß man verstehen kann, wenn die Bezahnung gewöhnlich nur im Hinblick auf diesen äußeren Zweck betrachtet wird. Ein morphologisches Denken, das den Organismus als eine Ganzheit zu verstehen sucht, kann sich jedoch nicht damit zufrieden geben, daß man denselben mosaikartig aus Zweckeinrichtungen zusammengesetzt vorstellt. Es muß seine Aufgabe darin sehen, zu zeigen, wie die Beschaffenheit der einzelnen Teile und Einrichtungen aus dem Ganzen des Organismus zu verstehen sind. Die folgende Studie sucht dieser Aufgabe hinsichtlich des Gebisses und der verschiedenen Zahnformen nachzukommen und befaßt sich vorwiegend mit Erscheinungen aus dem Tierreich. Die verschiedenen Organisationsstufen bei den Wirbeltieren, vor allem die vielfältig verschiedenen Ausprägungen des Gebisses bei den Säugern, geben uns die Möglichkeit, die Zahnentwicklung in ihrem Verhältnis zur Bildung des Organismus kennenzulernen.

Zunächst seien einige allgemeine Gesichtspunkte dargestellt, die das Verhältnis der Kiefer zum übrigen Organismus erhellen. Die Kiefer mit ihrer Bezahnung können als die Gliedmaßen der Kopfregion betrachtet werden. In ganz entsprechender Weise, wie Abdomen und Thorax Gliedmaßenanhänge besitzen, kommen solche auch dem Kopfe zu. Daß zwischen Gliedmaßen und Kiefern eine reale Beziehung besteht, zeigt das Auftreten dieser Bildungen in der Tierreihe.

Die ältesten, fossil nachweisbaren Fische sind kieferlos *(«Agnatha»)*, ebenso fehlen ihnen die paarigen Flossen, also die den Gliedmaßen homologen Organe. – Die primitivsten der heute lebenden Fische sind die Cyclostomen oder Rundmäuler (der bekannteste Vertreter der Gruppe ist das Fluß-Neunauge). Ihr schlangenförmiger Körper behält als Stützeinrichtung dauernd die Chorda, zu welcher nur in der Kopfregion ein knorpeliges Skelett hinzutritt. Auch die Cyclostomen haben weder paarige Flossen noch einen Kieferapparat. Ihre Mundöffnung ist rund und nur mit Hornzähnen ausgestattet. – Bei den Haien, der nächsthöheren Gruppe, finden sich erstmals paarige Flossen, und zugleich mit diesem Bildungsschritt treten in der Kopfregion die Kiefer auf. – Was bei den Fischen in aufeinanderfolgenden stammesgeschichtlichen Gruppen zu erkennen ist, findet sich bei den Lurchen in der ontogenetischen Entwicklung. Die Kaulquappen sind in ihrem Frühstadium mehr den Cyclostomen als den

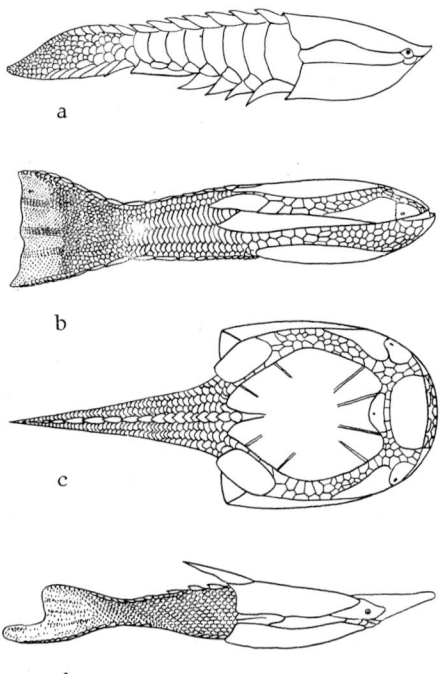

Abb. 1: «Kieferlose». (a) *Anglaspis* (nach *Kiaer*); (b, c) *Drepanaspis* von der Seite und von oben (nach *Gross*); (d) *Pteraspis* (nach *White*). Siehe hier S. 26 ff.

eigentlichen Fischen vergleichbar. Sie haben wie diese eine Chorda; paarige Gliedmaßen und Kiefer fehlen ihnen noch, die Lippen sind lediglich mit zarten Hornzähnchen besetzt. Sprossen in der weiteren Entwicklung dann die Beine hervor, so vollzieht sich im Kopfbereich eine entsprechende Änderung, indem aus paarigen Anlagen die Kiefer mit echten Zähnen gebildet werden. So besteht also von allem Anfang an ein Zusammenhang zwischen Gliedmaßen und Kiefern.

Bei den Amphibien und Reptilien spielen die Gliedmaßen noch eine bescheidene Rolle. Sie haben meist noch keine Stützfunktion, sondern erstrecken sich nach den Seiten. Die Fortbewegung geschieht durch schlängelnde Bewegungen des ganzen Rumpfes. Die Beine sind dabei Hilfsorgane, welche im wesentlichen dem Festhalten dienen. Erst bei den Säugetieren, wo der Körper von den Beinen getragen wird, tritt das *echte* Gehen auf. Es ist nun außerordentlich interessant, daß im Einklang damit sich auch eine Wandlung im Gebrauch des Gebisses vollzieht. Amphibien und Reptilien kauen nämlich ihre Nahrung nicht, sie benützen die Zähne nur zum Festhalten der Beute, welche ungeteilt verschlungen wird. Das Kauen – man kann es als ein «Gehen» auf der Speise und ein «Zertreten» der Speise bezeichnen – findet sich erst bei den Säugetieren.

Daß die Kiefer eine vom Bau der gewöhnlichen Gliedmaßen stark abwei-

168

chende Gestaltung besitzen, beruht auf ihrer Zugehörigkeit zur Kopfregion. Der Kopf steht bildegesetzlich in einem Gegensatz zum übrigen Organismus. Stoff-wechsel-Gliedmaßen-System und rhythmisches System haben vorwiegend dynamischen Charakter. Anders der Kopfbereich: hier erreicht die Formbil-dung eine hohe Vollkommenheit, wogegen das Dynamische auf ein Minimum beschränkt bleibt. Das Gehirn und seine Zellen bilden einen Höhepunkt dessen, was an differenzierter Struktur möglich ist. Die Schädelknochen, von denen jeder einzelne bzw. jedes Paar eine besondere, einmalige Gestalt und Stellung aufweist, sind zu einem festen Gebilde gefügt. Die Subordination der Teile unter ein Ganzes, wie es Goethe nannte, ist das Charakteristikum der Kopfregion. So bauen sich denn auch die Kiefer nicht – nach Art der Rumpfgliedmaßen – aus gelenkig miteinander verbundenen Skelettelementen auf. Die Raffung und Zusammenfassung geht so weit, daß die paarig angelegten Kieferhälften zu geschlossenen Bögen verschmelzen und – statt beweglicher Zehen – die festge-fügte Reihe der Zähne tragen.

Wer sich einen Blick für die Signatur des Kopfskelettes aneignet, dem gewährt sie wichtige Aufschlüsse über die Wesensart eines Geschöpfes. Denn diese findet in der Gestalt des Kopfes eine *formhafte* Ausprägung, während sie sich im übrigen Körper mehr im *Dynamischen* äußert. Der Schädel eines höheren Tieres kann unter diesem Gesichtspunkt geradezu als der «Kristall» des Tierwesens betrachtet werden. Besonders in der Bezahnung als dem härte-sten und geformtesten Teil des Kopfskelettes wird vieles von der Bildungsidee des Organismus anschaubar.

Fragen wir uns zunächst, was der Differenzierung des Gebisses in die drei Zahnformen (Schneide-, Eck- und Backenzähne) zugrunde liegt. Bei den niede-ren Wirbeltieren (Fischen, Amphibien, Reptilien) fehlt diese noch; alle Zähne haben bei ihnen eine ziemlich gleichartige, meist spitz kegelförmige Gestalt. Was ebenfalls fehlt, ist eine eindeutige Scheidung des Körpers im Sinne des dreigliedrigen Organismus. – Bei den Fischen gliedert sich der Kopf noch nicht vom Rumpfbereich ab, der Schädel ist unbeweglich mit der Wirbelsäule ver-bunden. Auch die geringe Gehirnentwicklung zeigt, daß der Kopf kein im vollen Sinne eigenwertiger Organbezirk ist. Ebensowenig sind Brust und Stoffwechsel-bezirk voneinander getrennt. Niere und Verdauungstrakt reichen bis in den vordersten Teil des Thorax. Es gibt keine echten Gliedmaßen; Rumpf und Schwanz sind Träger der Fortbewegung. Man sieht, daß die Differenzierung des Körpers in Formpol und dynamischen Pol noch in den Anfängen steht. – Amphibien und Reptilien sind in dieser Beziehung nicht viel weiter fortgeschrit-ten. Der Kopf, obgleich er selbständig bewegt werden kann, hebt sich nur wenig vom Rumpfbezirk ab. Der Gehirnquerschnitt ist nicht viel umfangreicher als der mancher Rückenmarksbezirke. Das Zwerchfell fehlt noch. An der Fortbewe-gung ist – wie gesagt – die Schlängelbewegung des ganzen Körpers beteiligt.

Erst bei den Säugetieren setzt sich die Scheidung in drei Hauptregionen durch. Der Kopf als Zentrum des Sinnes-Nervensystems erhält nunmehr eine markante Eigenstellung. Zwischen die Organe des rhythmischen Systems und den eigentlichen Stoffwechselbezirk schiebt sich das Zwerchfell ein. Die Gliedmaßen, die in enger funktioneller Beziehung zum Stoffwechselsystem stehen, sind nunmehr die alleinigen Träger der Fortbewegung.

In Übereinstimmung mit dieser *Sonderung* der Systeme tritt nun auch die gestaltliche Differenzierung der Zähne auf. Dabei läßt sich die folgende Zuordnung treffen, auf welche Eugen Kolisko in Vorträgen schon vor Jahren hingewiesen hat:

	Systembeziehung	*Tiergruppen, bei welchen die betreffende Zahngattung dominiert*
Schneidezähne	Sinnes-Nerven-System	Nagetiere
Eckzähne	Mittleres System	Raubtiere
Backenzähne	Stoffwechsel-Gliedmaßen-System	Wiederkäuer

Die urbildliche Harmonie, die im dreigliedrigen Organismus des Menschen veranlagt ist, zeigt sich eindrucksvoll auch im Ebenmaß der Bezahnung. Bei den Säugetieren, wo die Harmonie in verschiedenartigster Weise gestört ist, indem sich einseitige Tendenzen geltend machen, findet das im Hervortreten oder Verkümmern bestimmter Zahntypen einen präzisen Ausdruck. Diese Vereinseitigung gibt ein ausgezeichnetes Mittel an die Hand, um das Verhältnis der Bezahnung zur Bildungsidee des ganzen Organismus im Genaueren kennenzulernen (siehe auch Schad 1971). Zu diesem Zweck seien im folgenden eine Reihe von Tiergruppen im einzelnen betrachtet.

Wiederkäuer

Dem starkentwickelten Stoffwechsel-Gliedmaßen-System entsprechend sind im Gebiß der Wiederkäuer hauptsächlich die Backenzähne ausgebildet. Die halbmondförmigen Höcker oder die Querfalten, mit denen diese Mahlzähne ausgestattet sind, bedeuten eine Spezialisierung, welche derjenigen des Verdauungsapparates zu vergleichen ist. Die Darmperistaltik, die den Speisebrei beinahe endlos hin- und hertreibt, findet ihr Gegenbild in den fast unentwegt kauenden, respektive wiederkäuenden Kiefern. Der vordere Teil des Gebisses zeigt dagegen einen deutlichen Mangel. Nur der Unterkiefer trägt Schneidezähne, im Oberkiefer sind Eck- und Schneidezähne vollständig verkümmert. Dies stimmt mit dem mehr in sich zurückgezogenen Wesen der Wiederkäuer überein.

Das Auge – der eigentliche Kopfsinn, der am meisten die Verbindung mit der Außenwelt herstellt – spielt bei den Wiederkäuern eine recht untergeordnete

170

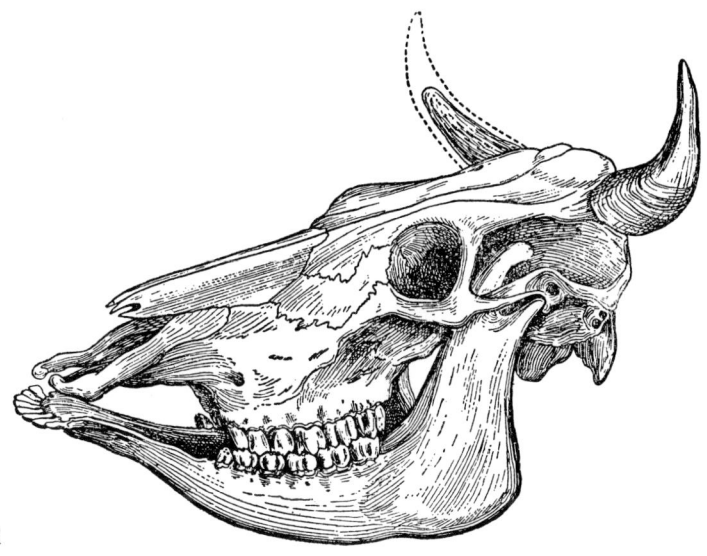

Abb. 2: Rind

Rolle, was sich vor allem in der Tatsache dokumentiert, daß der Retina eine «Stelle schärfsten Sehens» mangelt. Der Kontakt mit der Außenwelt führt über die stoffwechselnahen Sinne, Geruch- und Geschmacksinn. Auch die Vereinseitigung des Gliedmaßensystems ist in diesem Zusammenhang charakteristisch. Die Vordergliedmaßen, welche bei anderen Säugern doch wenigstens andeutungsweise eine gewisse Geschicklichkeit erkennen lassen (vgl. besonders die Nagetiere), sind bei den Wiederkäuern ganz auf die Funktionen des Tragens und Fortbewegens des Körpers eingestellt, nehmen also den gleichen Rang wie die hinteren Gliedmaßen ein. Diese einseitige Bildungsrichtung drückt sich auch im Schwinden der Schneidezähne im Oberkiefer aus.

Raubtiere und andere eckzahnbewehrte Tierformen

Im Gebiß der Raubtiere treten die Eckzähne mächtig hervor. Die Backenzähne haben spitze Höcker, wodurch sie z. T. einen eckzahnähnlichen Habitus erhalten. Außer den Raubtieren weisen besonders die Schweine und die Affen eine Vergrößerung der Eckzähne auf. Es wäre also nicht richtig, letztere nur auf das Morden und Beutemachen beziehen zu wollen. Die Eckzähne zeigen vielmehr die *Intensität* an, mit der ein Tier seine Triebe und Instinkte nach außen darlebt. Welche Intensivierung des Wesens prägt sich doch im gespannten Lauern, im Anschleichen und schließlich in dem schnellenden Sprung der katzenartigen Raubtiere aus! Von den Wildschweinen kennt man die Heftigkeit und Wut, mit der sie gegen äußere Widerstände anrennen. Auch bei der Nahrungssuche treten alle Zeichen dieses Temperamentes in Erscheinung,

171

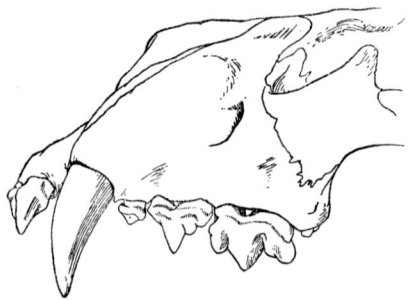

Abb. 3: Löwe

ungestüm wird die Erde aufgewühlt, Wurzeln herausgezerrt usw. – Bei den Affen sind besonders die Männchen mit mächtigen raubtierartigen Eckzähnen bewaffnet. Die Vergrößerung des Eckzahnes ist hier (wie auch schon bei den Schweinen) ein «sekundäres Geschlechtsmerkmal». Beim Rivalisieren der Männchen wird der Eckzahn durch Hochziehen der Lefzen zur Schau getragen und gelegentlich auch kräftig eingesetzt. Aber auch innerhalb der eigenen Familienherde führen die alten männlichen Affen das Regiment. – Man ersieht aus diesen Beispielen, wie der Eckzahn auf ein kräftig nach außen sich durchsetzendes Naturell deutet. Tieren, welche sich lieber zurückziehen, statt sich zu exponieren, fehlen die Eckzähne (Wiederkäuer, Pferd, Nagetiere).

Sicher könnten ängstliche und vielverfolgte Tierarten ein wehrhaftes Gebiß im «Kampf ums Dasein» recht gut gebrauchen. Überlegen wir uns dies, so wird deutlich, daß der Typus des Gebisses nicht durch den möglichen Nutzen, sondern von der Kräftenatur des Tieres bestimmt ist.

Von den Raubtieren sei noch erwähnt, daß ihre meist spitzhöckerigen Backenzähne nach Form und Größe untereinander sehr verschieden sind. Die Raubtiere sind unübertroffen in der Geschmeidigkeit und vielseitigen Beweglichkeit ihres Körpers. Diese Eigenschaft wirkt sich im Kieferbereich in der mannigfaltigen Zahnformung und den entsprechend differenzierten Beißfunktionen aus.

Nagetiere

Die Nager kennzeichnen sich in erster Linie durch ihre kräftig entwickelten Schneidezähne, von denen Ober- und Unterkiefer je zwei besitzen. Diese Nagezähne sind einer starken Abnutzung unterworfen und wachsen fast lebenslang nach. Da sie nur an ihrer Vorderseite von einer kräftigen Schmelzschicht überzogen sind, welche auf der Hinterseite fast oder ganz fehlt, erhalten sie durch die Abnützung eine meißelförmige Gestalt. Eckzähne fehlen stets; hingegen ist der hintere Teil der Bezahnung – es sind breitkronige, oft mit Querrillen versehene Mahlzähne – wieder recht gut entwickelt. Zwischen den Nage- und

172

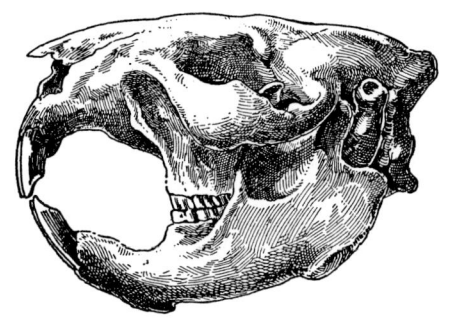

Abb. 4: Biber

Mahlzähnen klafft eine unverhältnismäßig große Lücke. Hieraus läßt sich ablesen, daß im Wesen der Nager etwas Zwiespältiges, Unausgeglichenes veranlagt sein muß. Es handelt sich um Tiere, die in sehr sensibler Weise der Umwelt zugewendet sind. Ein rasches, nervös-hastiges Reagieren auf alle möglichen Sinneseindrücke und ein unruhiger Betätigungsdrang ist ihr Charakterzug. In dem Aufsatz «Die Skelette der Nagetiere» schildert Goethe diesen Betätigungsdrang mit unübertrefflichen Worten: «Scharfes, aber geringes Erfassen, eilige Sättigung, auch nachher wiederholtes Abraspeln der Gegenstände, fortgesetztes, fast krampfhaft leidenschaftliches, absichtsloses, zerstörendes Knuspern, welches denn doch wieder in den Zweck, sich Lager und Wohnungen aufzubauen und einzurichten, unmittelbar eingreift . . .» «. . . die ganze Organisation ist Eindrücken aller Art geöffnet und zu einer nach allen Seiten hin richtungsfähigen Versalität vorbereitet und geeignet.» Dieses so übermäßig der Außenwelt hingegebene Naturell tritt morphologisch in der einseitigen Entwicklung der Schneidezähne hervor. Die Nagetiere erheben sich gerne zur aufrechten Stellung und verstehen es, ihre Pfoten geschickt zu gebrauchen, wie dies besonders bei Biber und Eichhörnchen zu sehen ist. Wenn das Eichhörnchen einen Tannenzapfen mit den Pfoten erfaßt und dann mit ungemeiner Schnelligkeit Schuppe um Schuppe abschält, so ist hier der Zusammenhang zwischen dem geschickten Gebrauch der Vordergliedmaßen und der Ausbildung der Schneidezähne sehr anschaulich.

Das Nager-Dasein hat aber noch eine andere Seite, welche in einem merkwürdigen Gegensatz zu den bisher erwähnten Eigenschaften steht. Für gewöhnlich sind es nur kurze Zeiten, in denen sich die Tiere intensiv der äußeren Tätigkeit zuwenden, den längsten Teil des Tageslaufes verbringen sie ausgesprochen schläfrig in der weich gepolsterten Behausung. Jetzt herrschen die vegetativen, stoffwechselverbundenen Funktionen fast ebenso einseitig. Der Verdauungstrakt vieler Nager hat seine Besonderheit in einem mächtigen Blinddarm; dieser ist mit Pflanzenmassen gefüllt und spielt eine dem Pansen der Wiederkäuer vergleichbare Rolle als «Gärkammer».

Die Steigerung der mit dem Sinnesnervensystem verbundenen Funktionen einerseits und der vegetativen Lebensprozesse andererseits gibt den Nagetieren

173

ihre merkwürdige Zwienatur, die auch im Gebiß so deutlich erscheint. Die Vermittlung zwischen dem inneren und dem nach außen gerichteten Leben scheint äußerst dürftig zu sein. Daraus entspringt die Schwächlichkeit des Nagergeschlechtes. Die Tiere neigen nicht dazu, sich der Außenwelt gegenüber zu behaupten; jeder unvorhergesehene Eindruck schlägt sie zur Flucht ins sichere Versteck, ohne daß sie abwarten, ob er auch Gefahr bringt. Den widrigen Einflüssen des Winters weichen zahlreiche Nager durch den Winterschlaf aus (Siebenschläfer, Baumschläfer, Haselmaus, Murmeltier), auch die anderen Arten verbringen diese Jahreszeit vorwiegend schlafend. Während des Winterschlafes sinken die Funktionen des rhythmischen Systemes, Kreislauf und Atmung, auf ein Minimum, ein Hinweis auf die Schwäche des rhythmischen Systemes überhaupt. An diesem dürfte es liegen, daß der Stoffwechsel die allgemeine Lebensintensität nur so wenig zu fördern vermag. Während die Raubtiere hauptsächlich aus der Kraft des rhythmischen Systemes leben (R. Steiner 1923) und sich durchsetzen, haben die Nager hier einen Schwächebereich (vgl. das Fehlen der Eckzähne!).

Hält man die Gebißformen von Nage- und Raubtieren zusammen, so erkennt man darin eine überraschend genaue Gegensätzlichkeit. Die Schneidezähne, bei den Raubtieren allzu zierlich ausgebildet, wachsen bei den Nagern zu übermäßiger Größe. Wo das Raubtiergebiß den Eckzahn vorweist, zeigen die Nager eine weite Lücke. Die Backenzähne der Raubtiere sind extrem spitzhöckerig, die der Nagetiere oft wiederkäuerartig stumpf. Denkt man die beiden Gebißtypen vereinigt, so daß sich ihre Unterschiede aufheben, so würde das eine harmonische Bezahnung, nicht unähnlich der menschlichen, ergeben. Man versteht das Verfolgen und Fliehen, das zwischen den beiden Tiergruppen herrscht. Zur Maus gehört auch die Katze, zum Eichhorn der Marder, zum Hasen der Fuchs usw. Durch ihre reiche Vermehrung gleichen die Nager ja die Verminderung durch die Raubtiere leicht wieder aus.

Delphine

Eine rückläufige Entwicklung hat das Gebiß der Delphine (Zahnwale) durchgemacht. Die Kiefer tragen eine Reihe gleichartiger spitzer Zähne, welche zum Kauen nicht mehr geeignet sind. Die Differenzierung in Schneide-, Eck- und

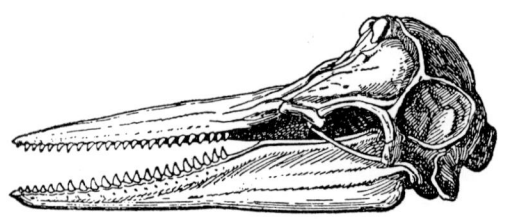

Abb. 5: Zahnwal

Backenzähne ist wieder aufgehoben und es hat sich ein den niederen Wirbeltieren ähnlicher Zustand eingestellt. Unsere Auffassung von der Beziehung zwischen Gliedmaßen und Gebiß finden wir wieder aufs beste bestätigt, unterliegt doch bei diesen Wassersäugern auch das Gliedmaßensystem einer rückläufigen Entwicklung. Bei den Robben fungieren die Gliedmaßen noch als Flossen. Bei den Delphinen aber übernimmt der Rumpf und namentlich der Schwanz die Fortbewegungsfunktion. Die Vordergliedmaßen dienen nur zum Steuern, die hinteren sind verkümmert. So sind die Gliedmaßen nicht mehr zur Fortbewegung, die Zähne nicht mehr zum Kauen befähigt. Charakteristischerweise unterliegt auch die äußere Körpergestalt wieder einer Vereinheitlichung. – Bei den Bartenwalen, wo die gekennzeichnete Entwicklungsrichtung noch weiter fortgeschritten ist, sind die Zähne vollständig reduziert, und an ihre Stelle treten aufgefaserte Hornplatten.

Elefant

Wie die ganze Gestalt des Elefanten, so gehört auch seine Bezahnung zum Seltsamsten, was das Tierreich bietet. Die mächtigen Stoßzähne entspringen dem Zwischenkiefer, dem Sitz der Schneidezähne. Sie müssen daher als umgebildete Schneidezähne gelten. Der Elefant benützt, im Gegensatz zu allen anderen Tieren, seine Kiefer bzw. seine Schneidezähne nicht zum Ergreifen der Nahrung. Bei seinem kurzen Hals kann der Elefant den Kopf nicht dem Nahrungsfeld entgegenstrecken, er bedient sich dazu des Rüssels, mit dem er die Nahrung ergreift und in den so merkwürdig kleinen Mund schiebt. Obgleich also die Schneidezähne keine Aufgabe mehr haben, sind sie nicht verkümmert, wie man es bei funktionslos gewordenen Teilen sonst oft findet, sondern haben eine gewaltige Vergrößerung erfahren. Um dies zu verstehen, müssen wir etwas weiter ausholen und wieder den ganzen Organisationstypus des Tieres in Betracht ziehen.

Der Elefant gehört verwandtschaftlich in die Nähe der Huftiere, die sich ja allgemein durch die kräftige Entwicklung des Stoffwechsel-Gliedmaßensystems auszeichnen. Speziell beim Elefanten ist aber zugleich auch die Sinnesregion gut ausgestaltet. Mehr als die eigentlichen Huftiere ist er den Eindrücken der Seh- und Gehörwelt aufgeschlossen. Der mit dem Rüssel verbundene Geruchsinn steht wohl an erster Stelle, auch der Tastsinn konzentriert sich beim Elefanten auf den Rüssel. Die oft gerühmte Klugheit und Gelehrigkeit des Elefanten beruht auf der gesteigerten Ausbildung des Sinnes- und Nervensystemes. Daß unter diesen Umständen die Schneidezähne nicht einfach schwinden, läßt sich einsehen, das eigentliche Problem bildet aber doch wohl ihr Auswachsen zu den Stoßzähnen. Auf die weitere Spur mag uns der Rüssel bringen, denn beide, Rüssel und Stoßzähne, fallen ja gleichermaßen aus dem Rahmen der im Tierreich gewohnten Bildungen heraus.

Es ist bekannt, daß der Rüssel durch eine Verschmelzung und Verlängerung von Nase und Oberlippe entsteht. Obwohl mit fein empfindlichen Sinnen ausgestattet, ist er zugleich ein außerordentlich bewegliches, muskelkräftiges Greiforgan. Der Rüssel kann in der Tat als eine Art Gliedmaße aufgefaßt werden. Bildekräfte, welche ihrem Wesen nach mehr der Stoffwechsel-Gliedmaßennatur angehören, verlagern sich beim Elefanten in den Kopfbereich und machen dort den Rüssel zu einem höchst tätigen Bewegungsorgan. Desgleichen ergreifen sie aber auch die Kieferregion und verleihen den Schneidezähnen das mächtige Wachstum, das keinen Abschluß findet, sondern lebenslang andauert. Es ist dieselbe Wesenskonstitution, welche die *Oberlippe* zum Rüssel auswachsen läßt und im *Oberkiefer* die Stoßzähne hervortreibt!

Backenzähne hat der Elefant nur insgesamt vier; jeder Kieferast trägt einen dieser wuchtigen, von zahlreichen Schmelz- und Dentin-Querfalten durchzogenen Blöcke. Es ist eine überraschende Tatsache, daß diese Zähne mehrfach gewechselt werden. In Zeitabständen von 10–15 Jahren bildet der Elefant neue Backenzähne aus, durch welche dann die vorhergehenden, schon stark abgenützten Zähne verdrängt werden und ausfallen. Dieser Zahnwechsel kann etwa sechsmal im Laufe der 60- bis 80jährigen Lebensdauer des Elefanten stattfinden! Die Kopfregion bewahrt also fast das ganze Leben hindurch jenen fortbildungskräftigen Zustand, den andere Wesen nur während ihrer Jugendzeit besitzen. Auch diese Erscheinung macht das erwähnte Übergreifen von vegetativ-aufbauenden Stoffwechselkräften auf die Kopfregion deutlich.

Die Eckzähne sind vollständig verkümmert; das entspricht dem geruhsamen, sehr zurückhaltenden und die Auseinandersetzung eher vermeidenden Charakter dieses Riesen unter den Tieren.

Zahnarme

Als Zahnarme *(Edentata)* werden die sehr verschiedenartigen Gruppen der Faultiere, Ameisenfresser und Gürteltiere der neuen Welt und die afrikanischen Schuppentiere zusammengefaßt, von denen jedoch nur die drei erstgenannten (amerikanischen) Formen untereinander näher verwandt sind. Die Bezeichnung «Zahnarme» betrifft eigentlich weniger die Zahl als die Beschaffenheit der Zähne. Schneidezähne fehlen ihnen zwar immer, auch haben manche Arten (Ameisenfresser) überhaupt keine Zähne mehr. Die Gürteltiere jedoch sind geradezu zahnreich: man hat bis 26 Zähne im Kieferast gezählt. «Allein die Wertlosigkeit dieser Gebilde ist so groß, daß sie eigentlich aufgehört haben, Zähne zu sein.» Sie sind meist sehr klein und schwach und «haben die Form seitlich zusammengedrückter Walzen, besitzen nur im Milchgebiß einer Gattung echte Wurzeln, sind höchstens von einer dünnen Schmelzschicht umgeben und ändern in der Größe außerordentlich ab» (Brehms Tierleben, 4. Aufl., Gürteltiere).

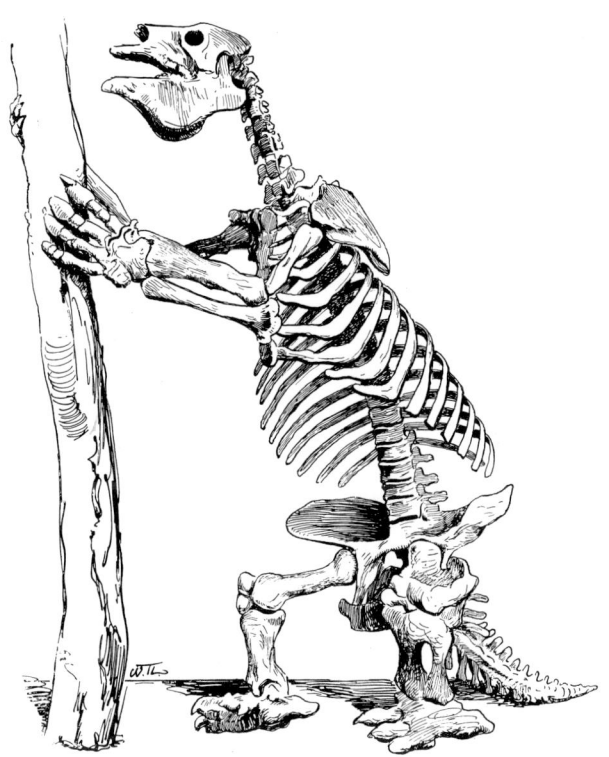

Abb. 6: Riesen-Faultier

Die Anzahl der Zähne – sonst das Bestimmteste am Tierkörper – schwankt oft bei den Individuen der gleichen Art erheblich. Der Schmelzüberzug fehlt häufig ganz, so bei den Faultieren, deren Zähne braun aussehen. Das alles sind Verfallserscheinungen des Gebisses. Die Faultiere nähren sich von Blättern, die anderen Zahnarmen meist von Ameisen und Termiten, deren Bauten sie mit ihren stark verhornten Klauen aufreißen.

Von den weiteren Eigenschaften der Zahnarmen kann nur einiges angedeutet werden. Ihre psychischen Reaktionsmöglichkeiten sind außerordentlich beschränkt, und daraus entspringt die Teilnahmslosigkeit und Unbeholfenheit gegenüber fast allem, was sich in ihrer Umwelt ereignet. Die Schädelform ist arm und ausdruckslos. Die Zahl der Halswirbel (bei den Säugetieren sonst stets sieben) schwankt bei den Faultieren zwischen sechs und neun! Hingegen zeigt der übrige Teil der Wirbelsäule oft ein Übermaß an Gestaltung. Bei den Faultieren sind die Brust- und Lendenwirbel mit zusätzlichen Gelenkfortsätzen ausgestattet. Bei den Gürteltieren sind besonders die Schwanzwirbel aufs sorgfältigste ausgeformt und mit komplizierten Fortsätzen und Anhangsgebilden versehen, als handle es sich um die wesentlichsten Teile des Körpers. Demgegenüber hat der Schädel eine sehr ausdrucksarme, fast möchte man sagen stupide Formung. Die Körperbedeckung läßt das Erlahmen der «Lebensgeister» ebenfalls deutlich erkennen: ein glanzlos strohernes Haarkleid bei den Faultieren, ein Panzer aus Horn- und Knochenplatten – den Schildkröten ähnlich – bei den Gürteltieren. Eine Gürteltierart rollt sich in der Weise der Kugelasseln zusammen. Von den Faultieren sei erwähnt, daß ihr Enddarm stark ausgeweitet ist und enorme Kotmassen enthält, welche nur selten, in Abständen von Wochen, entleert werden. Wie bei den Kaltblütern schlägt das herausgenommene Herz noch weiter.

Die Zahnarmen sind gleichsam pathologische Formen. «Das innere Unvermögen, sich den äußeren Verhältnissen gleichzustellen», von dem Goethe in seinem Aufsatz über die Faultiere spricht, drückt sich auch im Verfall des Gebisses aus. Das unbeholfene Wesen dieser Tiere sei hier durch das Skelett des ausgestorbenen Riesenfaultieres *(Megatherium)* veranschaulicht (Abb. 5).

Das menschliche Gebiß

Zum Schluß richten wir den Blick noch auf den Menschen. Bei ihm repräsentieren sich die drei Zahngattungen, Schneide-, Eck- und Mahlzähne, im schönsten Gleichmaß. Die einzelnen Zähne schließen sich ohne Lücken aneinander an und sind von gleicher Höhe. Auch der Eckzahn überragt kaum die Reihe der anderen Zähne, was im Vergleich zu den stark vergrößerten Eckzähnen der Affen sehr bemerkenswert ist. Das Ebenmaß im Bereich des Gebisses entspricht der Tatsache, daß sich beim Menschen auch die drei physiologischen Systeme (Sinnes-Nervensystem, rhythmisches und Stoffwechsel-Gliedmaßensystem) in einem harmonischen, d. h. «gleichgewichtigen» Zustand befinden. Diese Harmonisierung ist die Grundlage für die höheren Seelenfähigkeiten, die der Mensch ausbildet, und durch die er die Herrschaft über sein körperliches System gewinnen kann.

Noch eine weitere Entsprechung ist von Interesse. In Zusammenhang mit der aufrechten Körperhaltung sind Arme und Hände für den höheren Gebrauch frei geworden. In der morphologischen Struktur bewahrt die menschliche Hand zwar einen unspezialisierten Zustand, doch ist ihre Beweglichkeit in vielseitiger Weise erhöht und gesteigert, woraus die Eignung der Hand für das kulturelle Schaffen des Menschen entspringt. – Auch der Mundregion ist ein neuer und höherer Funktionsbereich gegeben, indem die Mundorgane des Menschen in den Dienst der Sprache getreten sind. Durch Zunge, Lippen, Zähne und Gaumen wird der Stimmlaut zu den Sprachlauten geformt. Die Rolle, die dabei die Zähne zu erfüllen haben, wird aus der großen Zahl der sogenannten Zahnlaute (d, t, n, s, sch) ersichtlich. Genaueres über Gestaltung der Mundorgane und besonders der Zähne im Hinblick auf die Sprachfunktion hat der

Verfasser andernorts ausgeführt (s. Kipp 1966). Im vorliegenden begnügen wir uns mit der Feststellung, daß Mund und Hände diejenigen Organe sind, durch die sich das Seelisch-Geistige des Menschen am unmittelbarsten ausspricht.

Literatur

GOETHE, J. W. (1824): Die Skelette der Nagetiere. Goethes naturwissenschaftliche Schriften, herausgeg. von R. Steiner, Bd. I, S. 377.
– (1822): Die Faultiere und die Dickhäutigen. Ebenda, Bd. I, S. 346.
KIPP, F. A. (1966): Indizien für die Sprachfähigkeit fossiler Menschen. Stuttgarter Beitr. zur Naturkunde (Staatl. Mus. f. Naturkunde) Nr. 170.
SCHAD, W. (1971): Säugetiere und Mensch. Stuttgart.
STEINER, R. (1923): Der Mensch als Zusammenklang des schaffenden, bildenden und gestaltenden Weltenwortes. Dornach 1978.

Nachweise

GÖBEL, THOMAS: Naturbilder menschlicher Gestaltungskräfte. Tintenfisch, Schnecke und Muschel. Die Drei, Bd. 43, H. 10/11, S. 476–482, 539–552. Stuttgart 1973.

KIPP, FRIEDRICH A.: Über die Pfahlstellung der Rohrdommeln und verwandte Erscheinungen. Beiträge zur Fortpflanzungsbiologie der Vögel, Bd. 17, Nr. 3, S. 101–105, 1941.

– Das Kompensationsprinzip in der Brutbiologie der Vögel. Beiträge zur Fortpflanzungsbiologie der Vögel, Bd. 18, S. 52–59, 1942.

– Arterhaltung und Individualisierung in der Tierreihe. Verhandlungen der Deutschen Zoologen in Mainz 1949, S. 24–27, Leipzig 1949.

– Über den Vogelzug. Sternkalender, Bd. 21, S. 58–62, Freiburg 1949.

– Bezahnung und Bildungsidee des Organismus. Der Beitrag der Geisteswissenschaft zur Erweiterung der Heilkunst. Ein anthroposophisch-medizinisches Jahrbuch. Bd. 3, S. 203–217, Dornach 1952.

SCHAD, WOLFGANG: Vom Leben im Lichtraum. Erziehungskunst, Bd. 45, H. 2, S. 76–82, Stuttgart 1981.

SUCHANTKE, ANDREAS: Was spricht sich in den Prachtkleidern der Vögel aus? Die Drei, Bd. 34, H. 4, S. 278–298, Stuttgart 1964.

– Konvergente Evolution des Skelettes in verschiedenen Tiergruppen. Elemente der Naturwissenschaft, Nr. 8 und 9, S. 8–26 und S. 56–61, Dornach 1968.

– Biotoptracht und Mimikry bei afrikanischen Tagfaltern. Elemente der Naturwissenschaft, Nr. 21, S. 1–21, Dornach 1974.

– Biotoptracht bei südamerikanischen Schmetterlingen. Elemente der Naturwissenschaft, Nr. 25, S. 1–8, Dornach 1976.

– Die Buckelzirpen (Membracidae) und die Formensprache der Insekten. Elemente der Naturwissenschaft, Nr. 24, S. 1–14, Dornach 1976.

Goetheanistische Naturwissenschaft

Band 1: ALLGEMEINE BIOLOGIE

Biologisches Denken (Wolfgang Schad) / Lebensrhythmen im Pflanzen- und Tierreich (Jochen Bockemühl) / Die Gestaltentstehung bei Pflanze und Tier (Henning Kunze) / Die Metamorphose bei Blütenpflanze und Schmetterling (Andreas Suchantke) / Archäopteryx lithographica – eine Mosaikform? (Wolfgang Schad) / Das Wachstumsauge der Pflanze als Bild der stammesgeschichtlichen Stellung des Menschen (Wolfgang Tittmann) / Der Entwicklungsgang zur organischen Eigenwärme (Wolfgang Schad) / Vom Naturlaut zum Sprachlaut (Wolfgang Schad) / Leben und Bewußtsein – die Bedeutung der Absterbevorgänge im Organismus (Gunther Zickwolff) / Zum Todesgeschehen in der Natur (Wolfgang Schad) / Skizzen zu einer ökologischen Ethik (Andreas Suchantke).

Band 2: BOTANIK

Der Pflanzentypus als Bewegungsgestalt (Jochen Bockemühl) / Bildebewegungen im Laubblattbereich höherer Pflanzen (Jochen Bockemühl) / Äußerungen des Zeitleibes in den Bildebewegungen der Pflanze (Jochen Bockemühl) / Die Zeitgestalt der Pflanze (Andreas Suchantke) / Über einige Gesetzmäßigkeiten in der Pflanzenbildung – Zum Verständnis des Keimblattes (Thomas Göbel) / Die Bedeutung des Blühimpulses für die Metamorphose der Pflanze im Jahreslauf (Robert Bünsow) / Die Metamorphose der Blüte (Thomas Göbel) / Staubblatt und Fruchtblatt (Jochen Bockemühl) / Vergleichende Studien im Bereich der Lippenblütler (Roland Schaette) / Lärche und Eiche und ihre Beziehung zum menschlichen Organismus (Hans Krüger) / Zur Biologie der Gestalt der mitteleuropäischen buchenverwandten und ahornartigen Bäume (Wolfgang Schad) / Über die Integration der Mistel in die Baumgestalt der Kiefer (Thomas Göbel) / Die Bildung der Pflanzenqualität als Ergebnis der Wirkungen von Erde und Sonne (Wolfgang Schaumann) / Niedermoor und Hochmoor, ein goetheanistischer Ansatz zur Landschaftskunde (Wolfgang Schad).

Band 3: ZOOLOGIE

Band 4: ANTHROPOLOGIE

Stauphänomene am menschlichen Knochenbau (Wolfgang Schad) / Indizien für die Sprachfähigkeit fossiler Menschen (Friedrich A. Kipp) / Das Ohr als Abbild des dreigliedrigen Organismus (Paul Paede) / Die Ohrorganisation (Wolfgang Schad) / Dynamische Morphologie von Herz und Kreislauf (Wolfgang Schad) / Das Urtümliche im Menschen gegenüber dem Tier (Andreas Suchantke) / Das Kind im Sog der Zivilisation (Wolfgang Schad) / Polaritäten und Steigerung im menschlichen Knochenbau (M. Woernle) / Gestaltmotive der fossilen Menschenformen (W. Schad) / Der periphere Blutkreislauf als Strömungsorgan (H. Brettschneider).

VERLAG FREIES GEISTESLEBEN

Schriften des frühen Goetheanismus

WILHELM HEINRICH PREUSS: Geist und Stoff

Erläuterungen des Verhältnisses zwischen Welt und Mensch nach dem Zeugnis der Organismen.
Mit den Frühschriften und Texten aus dem Nachlaß.
Herausgegeben von Renate Riemeck und Wolfgang Schad. 333 Seiten.

ERNST VON FEUCHTERSLEBEN: Zur Diätetik der Seele

Mit einem Aufsatz «Über die Frage vom Humanismus und Realismus als Bildungsprinzip» und einer autobiographischen Skizze.
Mit einer Einleitung von Renate Riemeck und einem Aufsatz von Karl König.
240 Seiten.

JOSEPH ENNEMOSER: Untersuchungen über den Ursprung und das Wesen der menschlichen Seele

Mit dem Fragment «Mein Leben».
Herausgegeben von Karl Boegner und Renate Riemeck. 197 Seiten.

JOHANN CARL PASSAVANT: Von der Freiheit des Willens

Und andere Schriften

Herausgegeben und mit einleitenden Beiträgen versehen von Renate Riemeck.
242 Seiten.

KARL SNELL: Die Schöpfung des Menschen · Vorlesungen über die Abstammung des Menschen

Herausgegeben von Friedrich A. Kipp. 229 Seiten.

KARL ERNST VON BAER: Entwicklung und Zielstrebigkeit in der Natur.

Aufsätze zur Evolutionsgeschichte.
Herausgegeben von Karl Boegner. 304 Seiten.

In Vorbereitung für 1984:

CARL GUSTAV CARUS: Zwölf Briefe über das Erdleben

Und andere kleine Schriften.

Herausgegeben von Ekkehard Meffert.

VERLAG FREIES GEISTESLEBEN

Zur Phänomenologie der Natur

Erscheinungsformen des Ätherischen

Wege zum Erfahren des Lebendigen in Natur und Mensch. Herausgegeben von
JOCHEN BOCKEMÜHL (Beiträge zur Anthroposophie Bd. I, 1977)
218 Seiten mit 20 z. T. farbigen Tafeln und 27 Abbildungen im Text, kartoniert.

Die Pflanze in Raum und Gegenraum

Elemente einer neuen Morphologie. Von GEORG ADAMS und OLIVE WHICHER
260 Seiten, mit 16 Farbtafeln, zahlreichen schwarzweißen Abbildungen, Leinen.

Die Formensprache der Pflanze

Beiträge zu einer kosmologischen Botanik. Von E. M. KRANICH
2. erweiterte Auflage 1979. 208 Seiten mit 72 Abbildungen, kartoniert.

Säugetiere und Mensch

Zur Gestaltbiologie vom Gesichtspunkt der Dreigliederung.
Von WOLFGANG SCHAD
296 Seiten, 95 Zeichnungen, 160 Abbildungen auf Tafeln, Leinen.

Metamorphose im Insektenreich

Beitrag zu einem Kapitel Tierwesenskunde. Von ANDREAS SUCHANTKE
80 Seiten mit zahlreichen Abbildungen, kartoniert.

Die Evolution des Menschen

im Hinblick auf seine lange Jugendzeit. Von FRIEDRICH A. KIPP
118 Seiten mit 35 Abbildungen, kartoniert.

Sonnensavannen und Nebelwälder

Pflanzen, Tiere und Menschen in Ostafrika. Von ANDREAS SUCHANTKE
280 Seiten mit 150 Zeichnungen, Leinen.

Mensch und Landschaft Afrikas

Zur Ökogeographie, Biologie und Völkerkunde.
Von JOCHEN BOCKEMÜHL, ANDREAS SUCHANTKE, WOLFGANG SCHAD
228 Seiten, mit zahlreichen, z. T. farbigen Abbildungen, Leinen.

Feuer-Erde

Von Australiens Vögeln, Blumenheiden und Feuerwäldern. Eine Naturkunde
Australiens. Von THOMAS GÖBEL
282 Seiten mit 50 farbigen Abbildungen und 85 z. T. ganzseitigen Zeichn., Leinen.

Der Kontinent der Kolibris

Landschaften und Lebensformen in den Tropen Südamerikas.
Von ANDREAS SUCHANTKE
444 Seiten mit 265 Zeichnungen des Autors und 32 Farbtafeln, Leinen.

VERLAG FREIES GEISTESLEBEN